排污单位自行监测技术指南教程
——钢铁工业及炼焦化学工业

生态环境部生态环境监测司
中 国 环 境 监 测 总 站　编著
宝 武 环 境 监 测 总 站

中国环境出版集团·北京

图书在版编目（CIP）数据

排污单位自行监测技术指南教程．钢铁工业及炼焦化学工业/生态环境部生态环境监测司，中国环境监测总站，宝武环境监测总站编著．—北京：中国环境出版集团，2023.11

ISBN 978-7-5111-5726-3

Ⅰ．①排…　Ⅱ．①生…②中…③宝…　Ⅲ．①钢铁工业—排污—环境监测—教材②炼焦—化学工业—排污—环境监测—教材　Ⅳ．①X506②X757③X784

中国国家版本馆 CIP 数据核字（2023）第 246987 号

出 版 人　武德凯
责任编辑　孙　莉
封面设计　宋　瑞

出版发行　中国环境出版集团
（100062　北京市东城区广渠门内大街 16 号）
网　　址：http：//www.cesp.com.cn
电子邮箱：bjgl@cesp.com.cn
联系电话：010-67112765（编辑管理部）
发行热线：010-67125803，010-67113405（传真）

印　　刷　北京中科印刷有限公司
经　　销　各地新华书店
版　　次　2023 年 11 月第 1 版
印　　次　2023 年 11 月第 1 次印刷
开　　本　787×960　1/16
印　　张　22.75
字　　数　342 千字
定　　价　90.00 元

《排污单位自行监测技术指南教程》
编审委员会

《排污单位自行监测技术指南教程——钢铁工业及炼焦化学工业》
编写委员会

序

生态环境是关系党的使命宗旨的重大政治问题，也是关系民生的重大社会问题。党中央、国务院高度重视生态环境保护工作，党的十八大将生态文明建设作为中国特色社会主义事业“五位一体”总体布局的重要组成部分，党的十九大报告全面阐述了加快生态文明体制改革、推进绿色发展、建设美丽中国的战略部署。习近平生态文明思想开启了新时代生态环境保护工作的新阶段，习近平总书记在全国生态环境保护大会上指出生态文明建设是关乎中华民族永续发展的根本大计。党的十八大以来，党中央以前所未有的力度狠抓生态文明建设，全党全国推动绿色发展的自觉性和主动性显著增强，美丽中国建设迈出重大步伐，我国生态环境保护发生历史性、转折性、全局性变化。

生态环境部组建以来，统一行使生态和城乡各类污染排放监管与行政执法职责，提高污染排放标准，强化排污者责任，健全环保信用评价、信息强制性披露、严惩重罚等制度，形成了政府为主导、企业为主体、社会组织和公众共同参与的环境治理体系。生态环境监测是生态环境保护工作的重要基础，也是环境管理的基本手段。我国相关法律法规中明确要求排污单位对自身排污状况开展监测，排污单位开展自行监测是法定的责任和义务。

为规范和指导排污单位开展自行监测工作，生态环境部发布了一系列排污单位自行监测技术指南。同时，为了让各级生态环境主管部门和排污单位更好地应用技术指南，生态环境部生态环境监测司组织中国环境监测总站等单位编写了排污单位自行监测技术指南教程系列图书，将排污单位自行监测技术指南分类解析，既突出对理论的解读，又兼顾实践的应用，具有很强的指导意义。本系列图书既可以作为各级生态环境主管部门、研究机构、企事业单位环境监测人员的工作用书和培训教材，还可以作为大众学习的科普图书。

自行监测数据承载了大量污染排放和治理信息，是生态环保大数据重要的信息源，是排污许可证申请与核发等新时期环境管理的有力支撑。随着生态环境质量的不断改善、环境管理的不断深化，排污单位自行监测制度也将不断完善和改进。希望本系列图书的出版能为提高排污单位自行监测管理水平、落实企业自行监测主体责任发挥重要作用，为深入打好污染防治攻坚战作出应有的贡献。

编　者

2023 年 2 月

前言

1972 年以来，我国生态环境保护工作从最初的意识启蒙阶段，经历了环境污染蔓延和加剧期的规模化、综合化治理以及主要污染物总量控制等阶段，逐渐发展到以环境质量改善为核心的环境保护思路上来。为顺应生态环境保护工作的发展趋势，进一步规范企事业单位和其他生产经营者的排污行为，控制污染物排放，2016 年以来，我国实施以排污许可制度为核心的固定污染源管理制度，在政府部门监督/执法监测的基础上，强化了排污单位自行监测要求，排污单位自行监测成为污染源监测的重要组成部分。

排污单位自行监测是排污单位依据相关法律法规和技术规范对自身的排污状况开展监测的一系列活动。《中华人民共和国环境保护法》《中华人民共和国大气污染防治法》《中华人民共和国水污染防治法》《中华人民共和国环境保护税法》和《排污许可管理条例》都对排污单位的自行监测提出了明确要求。排污单位开展自行监测是法律赋予的责任和义务，也是排污单位自证守法、自我保护的重要手段和途径。

为规范和指导钢铁工业及炼焦化学工业排污单位开展自行监测，2017 年 12 月，环境保护部颁布了《排污单位自行监测技术指南　钢铁工业及炼焦化学工业》（HJ 878—2017）。为进一步规范排污单位的自行监测行为，提高自行监测质量，在生态环境部生态环境监测司的指导下，中国环境监测总站和宝武环境监测总站共同编写了《排污单位自行监测技术指南教程——钢铁工业及炼焦化学工业》。本书共分13章：第1章从我国污染源监测的发展历程及管理的框架出发，引出了排污单位自行监测在当前污染源监测管理中的定位及一些管理规定，并理顺了《排污单位自行监测技术指南　总则》（HJ 819—2017）与行业自行监测技术指南的关系。第2章主要介绍了排污单位开展自行监测的一般要求，从监测方案、监测设施、开展自行监测的要求、质量保证和质量控制、记录和保存5个方面进行了概述。第3章在分析目前行业概况和发展趋势的基础上对钢铁工业及炼焦化学工业的生产工艺及产污节点进行分析，并简要介绍了钢铁工业及炼焦化学工业采用的一些常用污染治理技术。第4章对钢铁工业及炼焦化学工业自行监测技术指南自行监测方案中监测点位、监测指标、监测频次、监测要求等如何设定进行解释说明，并选取了3个典型案例进行分析，为排污单位制定规范的自行监测方案提供指导。第5章简要介绍了开展监测时，排污口、监测平台、自动监测设施等的设置和维护要求。第6章和第8章针对钢铁工业及炼焦化学工业自行监测技术指南中废水、废气所涉及的监测指标如何采样、监测分析及注意事项进行了详细介绍。第7章和第9章对废水、废气自动监测系统从设备安装、调试、验收、运行管理及质量保证5个方面进行了介绍。第10章简要介绍根据钢铁工业及炼焦化学工业自行监测技术指南开展厂界环境噪声、地表水、近岸海域海水、地下水和土壤等周边环境质量监测时的基本要求和注意事项。第 11 章从实验室体系管理角度出发，从人—机—料—法—环等环节对监测的质量保证和质量控制进行了简要概述，为提高自行监测数据质量奠定了基础。第 12 章介绍了自行监测信息记录、报告和信息公开方面的相关要求，并就钢铁工业及炼焦化学工业企业生产和污染治理设施运行等过程中的记录信息进行了梳理。第 13 章简要介绍了全国污染源监测数据管理与共享系统的总体架构和主要功能，为排污单位自行监测数据报送提供了方便。

本书在附录中列出了与自行监测相关的标准规范，以便排污单位在使用时查询。此外，书中还给出了一些记录样表和自行监测方案模板，为排污单位提供参考。

编 者

2023 年 2 月

目 录

第 1 章　排污单位自行监测定位与管理要求

污染源监测作为环境监测的重要组成部分，与我国环境保护工作同步发展，40 多年来不断发展壮大，现已基本形成了排污单位自行监测、管理部门监督性监测（执法监测）、社会公众监督的基本框架。排污单位自行监测是国家治理体系和治理能力现代化发展的需要，是排污单位应尽的社会责任，是法律明确要求的义务，也是排污许可制度的重要组成部分。为了保证排污单位自行监测制度的实施，指导和规范排污单位自行监测行为，我国制定了排污单位自行监测技术指南体系。《排污单位自行监测技术指南　钢铁工业及炼焦化学工业》（HJ 878—2017）（以下简称《钢铁工业及炼焦化学工业指南》）是其中的一个行业指南，是按照《排污单位自行监测技术指南　总则》（HJ 819—2017）（以下简称《总则》）的要求和管理规定制定的，用于指导钢铁工业及炼焦化学工业排污单位开展自行监测活动。

本章围绕排污单位自行监测定位与管理要求，对排污单位自行监测在我国污染源监测管理制度中的定位、排污单位自行监测管理要求、排污单位自行监测技术指南定位及总体思路进行介绍。

1.1　我国污染源监测管理框架

1972年以来，我国环境保护工作经历了环境保护意识启蒙阶段（1972—1978年）、环境污染蔓延和环境保护制度建设阶段（1979—1992 年）、环境污染加剧和规模化治理阶段（1993—2001年）和环保综合治理阶段（2002—2012年）。[①]

集中的污染治理，尤其是主要污染物严格的总量控制，有效遏制了环境质量恶化的趋势，但仍未实现环境质量的全面改善。“十三五”以来，我国环境保护的思路转向以环境质量改善为核心。

为与环境保护工作相适应，我国环境监测发展大致经历了3个阶段：第一阶段是污染调查监测与研究性监测阶段，第二阶段是污染源监测与环境质量监测并重阶段，第三阶段是环境质量监测与污染源监督监测阶段。[②]

根据污染源监测在环境管理中的地位和实施情况，将污染源监测划分为3个时期：严格的总量控制制度之前（“十一五”之前），污染源监测主要服务于工业污染源调查和环境管理“八项制度”；严格的总量控制制度时期（“十一五”和“十二五”），污染源监测围绕总量控制制度开展总量减排监测；以环境质量改善为核心的阶段时期（“十三五”以来），污染源监测主要服务于环境保护执法和排污许可制实施。

目前，我国基本形成了排污单位自行监测、生态环境主管部门依法监管、社会公众监督的污染源监测管理框架（图1-1）。2021年3月1日正式实施的《排污许可管理条例》，从法律层面确立了以排污许可制为核心的固定污染源监管制度体系，进一步完善了排污单位以自行监测为主线、政府监督监测为抓手，鼓励社会公众广泛参与的污染源监测管理模式。排污单位开展自行监测，按要求向生态环境主管部门报告，向社会公众进行公开，同时接受生态环境主管部门的监管和社会公众的监督。生态环境主管部门向社会公众公布相关信息的同时，受理社会公众针对有关情况的举报。

---

①《中国环境保护四十年回顾及思考（回顾篇）》，曲格平在香港中文大学“中国环境保护四十年”学术论坛上的演讲。

② 中国环境监测总站原副总工程师张建辉接受网易北京频道与《环境与生活》杂志采访时的讲话。

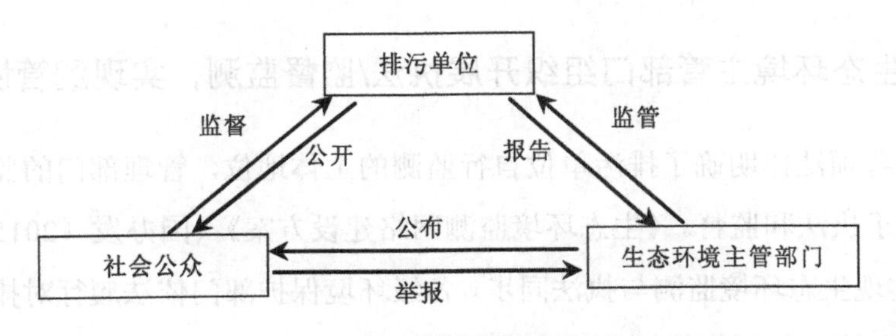

图 1-1　污染源监测管理框架

1.1.1　排污单位开展自行监测，并按照要求进行信息公开

近年来，我国大力推进排污单位自行监测和信息公开工作，《中华人民共和国环境保护法》《中华人民共和国大气污染防治法》《中华人民共和国水污染防治法》《中华人民共和国环境保护税法》《中华人民共和国土壤污染防治法》《中华人民共和国固体废物污染环境防治法》《中华人民共和国噪声污染防治法》等相关法律中均明确了排污单位自行监测和信息公开的责任。

在具体的生态环境管理制度中，多项制度将排污单位自行监测和信息公开的责任进行落实和明确。2013 年，环境保护部发布了《国家重点监控企业自行监测及信息公开办法（试行）》，将国家重点监控企业自行监测和信息公开率先作为主要污染物总量减排考核的一项指标。2016 年 11 月，国务院办公厅印发了《控制污染物排放许可制实施方案》（国办发〔2016〕81 号），提出控制污染物排放许可制的一项基本原则是："权责清晰，强化监管。排污许可证是企事业单位在生产运营期接受环境监管和环境保护部门实施监管的主要法律文书。企事业单位依法申领排污许可证，按证排污，自证守法。环境保护部门基于企事业单位守法承诺，依法发放排污许可证，依证强化事中事后监管，对违法排污行为实施严厉打击。"

1.1.2 生态环境主管部门组织开展执法/监督监测，实现测管协同

随着各项法律明确了排污单位自行监测的主体地位，管理部门的监测活动也更加聚焦于执法和监督。《生态环境监测网络建设方案》（国办发〔2015〕56号）要求：“实现生态环境监测与执法同步。各级环境保护部门依法履行对排污单位的环境监管职责，依托污染源监测开展监管执法，建立监测与监管执法联动快速响应机制，根据污染物排放和自动报警信息，实施现场同步监测与执法。”

《生态环境监测规划纲要（2020—2035年）》（环监测〔2019〕86号）（以下简称《纲要》）提出：构建“国家监督、省级统筹、市县承担、分级管理”格局。落实自行监测制度，强化自行监测数据质量监督检查，督促排污单位规范监测、依证排放，实现自行监测数据真实可靠。建立完善监督制约机制，各级生态环境主管部门依法开展监督监测和抽查抽测。为落实《纲要》要求，各级生态环境主管部门按照“双随机、一公开”的原则，组织开展执法监测。通过排污单位抽测和自行监测全过程检查，对排污单位自行监测数据质量和污染排放状况进行监督，对排污单位自行监测工作的改进进行指导，从而更好地提升排污单位自行监测水平。

《关于进一步加强固定污染源监测监督管理的通知》（环办监测〔2023〕5号）进一步提出，坚持精准治污、科学治污、依法治污，以固定污染源排污许可制为核心，构建排污单位依证监测、政府依法监管、社会共同监督的固定污染源监测监督管理的新格局，为深入打好污染防治攻坚战提供有力支撑。

1.1.3 社会公众参与监督，合力提升污染源监测质量

我国污染源量大面广，仅靠生态环境主管部门的监督远远不够，因此只有发动群众、实现全民监督，才能使违法排污行为无处遁形。2014年修订的《中华人民共和国环境保护法》更加明确地赋予了公众环保知情权和监督权：“公民、法人和其他组织依法享有获取环境信息、参与和监督环境保护的权利。各级人民政府环境保护主管部门和其他负有环境保护监督管理职责的部门，应当依法公开环

境信息、完善公众参与程序，为公民、法人和其他组织参与和监督环境保护提供便利。”

重点排污单位通过各种方式公开自行监测结果，包括依托排污许可制度及平台、依托地方污染源监测信息公开渠道、通过本单位官方网站等。生态环境管理部门执法/监督监测结果也依托排污许可制度及平台、地方污染源监测信息公开渠道等方式进行公开。社会公众可通过关注各类监测数据对排污单位及管理部门进行监督，督促排污单位和管理部门提高数据质量。

1.2 排污单位自行监测的定位

1.2.1 开展自行监测是构建政府、企业、社会共治的环境治理体系的前提

（1）构建现代环境治理体系的重大意义和总体要求

生态环境治理体系和治理能力是生态环境保护工作推进的基础支撑。2018 年 5 月，习近平总书记在全国生态环境保护大会上强调，要加快建立健全以治理体系和治理能力现代化为保障的生态文明制度体系，确保到 2035 年，生态环境领域国家治理体系和治理能力现代化基本实现，美丽中国目标基本实现；到 21 世纪中叶，生态环境领域国家治理体系和治理能力现代化全面实现，建成美丽中国。

党的十九大报告中提出构建政府为主导、企业为主体、社会组织和公众共同参与的环境治理体系。党的十九届四中全会将生态文明制度体系建设作为坚持和完善中国特色社会主义制度、推进国家治理体系和治理能力现代化的重要组成部分，并作出安排部署，强调实行最严格的生态环境保护制度，严明生态环境保护责任制度，要求健全源头预防、过程控制、损害赔偿、责任追究的生态环境保护体系，构建以排污许可制为核心的固定污染源监管制度体系，完善污染防治区域联动机制和陆海统筹的生态环境治理体系。2020 年 3 月，中共中央办公厅、国务

院办公厅印发了《关于构建现代环境治理体系的指导意见》，提出了建立健全环境治理的领导责任体系、企业责任体系、全民行动体系、监管体系、市场体系、信用体系和法律法规政策体系。党的二十大报告提出深入推进环境污染防治，坚持精准治污、科学治污、依法治污，全面实行排污许可制，健全现代环境治理体系。

构建现代环境治理体系，是深入贯彻习近平生态文明思想和全国生态环境保护大会精神的重要举措，是持续加强生态环境保护、满足人民日益增长的优美生态环境需要、建设美丽中国的内在要求，也是完善生态文明制度体系、推动国家治理体系和治理能力现代化的重要内容，还将充分展现生态环境治理的中国智慧、中国方案和中国贡献，对全球生态环境治理进程产生重要影响。

坚决落实构建现代环境治理体系，要把握构建现代环境治理体系的总体要求。以习近平新时代中国特色社会主义思想为指导，深入贯彻习近平生态文明思想，坚定不移地贯彻新发展理念，以坚持党的集中统一领导为统领，以强化政府主导作用为关键，以深化企业主体作用为根本，以更好动员社会组织和公众共同参与为支撑，实现政府治理和社会调节、企业自治良性互动，完善体制机制，强化源头治理，形成工作合力。

（2）对排污单位自行监测的要求

污染源监测是污染防治的重要支撑，需要各方共同参与。为适应环境治理体系变革的需要，自行监测应发挥相应的作用，补齐短板，提供便利，为社会共治提供条件。

应改变传统生态环境治理模式中污染治理主体监测缺位现象。长期以来，污染源监测以政府部门监督性监测为主，尤其在“十一五”“十二五”总量减排时期，监督性监测得到快速发展，每年对国家重点监控企业按季度开展主要污染物监测，但排污单位在污染源监测中严重缺位。2013 年，为了解决单纯依靠环保部门有限的人力和资源难以全面掌握企业污染源状况的问题，环境保护部组织编制了《国家重点监控企业自行监测及信息公开办法（试行）》，大力推进企业开展自行监测。2014 年以来，多部生态环境保护相关法律均明确了排污单位自行监测的责任和要求。但是，自行监测数据的法定地位以及如何在环境管理中应用并没有明确，自行监测数据在环境管理中的应用更是不足，并没有从根本上解决排污单位在环境治理体系中监测缺位的现象。新的环境治理体系，应改变这一现状，使自行监测数据得到充分应用，才能保持多方参与的生命力和活力。

为公众提供便于获取、易于理解的自行监测信息。公众是社会共治环境治理体系的重要主体，公众参与的基础是及时获取信息，自行监测数据是反映排放状况的重要信息。社会的变革为公众参与提供了外在便利条件。为了提高自行监测在环境治理体系中的作用，就要充分利用自媒体、社交媒体等各种先进、便利的条件，为公众提供便于获取、易于理解的自行监测数据和基于数据加工而成的相关信息，为公众高效参与提供重要依据。2022 年 3 月 5 日，生态环境部办公厅发布了《关于环保设施向公众开放小程序正式上线的通知》（环办便函〔2022〕82 号），向公众公开了“环保设施向公众开放”小程序，提高设施开放单位和公众参与积极性，指导督促设施开放单位及时更新信息，为公众了解企业环保设施情况提供了新途径。

1.2.2　开展自行监测是社会责任和法定义务

企业是最主要的生产者，是社会财富的创造者，企业在追求自身利润的同时，向社会提供了产品，满足了人民的日常所需，推进了社会的进步。当然，在当代社会，企业是社会中普遍存在的社会组织，数量众多、类型各异、存在范围广、对社会影响大。在这种情况下，社会的发展不仅要求企业承担生产经营和创造财富的义务，还要求其承担环境保护、社区建设和消费者权益维护等多方面的责任，这也是企业的社会责任。企业社会责任具有道义责任的属性和法律义务的属性。法律作为一种调整人们行为的规范，其调整作用是通过设置权利义务而实现的。因而，法律义务并非一种道义上的宣示，其有具体的、明确的规则指引人的行为。基于此，企业社会责任一旦进入环境法视域，即被分解为具体的法律义务。

企业开展排污状况自行监测是法定的责任和义务。《中华人民共和国环境保护法》第四十二条明确提出，“重点排污单位应当按照国家有关规定和监测规范安装使用监测设备，保证监测设备正常运行，保存原始监测记录”；第五十五条要求，“重点排污单位应当如实向社会公开其主要污染物的名称、排放方式、排放浓度和总量、超标排放情况，以及防治污染设施的建设和运行情况，接受社会监督”。《中华人民共和国大气污染防治法》《中华人民共和国水污染防治法》《中华人民共和国环境保护税法》《中华人民共和国土壤污染防治法》《中华人民共和国固体废物污染环境防治法》等相关法律中也均有排污单位自行监测的相关要求。

1.2.3 开展自行监测是自证守法和自我保护的重要手段和途径

排污许可制度作为固定污染源核心管理制度，明确了排污单位自证守法的权利和责任，排污单位可以通过以下途径进行“自证”：一是依法开展自行监测，保证数据合法有效，妥善保存原始记录；二是建立准确完整的环境管理台账，记录能够证明其排污状况的相关信息，形成一套完整的证据链；三是定期、如实向生态环境部门报告排污许可证执行情况。可以看出，自行监测贯穿自证守法的全过程，是自证守法的重要手段和途径。

首先，排污单位被允许在标准限值下排放污染物，排放状况应该透明公开且合规。随着管理模式的改变，管理部门不对企业全面开展监测，仅对企业进行抽查抽测。排污单位对排放状况进行说明时，就需要开展自行监测。

其次，一旦出现排污单位对管理部门出具的监测数据或其他证明材料被质疑的情况，或者排污单位对公众举报等相关信息提出异议时，就需要出具自身排污状况的相关材料进行证明，而自行监测数据是非常重要的证明材料。

最后，自行监测可以对自身排污状况定期监控，也可对周边环境质量影响进行监测，及时掌握实际排污状况和对周边环境质量的影响，了解周边环境质量的变化趋势和承受能力，可以及时识别潜在环境风险，以便提前应对，避免引起更大的、无法挽救的环境事故或对人民群众、生态环境和排污单位自身造成的巨大损害和损失。

1.2.4　开展自行监测是排污许可制度的重要组成部分

《控制污染物排放许可制实施方案》（国办发〔2016〕81 号）明确了排污单位应实行自行监测和定期发布报告。《排污许可管理条例》第十九条规定：“排污单位应当按照排污许可证规定和有关标准规范，依法开展自行监测，并保存原始监测记录。原始监测记录保存期限不得少于 5 年。排污单位应当对自行监测数据的真实性、准确性负责，不得篡改、伪造。”

因此，自行监测既是有明确法律法规要求的一项管理制度，也是固定污染源基础与核心管理制度——排污许可制度的重要组成部分。

1.2.5　开展自行监测是精细化管理与大数据时代信息输入与信息产品输出的需要

随着环境管理向精细化发展，强化数据应用、根据数据分析识别潜在的环境问题，作出更加科学精准的环境管理决策是环境管理面临的重大命题。大数据时代信息化水平的提升，为监测数据的加工分析提供了条件，也对数据输入提出了更高的需求。

自行监测数据承载了大量污染排放和治理信息，然而这些信息长期以来并没有得到充分的收集和利用，这是生态环境大数据中缺失的一项重要信息源。通过收集各类污染源长时间的监测数据，对同类污染源监测数据进行统计分析，可以更全面地判定污染源的实际排放水平，从而为制定排放标准、产排污系数提供科学依据。另外，通过监测数据与其他数据的关联分析，还能获得更多、更有价值的信息，为环境管理提供更有力的支撑。

1.3　排污单位自行监测的管理规定

我国现行法律法规、管理办法中有很多涉及排污单位自行监测的管理规定，具体见表 1-1。

表 1-1 我国现行与排污单位自行监测相关的法律法规和管理规定

名称	颁布机关	实施时间	主要相关内容
《中华人民共和国海洋环境保护法》	全国人民代表大会常务委员会	2000 年 4 月 1 日（2017 年 11 月 4 日修正）	规定了排污单位应当依法公开排污信息
《中华人民共和国水污染防治法》	全国人民代表大会常务委员会	2008 年 6 月 1 日（2017 年 6 月 27 日修正）	规定了实行排污许可管理的企业事业单位和其他生产经营者应当对所排放的水污染物自行监测，并保存原始监测记录，排放有毒有害水污染物的还应开展周边环境监测，上述条款均设有对应罚则
《中华人民共和国环境保护法》	全国人民代表大会常务委员会	2015 年 1 月 1 日	规定了重点排污单位应当安装使用监测设备，保证监测设备正常运行，保存原始监测记录，并进行信息公开
《中华人民共和国大气污染防治法》	全国人民代表大会常务委员会	2016 年 1 月 1 日（2018 年 10 月 26 日修正）	规定了企业事业单位和其他生产经营者应当对大气污染物进行监测，并保存原始监测记录
《中华人民共和国环境保护税法》	全国人民代表大会常务委员会	2018 年 1 月 1 日（2018 年 10 月 26 日修正）	规定了纳税人按季申报缴纳时，应向税务机关报送所排放应税污染物浓度值
《中华人民共和国土壤污染防治法》	全国人民代表大会常务委员会	2019 年 1 月 1 日	规定了土壤污染重点监管单位应制定、实施自行监测方案，并将监测数据报生态环境主管部门
《中华人民共和国固体废物污染环境防治法》	全国人民代表大会常务委员会	2020 年 9 月 1 日	规定了产生、收集、贮存、运输、利用、处置固体废物的单位，应当依法及时公开固体废物污染环境防治信息，主动接受社会监督。生活垃圾处理单位应当按照国家有关规定，安装使用监测设备，实时监测污染物的排放情况，将污染排放数据实时公开。监测设备应当与所在地生态环境主管部门的监控设备联网
《中华人民共和国刑法修正案（十一）》	全国人民代表大会常务委员会	2021 年 3 月 1 日	规定了环境监测造假的法律责任
《中华人民共和国噪声污染防治法》	全国人民代表大会常务委员会	2022 年 6 月 5 日	规定实行排污许可管理的单位应当按照规定，对工业噪声开展自行监测，保存原始监测记录，向社会公开监测结果，对监测数据的真实性和准确性负责。噪声重点排污单位应当按照国家规定，安装、使用、维护噪声自动监测设备，与生态环境主管部门的监控设备联网

名称	颁布机关	实施时间	主要相关内容
《城镇排水与污水处理条例》	国务院	2014年1月1日	规定了排水户应按照国家有关规定建设水质、水量检测设施
《畜禽规模养殖污染防治条例》	国务院	2014年1月1日	规定了畜禽养殖场、养殖小区应当定期将畜禽养殖废弃物排放情况报县级人民政府环境保护主管部门备案
《中华人民共和国环境保护税法实施条例》	国务院	2018年1月1日	规定了未安装自动监测设备的纳税人，应自行对污染物进行监测，所获取的监测数据符合国家有关规定和监测规范的，视同监测机构出具的监测数据，可作为计税依据
《排污许可管理条例》	国务院	2021年3月1日	规定了持证单位自行监测责任，管理部门依证监管责任
《最高人民法院、最高人民检察院关于办理环境污染刑事案件适用法律若干问题的解释》	最高人民法院、最高人民检察院	2017年1月1日	规定了重点排污单位篡改、伪造自动监测数据或者干扰自动监测设施的视为严重污染环境，并依据《刑法》有关规定予以处罚
《环境监测管理办法》	国家环境保护总局	2007年9月1日	规定了排污者必须按照国家及技术规范的要求，开展排污状况自我监测；不具备环境监测能力的排污者，应当委托环境保护部门所属环境监测机构或者经省级环境保护部门认定的环境监测机构进行监测
《污染源自动监控设施现场监督检查办法》	环境保护部	2012年4月1日	规定了：①排污单位或运营单位应当保证自动监测设备正常运行；②污染源自动监控设施发生故障停运期间，排污单位或者运营单位应当采用手工监测等方式，对污染物排放状况进行监测，并报送监测数据
《关于加强污染源环境监管信息公开工作的通知》	环境保护部	2013年7月12日	规定了各级环境保护部门应积极鼓励引导企业进一步增强社会责任感，主动自愿公开环境信息。同时严格督促超标或者超总量的污染严重企业，以及排放有毒有害物质的企业主动公开相关信息，对不依法主动公布或不按规定公布的要依法严肃查处
《关于印发〈国家重点监控企业自行监测及信息公开办法（试行）〉和〈国家重点监控企业污染源监督性监测及信息公开办法（试行）〉的通知》	环境保护部	2014年1月1日	规定了企业开展自行监测及信息公开的各项要求，包括自行监测内容、自行监测方案，对通过手工监测和自动监测两种方式开展的自行监测分别提出了监测频次要求，还规定了自行监测记录内容，自行监测年度报告内容，自行监测信息公开的途径、内容及时间要求等

名称	颁布机关	实施时间	主要相关内容
《环境保护主管部门实施限制生产、停产整治办法》	环境保护部	2015年1月1日	规定了被限制生产的排污者在整改期间按照环境监测技术规范进行监测或者委托有条件的环境监测机构开展监测，保存监测记录，并上报监测报告
《生态环境监测网络建设方案》	国务院办公厅	2015年7月26日	规定了重点排污单位必须落实污染物排放自行监测及信息公开的法定责任，严格执行排放标准和相关法律法规的监测要求
《关于支持环境监测体制改革的实施意见》	财政部、环境保护部	2015年11月2日	规定了落实企业主体责任，企业应依法自行监测或委托社会化检测机构开展监测，及时向环境保护部门报告排污数据，重点企业还应定期向社会公开监测信息
《关于加强化工企业等重点排污单位特征污染物监测工作的通知》	环境保护部	2016年9月20日	规定了：①化工企业等排污单位应制定自行监测方案，对污染物排放及周边环境开展自行监测，并公开监测信息；②监测内容应包含排放标准的规定项目和涉及的列入污染物名录库的全部项目；③监测频次，自动监测的应全天连续监测，手工监测的，废水特征污染物监测每月开展一次，废气特征污染物监测每季度开展一次，周边环境监测按照环评及其批复执行，可根据实际情况适当增加监测频次
《控制污染物排放许可制实施方案》	国务院办公厅	2016年11月10日	规定了企事业单位应依法开展自行监测，安装或使用的监测设备应符合国家有关环境监测、计量认证规定和技术规范，建立准确完整的环境管理台账，安装在线监测设备的应与环境保护部门联网
《关于实施工业污染源全面达标排放计划的通知》	环境保护部	2016年11月29日	规定了：①各级环境保护部门应督促、指导企业开展自行监测，并向社会公开排放信息；②对超标排放的企业要督促其开展自行监测，加大对超标因子的监测频次，并及时向环境保护部门报告；③企业应安装和运行污染源在线监控设备，并与环境保护部门联网

名称	颁布机关	实施时间	主要相关内容
《关于深化环境监测改革提高环境监测数据质量的意见》	中共中央办公厅、国务院办公厅	2017 年 9 月 21 日	规定了环境保护部要加快完善排污单位自行监测标准规范；排污单位要开展自行监测，并按规定公开相关监测信息，对弄虚作假行为要依法处罚；重点排污单位应当建设污染源自动监测设备，并公开自动监测结果
《企业环境信息依法披露管理办法》	生态环境部	2022 年 2 月 8 日	规定了企业（包括重点排污单位）应当依法披露环境信息，包括企业自行监测信息等
《关于加强排污许可执法监管的指导意见》	生态环境部	2022 年 3 月 28 日	规定了排污单位应当提高自行监测质量。确保申报材料、环境管理台账记录、排污许可证执行报告、自行监测数据的真实、准确和完整，依法如实在全国排污许可证管理信息平台上公开信息，不得弄虚作假，自觉接受监督
《污染物排放自动监测设备标记规则》	生态环境部	2022 年 7 月 19 日	规定了排污单位应当按照相关自动监测数据标记规则对产生自动监测数据的相应时段进行标记。排污单位是审核确认自动监测数据有效性的责任主体，应当按照《污染物排放自动监测设备标记规则》确认自动监测数据的有效性。排污单位的自动监测数据向社会公开时，数据标记内容应当同时公开
《环境监管重点单位名录管理办法》	生态环境部	2023 年 1 月 1 日	规定了环境监管重点单位应当依法履行自行监测、信息公开等生态环境法律义务，采取措施防治环境污染，防范环境风险
《关于进一步加强固定污染源监测监督管理的通知》	生态环境部	2023 年 3 月 8 日	规定了生态环境部门要加强排污单位自行监测监管，督促持证排污单位按照排污许可证要求，规范开展自行监测，并公开监测结果；督促重点排污单位、实行排污许可重点管理的排污单位，依法依规安装运维自动监测设备，并与生态环境部门联网；强化排污许可管理、环境监测、环境执法联动，形成管理闭环

注：截至 2023 年 3 月 8 日。

1.4 《排污单位自行监测技术指南》的定位

1.4.1 排污许可制度配套的技术支撑文件

排污许可制度是各国普遍采用的控制污染的法律制度。从美国等发达国家实施排污许可制度的经验来看，监督检查是排污许可制度实施效果的重要保障；污染源监测是监督检查的重要组成部分和基础；自行监测是污染源监测的主体形式，其管理备受重视，并作为重要的内容在排污许可证中载明。

我国当前推行的排污许可制度明确了排污单位“自证守法”，其中自行监测是排污单位自证守法的重要手段和方法。只有在特定监测方案和要求下的监测数据才能够支撑排污许可“自证”的要求。因此，在排污许可制度中，自行监测要求是必不可少的一部分。

重点排污单位自行监测法律地位得到明确，自行监测制度初步建立，而自行监测的有效实施还需要有配套的技术文件作为支撑，《排污单位自行监测技术指南》是基础而重要的技术指导性文件。因此，制定《排污单位自行监测技术指南》是落实相关法律法规的需要。

1.4.2 对现有标准和管理文件中关于排污单位自行监测规定的补充

对于每个排污单位来说，生产工艺产生的污染物、不同监测点位执行排放标准和控制指标、环评报告要求的内容都有不同情况及独特内容。虽然各种监测技术标准与规范已从不同角度对排污单位的监测内容作出了规定，但仍不够全面。

为提高监测效率，应针对不同排放源污染物排放特性确定监测要求。监测是污染排放监管必不可少的技术支撑，具有重要的意义，但是监测是需要成本的，所以应在监测效果和成本之间寻找合理的平衡点。“一刀切”的监测要求必然会造成部分排放源监测要求过高，从而造成浪费；或者对部分排放源要求过低，导致达不到监管需求。因此，需要专门的技术文件，从排污单位监测要求进行系统分析和设计，使监测更精细化，从而提高监测效率。

1.4.3　对排污单位自行监测行为指导和规范的技术要求

我国自 2014 年起开始推行《国家重点监控企业自行监测及信息公开办法(试行)》，从实施情况来看存在诸多问题，需要加强对排污单位自行监测行为的指导和规范。

污染源监测与环境质量监测相比，涉及的行业较多，监测内容更复杂。我国目前仅国家污染物排放标准就有近 200 项，且数量还在持续增加；省级人民政府依法制定并报生态环境部备案的地方污染物排放标准也有 100 多项，数量也在不断增加。排放标准中的控制项目种类繁杂，水、气污染物均在 100 项以上。

由于国家发布的有关规定必须有普适性和原则性的特点，因此排污单位在开展自行监测过程中如何结合企业具体情况合理确定监测点位、监测项目和监测频次等实际问题时存在诸多疑问。

生态环境部在对全国各地区自行监测及信息公开平台的日常监督检查及现场检查等工作中发现，部分排污单位存在自行监测方案内容不完善、监测活动不规范、监测数据质量不高等问题。为解决排污单位在自行监测过程中遇到的问题，需要进一步加强对排污单位自行监测的工作指导和行为规范，建立和完善排污单位自行监测相关规范内容，因此有必要制定自行监测技术指南，将自行监测要求进一步明确和细化。

1.5　行业技术指南在自行监测技术指南体系中的定位和制定思路

1.5.1　自行监测技术指南体系

排污单位自行监测技术指南体系以《总则》为统领，包括一系列重点行业排污单位自行监测技术指南、若干通用工序自行监测技术指南以及 1 个环境要素自行监测技术指南，共同组成排污单位自行监测技术指南体系，见图 1-2。

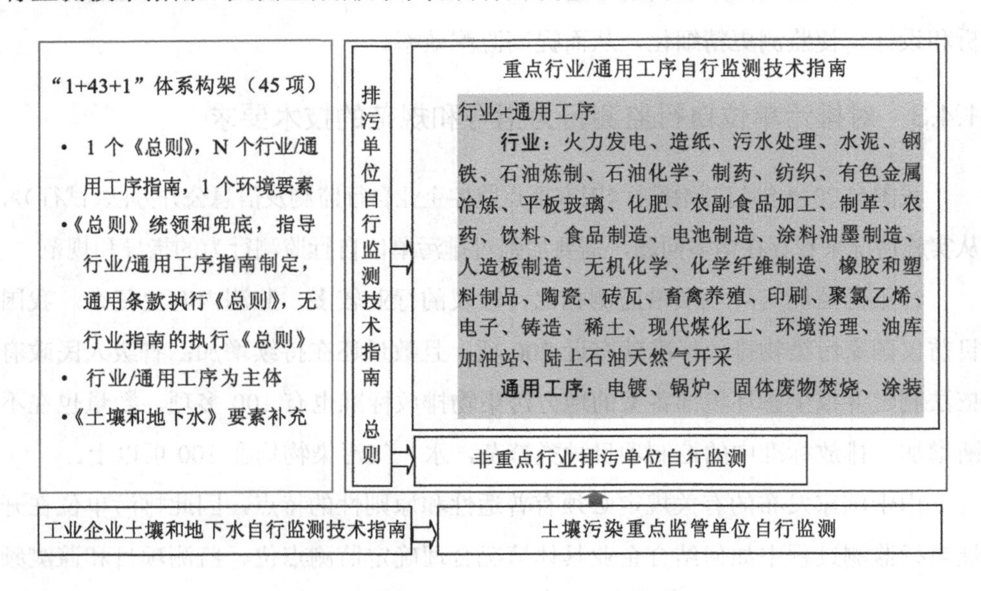

图 1-2　排污单位自行监测技术指南体系

《总则》在排污单位自行监测技术指南体系中属于纲领性的文件，起到统一思路和要求的作用：第一，对行业技术指南总体性原则进行规定，是行业技术指南的参考性文件；第二，对于行业技术指南中必不可少，但要求比较一致的内容，可以在《总则》中体现，在行业技术指南中加以引用，既保证一致性，也减少重复；第三，对于部分污染差异大、企业数量少的行业，单独制定行业技术指南意义不大，这类行业排污单位可以参照《总则》开展自行监测。行业技术指南未发布的，也应参照《总则》开展自行监测。

1.5.2　行业排污单位自行监测技术指南是对《总则》的细化

行业排污单位自行监测技术指南是在《总则》的统一原则要求下，考虑该行业企业所有废水、废气、噪声污染源的监测活动，在指南中进行统一规定。行业排污单位自行监测技术指南的核心内容要包括以下两个方面：

①明确行业的监测方案。首先明确行业的主要污染源、各污染源的主要污染因子，针对各污染源的污染因子提出监测方案设置的基本要求，包括点位、监测指标、监测频次、监测技术等。

②明确数据记录、报告和公开要求。根据行业特点，参照各参数或指标与校核污染物排放的相关性，提出监测相关数据记录要求。

除了行业排污单位自行监测技术指南中规定的内容，还应执行《总则》的要求。

1.5.3 钢铁工业及炼焦化学工业自行监测技术指南制定的原则与思路

1.5.3.1 以《总则》为指导，根据行业特点进行细化

钢铁工业及炼焦化学工业自行监测技术指南中的主体内容是以《总则》为指导，根据《总则》中确定的基本原则和方法，在对钢铁工业及炼焦化学工业产排污环节进行分析的基础上，结合钢铁工业及炼焦化学工业企业实际的排污特点，将钢铁工业及炼焦化学工业监测方案、信息记录的内容具体化和明确化。

1.5.3.2 以污染物排放标准为基础，全指标覆盖

污染物排放标准规定的内容是行业自行监测技术指南制定的重要基础。在污染物指标确定时，行业技术指南主要以当前实施的、适用于钢铁工业及炼焦化学工业的污染物排放标准为依据。同时，根据实地调研以及相关数据分析结果，对实际排放的或地方实际监管的污染物指标进行适当的考虑，在污染物排放标准中列明，但标明为选测，或由排污单位根据实际监测结果判定是否排放，若实际生产中排放，则应进行监测。

1.5.3.3 以满足排污许可制度实施为主要目标

钢铁工业及炼焦化学工业自行监测技术指南的制定以能够满足钢铁工业及炼焦化学工业排污许可制度实施为主要目标。

由于不同钢铁工业及炼焦化学工业企业实际存在的废气排放源差异较大，有些类型的废气源仅在少数钢铁工业及炼焦化学工业排污单位中存在，钢铁工业及炼焦化学工业排污许可证申请与核发技术规范中将常见的废气排放源纳入管控。钢铁工业及炼焦化学工业自行监测技术指南中对常见废气排放源监测点位、指标、频次进行了规定。

排污许可制度对主要污染物提出排放量许可限值，其他污染物仅有浓度限值要求。为了支撑排污许可制度实施对排放量核算的需求，有排放量许可限值的污染物，监测频次一般高于其他污染物。

第 2 章　自行监测的一般要求

按照开展自行监测活动的一般流程，排污单位应查清本单位的污染源、污染物指标及潜在的环境影响，制定监测方案，设置和维护监测设施，按照监测方案开展自行监测，做好质量保证和质量控制，记录和保存监测数据，依法向社会公开监测结果。

本章围绕排污单位自行监测流程中的关键节点，对其中的关键问题进行介绍。制定监测方案时，应重点保证监测内容、监测指标、监测频次的全面性、科学性，确保监测数据的代表性，这样才能全面反映排污单位的污染物实际排放状况；设置和维护监测设施时，应能够满足监测要求，同时为监测的开展提供便利条件；自行监测开展过程中，应该根据本单位实际情况自行监测或者委托有资质的单位开展监测，所有监测活动要严格按照监测技术规范执行；开展监测的过程中，应做好质量保证和质量控制，确保监测数据质量；监测信息记录与公开时，应保证监测过程可溯，同时按要求报送和公开监测结果，接受管理部门和公众的监督。

2.1　制定监测方案

2.1.1　自行监测内容

排污单位自行监测不应仅限于污染物排放监测，还应该围绕本单位污染物排放状况、污染治理情况、对周边环境质量影响监测状况来确定监测内容。但考虑到排污单位自行监测的实际情况，排污单位可根据管理要求，逐步开展自行监测。

2.1.1.1 污染物排放监测

污染物排放监测是排污单位自行监测的基本要求，包括废气污染物、废水污染物和噪声污染监测。废气污染物监测，包括对有组织排放废气污染物和无组织排放废气污染物的监测。废水污染物监测可按废水对水环境的影响程度来确定，而废水对水环境的影响程度主要取决于排放去向，即直接排入环境（直接排放）和排入公共污水处理系统（间接排放）两种方式；噪声污染监测一般指厂界环境噪声监测。

2.1.1.2 周边环境质量影响监测

排污单位应根据自身排放对周边环境质量的影响开展周边环境质量影响状况监测，从而掌握自身排放状况对周边环境质量影响的实际情况和变化趋势。

《中华人民共和国大气污染防治法》第七十八条规定，“排放前款名录中所列有毒有害大气污染物的企业事业单位，应当按照国家有关规定建设环境风险预警体系，对排放口和周边环境定期进行监测，评估环境风险，排查环境安全隐患，并采取有效措施防范环境风险”。《中华人民共和国水污染防治法》第三十二条规定，“排放前款名录中所列有毒有害水污染物的企业事业单位和其他生产经营者，应当对排污口和周边环境进行监测，评估环境风险，排查环境安全隐患，并公开有毒有害水污染物信息，采取有效措施防范环境风险”。《工矿用地土壤环境管理办法（试行）》（生态环境部令　第3号）第十二条规定，“重点排污单位应当按照相关技术规范要求，自行或者委托第三方定期开展土壤和地下水监测”。

目前我国已发布第一批有毒有害大气污染物名录和有毒有害水污染物名录。第一批有毒有害大气污染物包括二氯甲烷、甲醛、三氯甲烷、三氯乙烯、四氯乙烯、乙醛、镉及其化合物、铬及其化合物、汞及其化合物、铅及其化合物、砷及其化合物。第一批有毒有害水污染物包括二氯甲烷、三氯甲烷、三氯乙烯、四氯乙烯、甲醛、镉及镉化合物、汞及汞化合物、六价铬化合物、铅及铅化合物、砷及砷化合物。排污单位可根据本单位实际情况，自行确定监测指标和内容。

对于污染物排放标准、环境影响评价文件及其批复或其他环境管理制度有明确要求的，排污单位应按照要求对其周边相应的空气、地表水、地下水、土壤等环境质量开展监测。对于相关管理制度没有明确要求的，排污单位应依据《中华人民共和国大气污染防治法》《中华人民共和国水污染防治法》的要求，根据实际情况确定是否开展周边环境质量影响监测。

2.1.1.3 关键工艺参数监测

污染物排放监测需要专门的仪器设备、人力物力，经济成本较高。污染物排放状况与生产工艺、设备参数等相关指标有一定的关联性，而对这些工艺或设备相关参数的监测，有些是生产过程中必须开展的，有些虽然不是生产过程中必须开展监测的指标，但开展监测相对容易，成本较低。因此，在部分排放源或污染物指标监测成本相对较高、难以实现高频次监测的情况下，可以对与污染物产生和排放密切相关的关键工艺参数进行测试以补充污染物排放监测数据。

2.1.1.4 污染治理设施处理效果监测

有些排放标准等文件对污染治理设施处理效果有限值要求，这就需要通过监测结果进行处理效果的评价。另外，有些情况下，排污单位需要掌握污染处理设施的处理效果，从而可以更好地调试生产和污染治理设施。因此，若污染物排放标准等环境管理文件对污染治理设施有特别要求的，或排污单位认为有必要，应对污染治理设施处理效果进行监测。

2.1.2 自行监测方案内容

排污单位应当对本单位污染源排放状况进行全面梳理，分析潜在的环境风险，制定能够反映本单位实际排放状况的监测方案，以此作为开展自行监测的依据。

监测方案内容包括单位基本情况、监测点位及示意图、监测指标、执行标准及其限值、监测频次、采样和样品保存方法、监测分析方法和仪器、质量保证与质量控制等。

所有按照规定开展自行监测的排污单位，在投入生产或使用并产生实际排污行为之前，应完成自行监测方案的编制及相关准备工作。一旦发生实际排污行为，就应按照监测方案开展监测活动。

当有以下情况发生时，应变更监测方案：执行的排放标准发生变化；排放口位置、监测点位、监测指标、监测频次、监测技术中的任意一项内容发生变化；污染源、生产工艺或处理设施发生变化。

2.2 设置和维护监测设施

开展监测必须有相应的监测设施。为了保证监测活动的正常开展，排污单位应按照规定设置满足监测需要的设施。

2.2.1 监测设施应符合监测规范要求

开展废水、废气污染物排放监测，应保证现场设施条件符合相关监测方法或技术规范的要求，确保监测数据的代表性。因此，废水排放口、废气监测断面及监测孔的设置都有相应的要求，要保证水流、气流不受干扰且混合均匀，采样点位的监测数据能够反映监测时点污染物排放的实际情况。

我国废水、废气监测相关标准规范中规定了监测设施必须满足的条件，排污单位可根据具体的监测项目，对照监测方法标准和技术规范确定监测设施的具体设置要求。国家环境保护局发布的《排污口规范化整治技术要求（试行）》（环监〔1996〕470 号）对排污口规范化整治技术提出了总体要求，部分省市也对其辖区排污口的规范化管理发布了技术规定、标准，对排污单位监测设施设置要求予以明确，如北京市出台的《固定污染源监测点位设置技术规范》（DB 11/1195—2015）、山东省出台的《固定污染源废气监测点位设置技术规范》（DB 37/T 3535—2019）。中国环境保护产业协会发布的《固定污染源废气排放口监测点位设置技术规范》（T/CAEPI 46—2022），对固定污染源监测点位监测设施设置规范进行了全面规定，这也可以作为排污单位设置监测设施的重要参考。总体来说，相关标准规范对监测设施的规定还比较零散、不够系统。

2.2.2　监测平台应便于开展监测活动

开展监测活动时需要一定的空间，有时还需要可供仪器设备使用的直流供电，因此排污单位应设置方便开展监测活动的平台，包括以下要求：一是到达监测平台要方便，可以随时开展监测活动；二是监测平台的空间要足够大，能够保证各类监测设备摆放和人员活动；三是监测平台要备有电源等辅助设施，确保监测活动开展所必需的各类仪器设备和辅助设备能够正常工作。

2.2.3　监测平台应能保证监测人员的安全

开展监测活动，必须保证监测人员的人身安全，因此监测平台要设有必要的防护设施：一是高空监测平台，周边要有能够保障人员安全的围栏，监测平台底部的空隙不应过大；二是监测平台附近有造成人体机械伤害、灼烫、腐蚀、触电等的危险源的，应在平台相应位置设置防护装置；三是监测平台上方有坠落物体隐患时，应在监测平台上方设置防护装置；四是排放剧毒、致癌物及对人体有严重危害物质的监测点位，应储备相应的安全防护装备。此外，所有围栏、底板、防护装置使用的材料要符合相关质量要求，能够承受预估的最大冲击力，从而保障人员的安全。

2.2.4 废水排放量大于 100 t/d 的，应安装自动测流设施并开展流量自动监测

废水流量监测是废水污染物监测的重要内容。从某种程度上来说，流量监测比污染物浓度监测更重要。流量监测易受环境影响，监测结果存在一定的不确定性是国际上普遍存在的技术问题。但总体来看，流量监测技术日趋成熟，能够满足各种流量监测的需要，也能满足自动测流的需要。废水流量的监测方法有多种，根据废水排放形式，分为电磁流量计监测和明渠流量计监测两种。其中，电磁流量计适用于管道排放，对流量范围的适用性较广。明渠流量计中，三角堰适用于流量较小的情况，监测范围低至 1.08 m^3/h 时能够满足 30 t/d 的排放水平企业的需要。根据环境统计数据，全国废水排放量大于 30 m^3/d 的企业有 7.5 万家，约占企业总数的 79%；废水排放量大于 50 m^3/d 的企业有 6.7 万家，约占企业总数的 71%；废水排放量大于 100 m^3/d 的企业有 5.7 万家，约占企业总数的 60%。从监测技术稳定性和当前基础来看，建议废水排放量大于 100 m^3/d 的企业采取自动测流的方式。

2.3 开展自行监测

2.3.1 自行监测开展方式

在监测的组织方式上，开展监测活动时可以选择依托自有人员、设备、场地自行开展监测，也可以委托有资质的社会化检测机构开展监测。在监测技术手段上，无论是自行监测还是委托监测，都可以采用手工监测和自动监测的方式。排污单位自行监测活动开展方式选择流程见图 2-1。

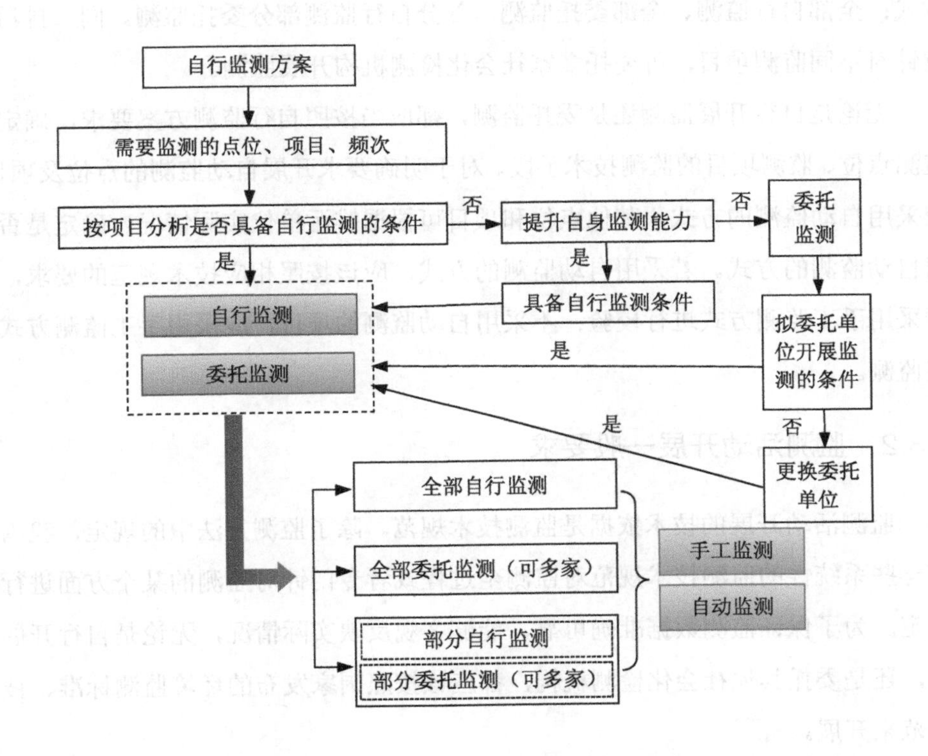

图 2-1　排污单位自行监测活动开展方式选择流程

排污单位首先根据自行监测方案明确需要开展监测的点位、监测项目、监测频次，按照要求分析本单位是否具备开展自行监测的条件。具备监测条件的项目，可选择自行监测或委托监测；不具备监测条件的项目，排污单位可根据自身实际情况，决定是否提升自身监测能力，以满足自行监测的条件。通过筹建实验室、购买仪器、聘用人员等方式满足自行开展监测条件的，可以选择自行监测。若排污单位委托社会化检测机构开展监测，需要按照不同监测项目检查拟委托的社会化检测机构是否具备承担委托监测任务的条件。若拟委托的社会化检测机构符合条件，则可委托社会化检测机构开展委托监测；若不符合条件，则应更换具备条件的社会化检测机构承担相应的监测任务。由此来说，排污单位自行监测有 3 种方式：全部自行监测、全部委托监测、部分自行监测部分委托监测。同一排污单位针对不同监测项目，可委托多家社会化检测机构开展监测。

无论是自行开展监测还是委托监测，都应当按照自行监测方案要求，确定各监测点位、监测项目的监测技术手段。对于明确要求开展自动监测的点位及项目，应采用自动监测的方式。其他点位和项目可根据排污单位实际情况，确定是否采用自动监测的方式。若采用自动监测的方式，应该按照相应技术规范的要求，定期采用手工监测方式进行校验；不采用自动监测的项目，应采用手工监测方式开展监测。

2.3.2 监测活动开展一般要求

监测活动开展的技术依据是监测技术规范。除了监测方法中的规定，我国还有一些系统性的监测技术规范对监测全过程或者专门针对监测的某个方面进行了规定。为了保证监测数据准确可靠，能够客观反映实际情况，无论是自行开展监测，还是委托其他社会化检测机构，都应该按照国家发布的环境监测标准、技术规范来开展。

开展监测活动的机构和人员由排污单位根据实际情况决定。排污单位可根据自身条件和能力，利用自有人员、场所和设备自行监测。排污单位自行开展监测时不需要通过国家的实验室资质认定，目前国家层面不要求检测报告必须加盖中国质量认证（CMA）印章。个别或者全部项目不具备自行监测能力时，也可委托其他有资质的社会化检测机构代其开展。

无论是排污单位自行监测，还是委托社会化检测机构开展监测，排污单位都应对自行监测数据的真实性负责。如果社会化检测机构未按照相应环境监测标准、技术规范开展监测，或者存在造假等行为，排污单位可以依据相关法律法规和委托合同条款追究所委托的社会化检测机构的责任。

2.3.3 监测活动开展应具备的条件

2.3.3.1 自行监测应具备的条件

自行开展监测活动的排污单位，应具备开展相应监测项目的能力，主要从以下几个方面考虑。

（1）人员

监测人员是指与开展生态环境监测工作相关的技术管理人员、质量管理人员、现场测试人员、采样人员、样品管理人员、实验室分析人员（包括样品前处理等辅助岗位人员）、数据处理人员、报告审核人员和授权签字人等各类专业技术人员的总称。

排污单位应设置承担环境监测职责的机构，落实环境监测经费，赋予相应的工作定位和职能，配备具有相应能力水平的生态环境监测技术人员。排污单位中开展自行监测工作人员的数量、专业技术背景、工作经历、监测能力要与所开展的监测活动相匹配。建议中级及以上专业技术职称或同等能力的人员数量不少于总数的 15%。

排污单位应与其监测人员建立固定的劳动关系，明确岗位职责、任职要求和工作关系，使其满足岗位要求并具有所需的权力和资源，履行建立、实施、保持和持续改进管理体系的职责。

排污单位监测机构最高管理者应组织和负责管理体系的建立和有效运行。排污单位应对操作设备、监测、签发监测报告等人员进行能力确认，由熟悉监测目的、程序、方法和结果评价的人员对监测人员进行质量监督。排污单位应制订人员培训计划，明确培训需求和实施人员培训，并评价培训活动的有效性。排污单位应保留技术人员的相关资质、能力确认、授权、教育、培训和监督的记录。

开展自行监测的相关人员应结合岗位设定，熟悉和掌握环境保护基础知识、法律法规、相关质量标准和排放标准、监测技术规范及有关化学安全和防护等知识。

（2）场所环境

排污单位应按照监测标准或技术规范，对现场监测或采样时的环境条件和安全保障条件予以关注，如监测或采样位置、电力供应、安全性等是否能保证监测人员安全和监测过程的规范性。

实验室宜集中布置，做到功能分区明确、布局合理、互不干扰，对于有温湿度控制要求的实验室，建筑设计应采取相应技术措施；实验室应有相应的安全消防保障措施。

实验室设计必须执行国家现行有关安全、卫生及环境保护法规和规定，对限制人员进入的实验区域应在其显眼区域设置警告装置或标志。

凡是空间内含有对人体有害的气体、蒸气、气味、烟雾、挥发性物质的实验室，应设置通风柜，实验室需维持负压，向室外排风时必须经特殊过滤；凡是经常使用强酸、强碱，有化学品烧伤风险的实验室，应在出口就近设置应急喷淋器和应急洗眼器等装置。

实验室用房一般照明的照度均匀，其最低照度与平均照度之比不宜小于0.7。微生物实验室宜设置紫外灭菌灯，其控制开关应设在门外并与一般照明灯具的控制开关分开安装。

对影响监测结果的环境条件，应制定相应的标准文件。如果规范、方法和程序有要求，或对结果的质量有影响，实验室应监测、控制和记录环境条件。当环境条件影响监测结果时，应停止监测，将不相容活动的相邻区域进行有效隔离。对进入和使用影响监测质量的区域，应加以控制。应采取措施确保实验室的良好内务，必要时应制定专门的程序。

（3）设备设施

排污单位配备的设备种类和数量应满足监测标准规范的要求，包括现场监测设备、采样设备、制样设备、样品保存设备、前处理设备、实验室分析设备和其他辅助设备。现场监测设备主要包括便携式现场监测分析仪、气象参数监测设备等；采样设备主要有水质采样器、大气采样器、固定污染源采样器等；样品保存设备主要指样品采集后和运输过程中可供低温、冷冻或避光保存的设备；前处理设备主要指加热、烘干、研磨、消解、蒸馏、震荡、过滤、浸提等所需的设备；实验室分析设备主要有气相色谱仪、液相色谱仪、离子色谱仪、原子吸收光谱仪、原子荧光光谱仪、红外测油仪、分光光度计、万分之一天平等。设备在投入工作前应进行校准或核查，以保证其满足使用要求。

大型仪器设备应配有仪器设备操作规程和仪器设备运行与保养记录；每台仪器设备及其软件应有唯一性标识；应保存对监测具有重要影响的每台仪器设备及软件的相关记录，并存档。

（4）管理体系

排污单位应根据自行监测活动的范围，建立与之相匹配的管理体系。管理体系应覆盖自行监测活动的全部场所。应将点位布设、样品采集、样品管理、现场监测、样品运输和保存、样品制备、实验分析、数据传输、记录、报告编制和档案管理等监测活动纳入管理体系。应编制并执行质量手册、程序文件、作业指导书、质量和技术记录表格等，采取质量保证和质量控制措施，确保自行监测数据可靠。

2.3.3.2　委托单位相关要求

排污单位委托社会化检测机构开展自行监测的，也应对自行监测数据的真实性负责，因此排污单位应重视对被委托单位的监督管理。其中，具备监测资质是被委托单位承接监测活动的前提和基本要求。

接受自行监测任务的单位应具备监测相应项目的资质，即所出具的监测报告必须能够加盖 CMA 印章。排污单位除应对资质进行检查外，还应该加强对被委托单位的事前、事中、事后监督管理。

选择拟委托的社会化检测机构前，应对其既往业绩、实验室条件、人员条件等进行检查，重点考虑社会化检测机构是否具备承担委托项目的能力及经验，是否存在弄虚作假的不良行为记录等。

被委托单位开展监测活动过程中，排污单位应定期或不定期抽检被委托单位的监测记录、监测报告和原始记录等。若有存疑的地方，可现场检查。

每年报送全年监测报告前，排污单位应对被委托单位的监测数据进行全面检查，包括监测的全面性、记录的规范性、监测数据的可靠性等，确保被委托单位能够按照要求开展监测。

2.4 监测质量保证与质量控制

无论是自行开展监测还是委托社会化检测机构开展监测，都应该根据相关监测技术规范、监测方法标准等要求做好质量保证与质量控制。

自行开展监测的排污单位应根据本单位自行监测的工作需求，设置监测机构，梳理制定监测方案、样品采集、样品分析、出具监测结果、样品留存、相关记录的保存等各个环节，制定工作流程、管理措施与监督措施，建立自行监测质量体系，确保监测工作质量。质量体系应包括对以下内容的具体描述：监测机构、人员、出具监测数据所需仪器设备、监测辅助设施和实验室环境、监测方法技术能力验证、监测活动质量控制与质量保证等。

委托其他有资质的社会化检测机构代其开展自行监测的，排污单位不用建立监测质量体系，但应对社会化检测机构的资质进行确认。

2.5 记录和保存监测数据

记录监测数据与监测期间的工况信息，整理成台账资料，以备管理部门检查。手工监测时应保留全部原始记录信息，全过程留痕。自动监测时除通过仪器全面记录监测数据外，还应有仪器的运行维护信息。另外，为了更好地梳理污染物排放状况，了解监测数据的代表性，对监测数据进行交叉印证，形成完整的证据链，还应详细记录监测期间的生产和污染治理状况。

排污单位应将自行监测数据接入全国污染源监测信息管理与共享平台，公开监测信息。此外，可以采取以下一种或者几种方式让公众更便捷地获取监测信息：公告或者公开发行的信息专刊，广播、电视等新闻媒体，信息公开服务、监督热线电话，本单位的资料索取点、信息公开栏、信息亭、电子屏幕、电子触摸屏等场所或者设施，其他便于公众及时、准确获得信息的方式。

第3章 钢铁工业及炼焦化学工业发展及污染排放状况

钢铁工业及炼焦化学工业是我国国民经济的基础产业，也是环境管理重点关注的行业之一。本章对钢铁工业及炼焦化学工业对社会经济贡献情况、产品产量区域分布情况、污染物排放和环保现状、行业发展进展和趋势进行简要介绍，同时针对钢铁工业及炼焦化学工业主要的环境污染关注点和废水、废气排放总体特征进行概述，分类对典型工艺过程污染物产排污节点和污染治理技术进行简要说明。钢铁工业及炼焦化学工业的行业发展状况和污染排放特征是钢铁工业及炼焦化学工业环境管理与自行监测要求的重要依据，更是钢铁工业及炼焦化学工业排污单位自行监测技术指南的重要依据。

3.1 行业概况及发展趋势

3.1.1 行业分类

我国钢铁企业按其生产产品和生产工艺流程可分为两大类，即钢铁联合企业和钢铁非联合企业（电炉钢企业）。

钢铁联合企业的生产流程主要包括烧结（球团）、焦化、炼铁、炼钢、轧钢等生产工序，即“长流程”生产；电炉钢企业的生产流程主要包括炼钢、轧钢等生产工序，即“短流程”生产。钢铁联合企业中炼钢生产采用高炉炼钢、转炉炼钢或电炉炼钢，转炉炼钢以铁水为主要原料，电炉炼钢以废钢为主要原料。而特殊钢铁企业中炼钢生产采用电炉炼钢，以废钢为主要原料。

①“长流程”钢铁生产。长流程的钢铁联合企业主要使用铁矿石以及少量废钢铁。在生产过程中，首先是从矿石中炼铁，然后将铁炼成钢。这一工艺流程所用的原料包括铁矿石、煤、石灰石以及回收的废钢、能源和其他数量不同的各种辅助材料，如油料、耐火材料、合金材料、水等。目前高炉-转炉法的钢产量约占世界钢产量的 60%。

②“短流程”电炉炼钢。电炉炼钢主要使用废钢或其他来源的金属铁，如直接还原铁（DRD）。电炉炼钢不需要采用钢铁联合企业的炼铁工序，而是直接在电炉内熔炼回收废钢铁，并通过在较小的钢包炉（LF）中添加合金元素来调节金属的化学成分。用于熔炼的能源主要是电力，也可直接喷入电炉氧气和其他矿物燃料来代替或补充电能。

与钢铁联合企业炼钢相比，电炉炼钢工艺工序简单，占地面积小。下游工艺步骤如浇铸、连铸或轧制与钢铁联合企业类似。目前电炉钢厂钢产量约占世界总产量的 30%。

3.1.2 行业发展现状

3.1.2.1 粗钢规模——产量世界第一

从全国粗钢产量来看，我国钢铁行业迅猛发展，粗钢产量已超过 20 年保持全球第一。国家统计局发布的《中华人民共和国 2021 年国民经济和社会发展统计公报》显示，2021 年全国生产粗钢约 10.35 亿 t，约占全球总产量的 53%。

从产量变化情况来看，“十二五”期间，我国粗钢产量呈总体上升趋势，由 2011 年的 6.83 亿 t 增加到 2015 年的 8.03 亿 t，年均增长 5%。2016 年是“十三五”的开局之年，钢铁行业推进供给侧结构性改革，粗钢产量增速得到有效控制，我国粗钢产能改变以往连续上升趋势，呈波动稳定发展，粗钢产量则维持平稳上升

态势，产能利用率不断提升。近年来我国粗钢产量变化情况见图 3-1。

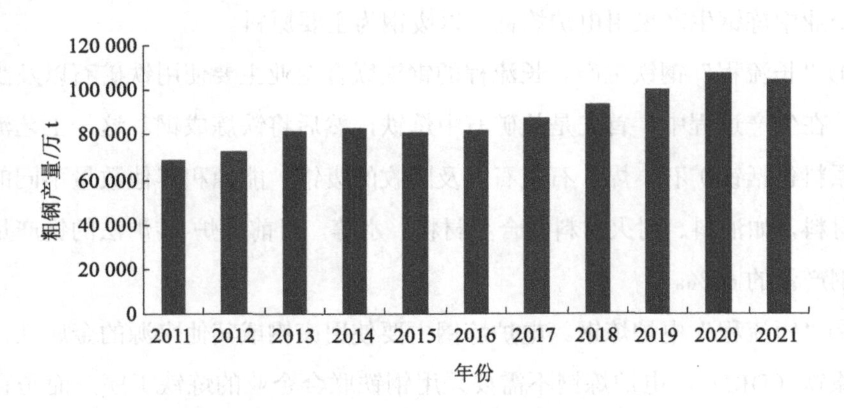

图 3-1 2011—2021 年我国粗钢产量变化

数据来源：国家统计局。

3.1.2.2 整体布局——“东多西少，北重南轻”

布局上总体呈现“东多西少，北重南轻”的特点，粗钢产量与经济发展程度不匹配，特别是东南沿海地区的珠三角地区，长期从外地大量调运钢材。按东西向划分，我国超过 90%的钢铁产能集中在东中部地区。这与东部地区经济发展优于中部地区，中部地区又优于西部地区，以及近年来我国钢铁工业对进口铁矿石的依赖程度越来越高有直接关系。按南北向划分，我国北方地区钢铁企业生产力布局较多，体量较大，而南方地区由于缺煤少矿，钢铁企业相对较少，所以体量较小。

我国钢铁布局集中度较高，其中“2+26”城市钢铁产能总量大、结构重。晋冀豫交界区等普遍存在资源能源环境承载力不足、污染形势严峻的问题。因此，加快我国钢铁行业布局调整工作迫在眉睫，城市钢厂或将面临搬迁压力。

3.1.2.3 工艺流程——长流程占比高

（1）我国电炉钢比显著低于世界平均水平

我国钢铁流程结构一直以长流程为主导，短流程占比总体呈下降趋势，特别是 2011 年以来长期处于 10%以下，而国外的电炉钢比整体呈增长趋势。2019 年我国粗钢产量 99 634 万 t，同比增长 8.3%，占世界粗钢总产量的 53.9%；我国电炉钢比约为 10%，与世界平均水平（30%）、美国（约 70%）、其他国家（约 50%）相比，差距显著。近 30 年来国外与我国电炉钢比情况见图 3-2。

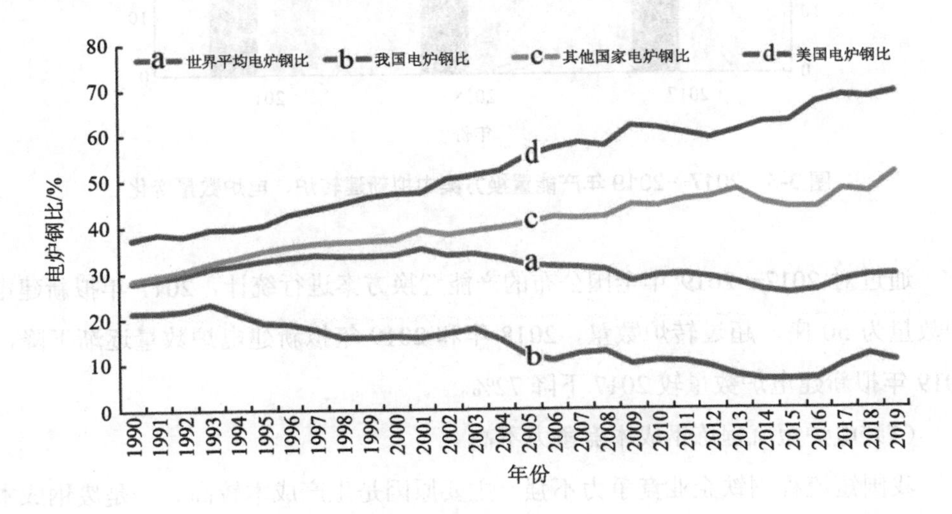

图 3-2 国外与我国电炉钢比情况

数据来源：国家统计局；中国钢铁工业协会；《钢铁统计年鉴》。

（2）近两年流程结构调整有所放缓

2017 年，随着国家持续推进化解钢铁过剩产能工作，“地条钢”彻底出清，大量废钢进入正规市场，短流程炼钢迎来发展机遇。但是我国废钢资源的基本情况并没有改变，近两年废钢产出年实际增长量维持在 2 000 万 t 左右，并且部分长流程企业高废钢比冶炼已成为常态，废钢资源难以支撑电炉短流程的快速发展。

所以 2018 年以后，废钢资源的暂时爆发回归平静，新建电炉的热度逐渐降温。我国 2017—2019 年产能置换方案中拟新建转炉、电炉数量变化见图 3-3。

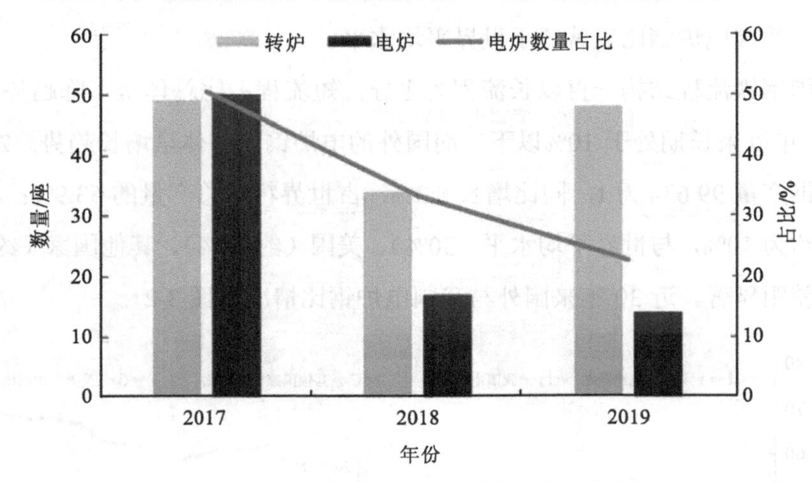

图 3-3　2017—2019 年产能置换方案中拟新建转炉、电炉数量变化

通过对 2017—2019 年全国公布的产能置换方案进行统计，2017 年拟新建电炉数量为 50 座，超过转炉数量，2018 年和 2019 年拟新建电炉数量逐渐下降，2019 年拟新建电炉数量较 2017 下降 72%。

（3）电炉短流程炼钢成本竞争力不高

我国短流程钢铁企业竞争力不强，主要原因是生产成本较高。一是废钢成本较高。据测算，废钢成本占短流程炼钢成本的比例超过 75%。以 2020 年 3 月为例，华东地区重废钢价格比铁水成本高 200 元/t，电炉生产螺纹钢成本比高炉-转炉长流程成本高 350 元/t。二是用电成本高，且区域间电价差异较大。电力成本约占总成本的 6%～15%，长三角地区平均工业电价达到 0.7 元/（kW·h），为美国的 2 倍；云南省平均工业电价为 0.35 元/（kW·h），四川省、贵州省平均工业电价约为 0.55 元/（kW·h）。

3.1.3　行业污染物排放及环保现状

3.1.3.1　排放情况统计

钢铁工业的二氧化硫、氮氧化物、烟粉尘排放量占重点调查工业企业排放量的比例分别为 12.4%，9.6%，32.2%，排放量分别位列第三、第三、第一。其中烟粉尘排放量约占重点调查工业企业烟粉尘总排放量的 1/3，烟粉尘无组织排放量占行业烟粉尘总排放量的 58.7%。

2006—2019 年重点统计钢铁企业污染物排放指标变化情况见表 3-1 及图 3-4。近年来，随着除尘效率的提高和脱硫设施等改造，2019 年吨钢排放量大幅下降，颗粒物为 0.39 kg/t 二氧化硫为 0.36 kg/t、氮氧化物为 0.71 kg/t，基本达到国际先进水平，见表 3-2。

表 3-1　2006—2019 年重点统计钢铁企业污染物排放指标变化情况　　单位：kg/t

年份		2006	2007	2008	2009	2010	2011	2012	2013	2014	2015	2016	2017	2018	2019
污染物排放量	颗粒物	2.22	2.00	1.54	1.51	1.34	1.15	1.10	0.93	0.90	0.86	0.76	0.61	0.57	0.39
	SO_2	2.89	2.66	2.38	2.23	2.00	1.63	1.53	1.52	1.38	1.14	0.88	0.59	0.56	0.36

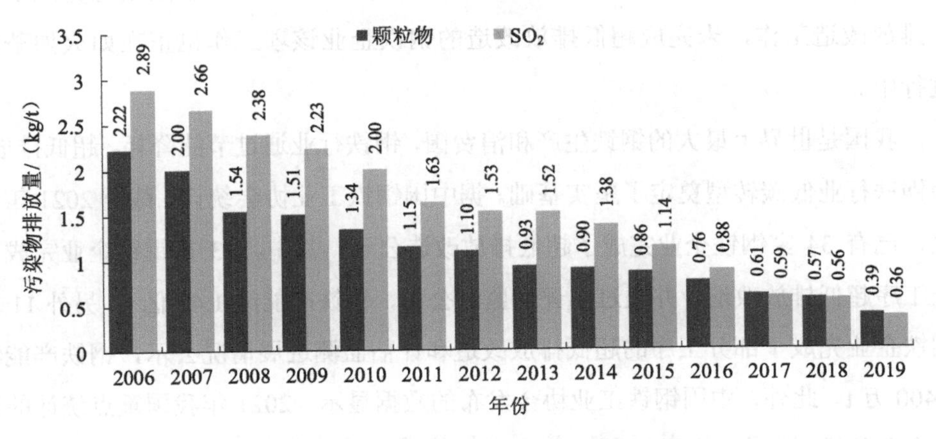

图 3-4　2006—2019 年重点统计钢铁企业污染物排放指标

表 3-2 国内钢铁企业与国际先进钢铁企业主要废气污染物排放因子 单位：kg/t

污染物	JFE	新日铁	德国蒂森	POSCO	121 家重点大中型钢铁企业	宝钢股份
	2010 年	2019 年	2010 年	2019 年	2019 年	2017 年
烟粉尘	—	—	—	—	0.39	0.30
SO_2	0.39	0.81	—	0.61	0.36	0.32
NO_x	0.73	1.75	—	1.08	0.71	1.10

注：①JFE、新日铁、POSCO、宝钢股份数据来源于各企业年度可持续发展报告；
②121 家重点大中型钢铁企业数据来源于《中国钢铁工业环境保护统计（2019）》。

3.1.3.2 钢铁行业超低排放的要求及现状

2019 年 4 月，生态环境部、国家发展改革委等五部门联合印发《关于推进实施钢铁行业超低排放的意见》（环大气〔2019〕35 号）（以下简称《意见》），这意味着钢铁行业超低排放时间表正式敲定。《意见》指出，到 2020 年年底前，重点区域钢铁企业超低排放改造取得明显进展，力争 60%左右产能完成改造，有序推进其他地区钢铁企业超低排放改造工作；到 2025 年年底前，重点区域钢铁企业超低排放改造基本完成，全国力争 80%以上产能完成改造。《意见》正式出台后，中国钢铁行业掀起一场绿色革命，目前国内部分钢铁企业已经陆续地完成了超低排放改造工作，未完成超低排放改造的钢铁企业该项工作也正在如火如荼地进行中。

我国是世界上最大的钢铁生产和消费国，钢铁行业通过节能降耗、超低排放，为钢铁行业低碳转型奠定了坚实基础。据中国钢铁工业协会统计，截至 2021 年年底，已有 34 家钢铁企业完成了超低排放改造公示。其中，23 家钢铁企业完成了全工序超低排放改造，并通过了评估监测公示，钢铁产能约 1.45 亿 t；另外 11 家钢铁企业完成了部分工序的超低排放改造和评估监测进展情况公示，钢铁产能约 8 400 万 t。此外，中国钢铁工业协会发布的数据显示，2021 年我国重点统计的钢铁企业外排废气中二氧化硫排放总量比 2020 年下降 21.15%，颗粒物排放总量比

2020 年下降 15.16%，氮氧化物排放总量比 2020 年下降 13.89%。

钢铁行业要在工艺研究、新产品开发、新能源应用等方面实现新的突破，并通过制定低碳发展技术路线图，实现我国钢铁工业的技术进步和可持续发展。面对环境和资源两大约束，我国钢铁行业积极落实钢铁产能产量“双控”政策。据统计，2021 年我国超额完成压减粗钢产量目标任务，粗钢产量为 10.33 亿 t，较 2020 年同比降低 3.0%，我国钢铁行业仅压产一项就减少了约 5 900 万 t 二氧化碳排放量。

钢铁工业低碳转型是一个庞大的系统工程，要想打赢蓝天保卫战，实现“碳达峰碳中和”的国家战略，根本路径是科学技术进步，核心是技术创新。钢铁企业要实现全面超低排放，实现全流程、全过程环境管理，有效提高钢铁行业发展质量和效益，大幅减少主要大气污染物排放量，促进环境空气质量持续改善，为打赢蓝天保卫战提供有力支撑。

3.1.4　行业发展趋势

虽然我国钢铁产业的粗钢产量已占全球的一半以上，但我国钢铁行业的发展还有漫长的道路要走。首先，我国的工业基础相较于发达国家的工业基础还是比较薄弱，需要不断积累；其次，矿石资源的有限性以及矿石的特性导致选矿成本比较高，我国铁矿石品位低、开发成本大等问题较为突出；最后，核心技术不足，目前仍有一些钢材需要进口，所以在核心技术上还需要大力研发，否则将对钢铁行业的发展产生制约。

想要从根本上解决行业发展的困境，钢铁企业一是应提高生产效率、提升核心竞争力，避免同质化，努力加快产品的升级改造，及时调整产品的生产方向。二是做好市场定位，树立符合自身实际需要的经营理念，从产业结构和战略布局层次打造具有自身特色的发展道路。

3.2 生产工艺及产污节点

3.2.1 原料系统

目前国内钢铁工业原料系统分为机械化原料场、非机械化原料场，原料场由煤场、矿石料场、副料场和混匀料场等组成。

原料场主要生产设施包括供卸料设施、转运站和其他设施。原料场主要工艺流程及产污环节示意见图 3-5。

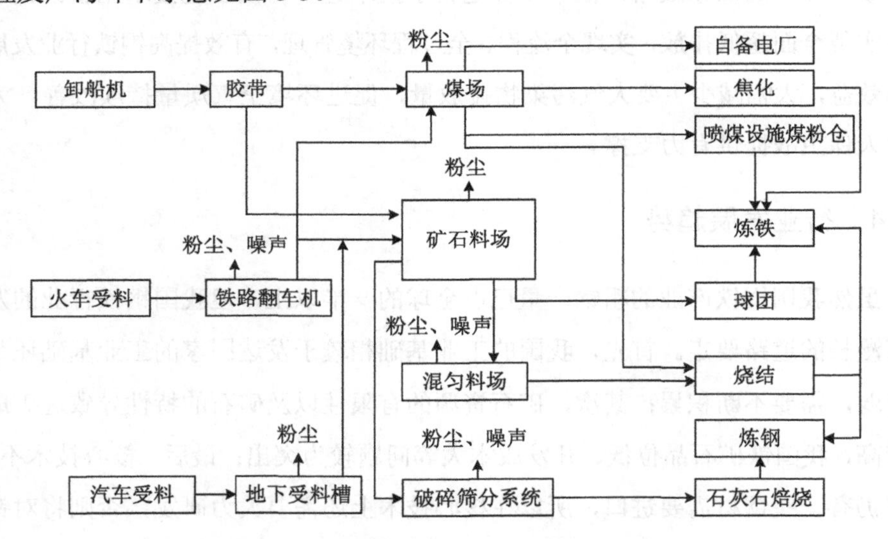

图 3-5 原料场主要工艺流程及产污环节示意图

3.2.2 烧结

烧结生产工艺流程从配料槽开始至成品矿输出为止，包括焦炭破碎筛分、配料、混合、点火、烧结、冷却、成品整粒等工序。

烧结主要工艺流程及产污环节示意见图 3-6。

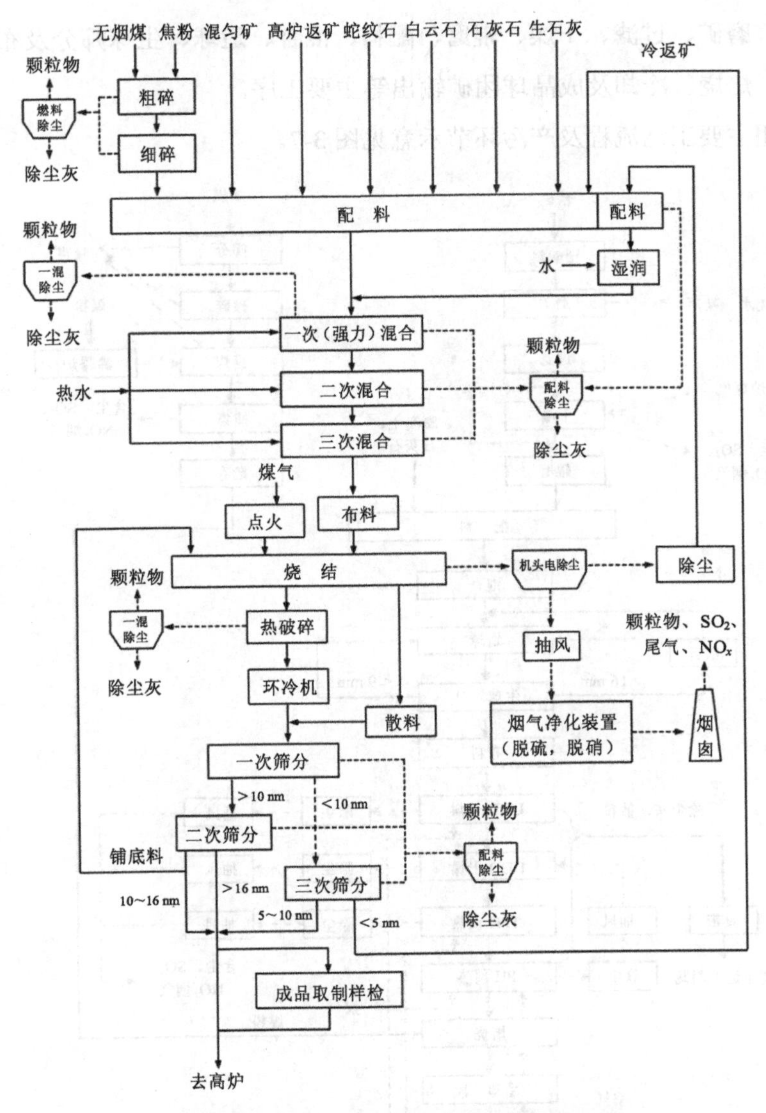

图3-6 烧结主要工艺流程及产污环节示意图

3.2.3 球团

球团生产工艺自铁精矿的受料开始至成品球团矿输出为止。包括原料接收、预配料、磨矿、过滤、干燥、辊磨、配料、混合、造球、生球筛分及布料、干燥及预热、焙烧、冷却及成品球团矿输出等主要工序。

球团主要工艺流程及产污环节示意见图 3-7。

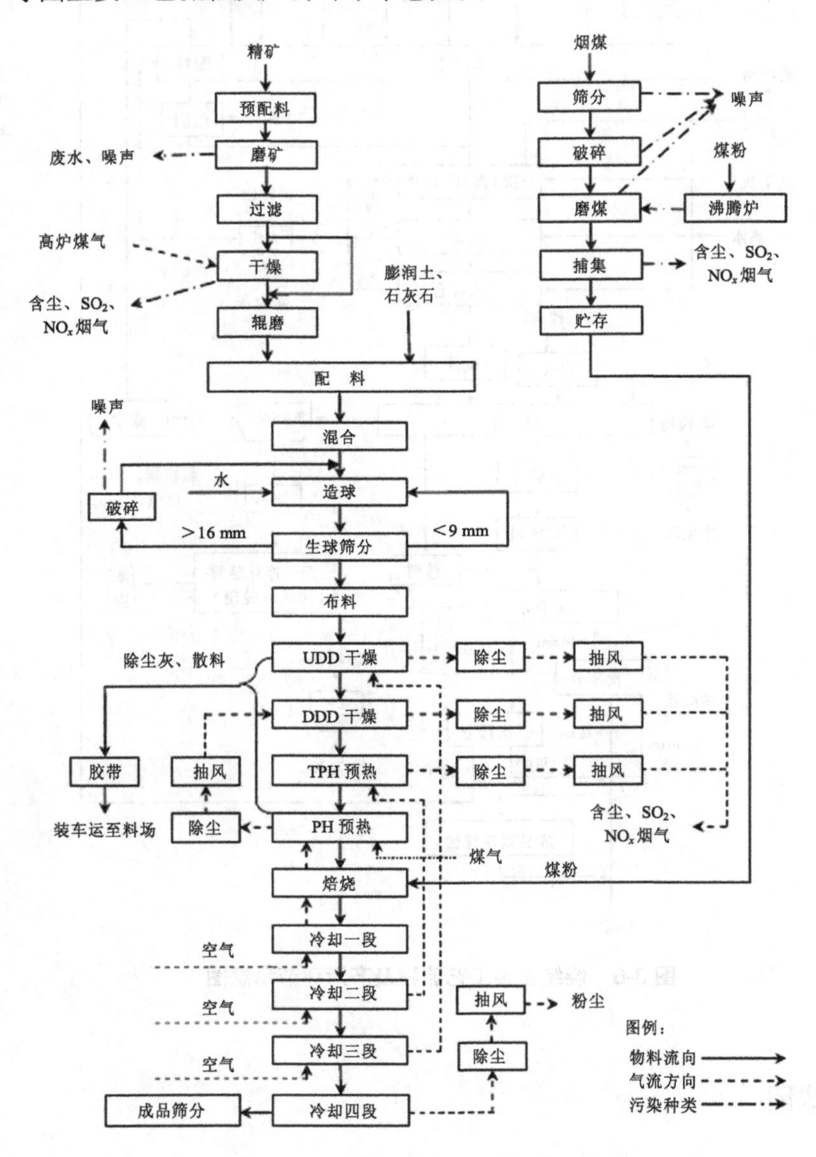

图 3-7 球团主要工艺流程及产污环节示意图

3.2.4 炼焦

炼焦煤按生产工艺和产品要求配比后，装入隔绝空气的密闭炼焦炉内，经高、中、低温干馏转化为焦炭、焦炉煤气和化学产品。炼焦炉型包括常规机焦炉、热回收焦炉、半焦（兰炭）炭化炉 3 种。

炼焦主要工艺流程及产污环节示意见图 3-8。

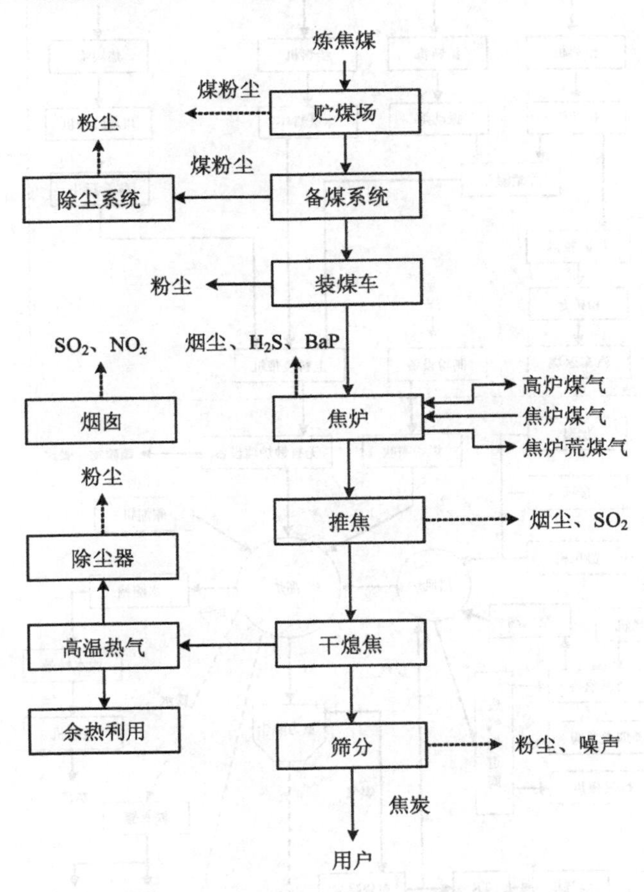

图 3-8 炼焦主要工艺流程及产污环节示意图

3.2.5 炼铁

目前国内钢铁工业炼铁工艺分为高炉炼铁、熔融还原炼铁、直接还原炼铁。炼铁工序主要设施有高炉以及其他设施等。

炼铁主要工艺流程及产污环节示意见图 3-9。

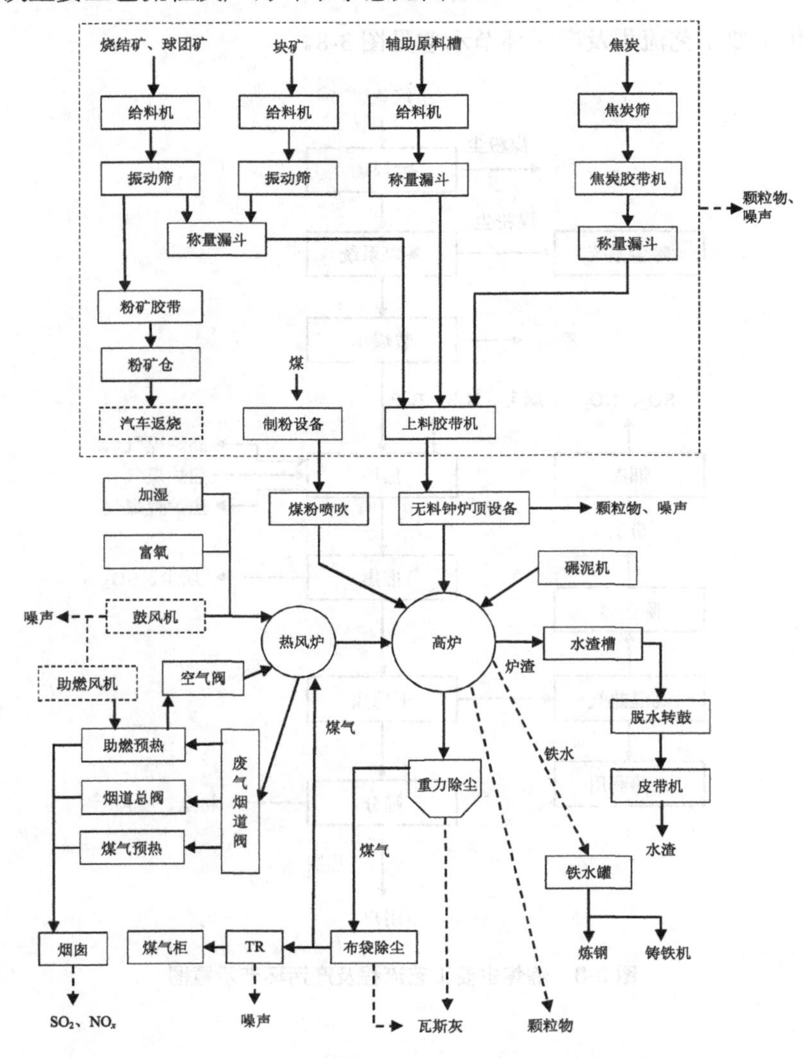

图 3-9 炼铁主要工艺流程及产污环节示意图

3.2.6　炼钢

目前国内炼钢工艺分为转炉炼钢和电炉炼钢。炼钢工序主要设施有转炉、电炉、精炼炉（LF、VD、VOD、RH、CAS-OB 等）、石灰窑（竖炉、回转窑）、白云石窑等。

转炉和电炉炼钢主要工艺流程及产污环节示意见图 3-10、图 3-11。

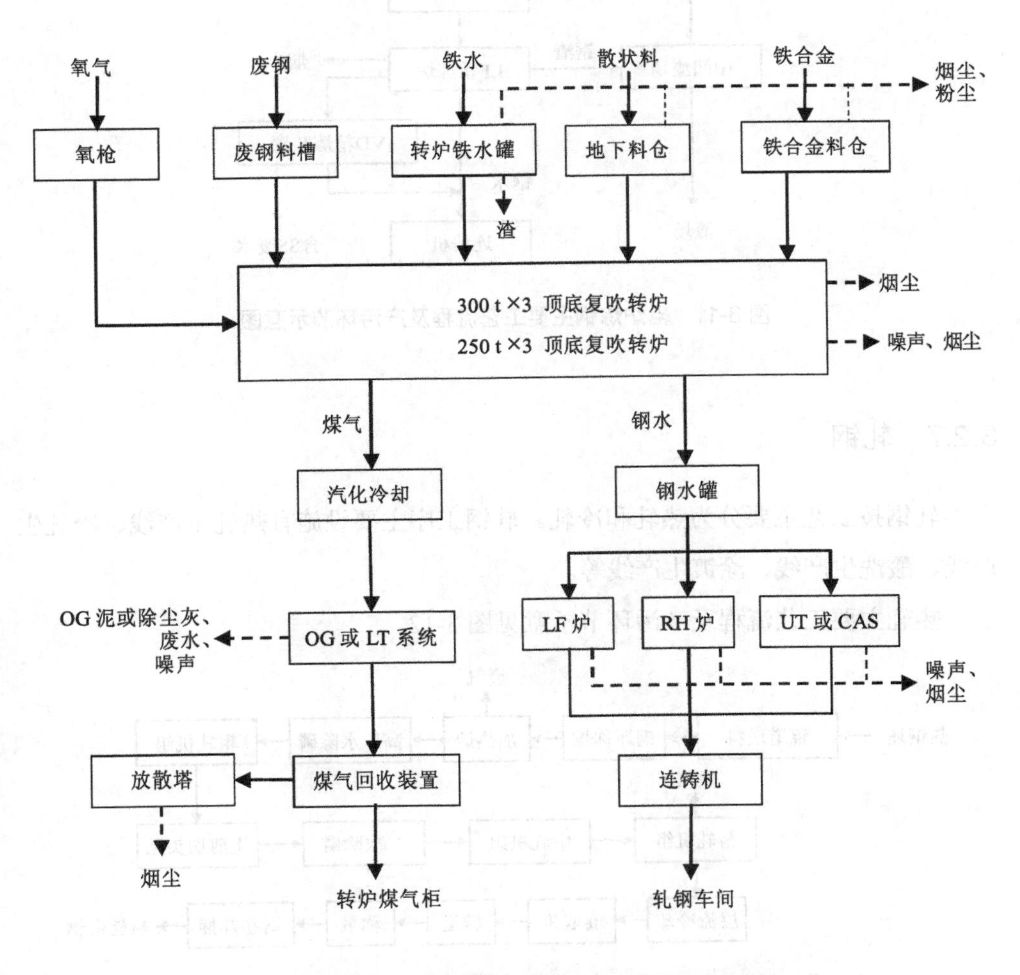

图 3-10　转炉炼钢主要工艺流程及产污环节示意图

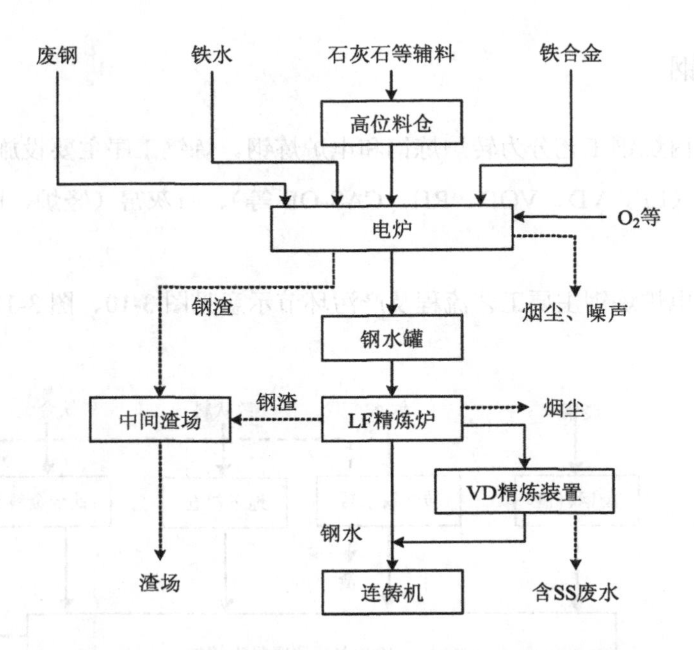

图 3-11 电炉炼钢主要工艺流程及产污环节示意图

3.2.7 轧钢

轧钢按工艺主要分为热轧和冷轧。轧钢工序主要设施有热轧生产线、冷轧生产线、酸洗生产线、涂镀生产线等。

热轧主要工艺流程及产污环节示意见图 3-12。

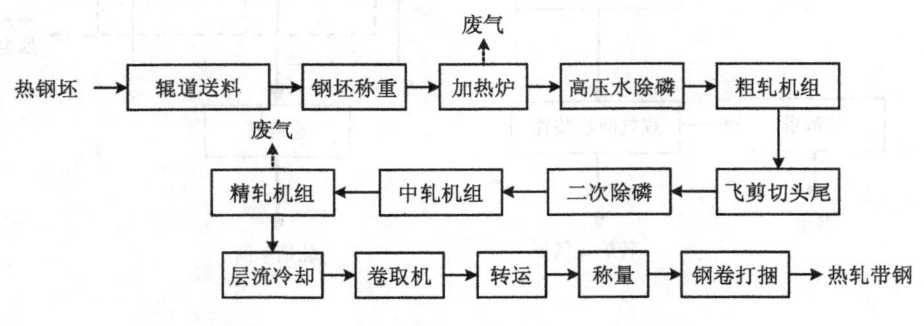

图 3-12 热轧主要工艺流程及产污环节示意图

冷轧主要工艺流程及产污环节示意见图 3-13。

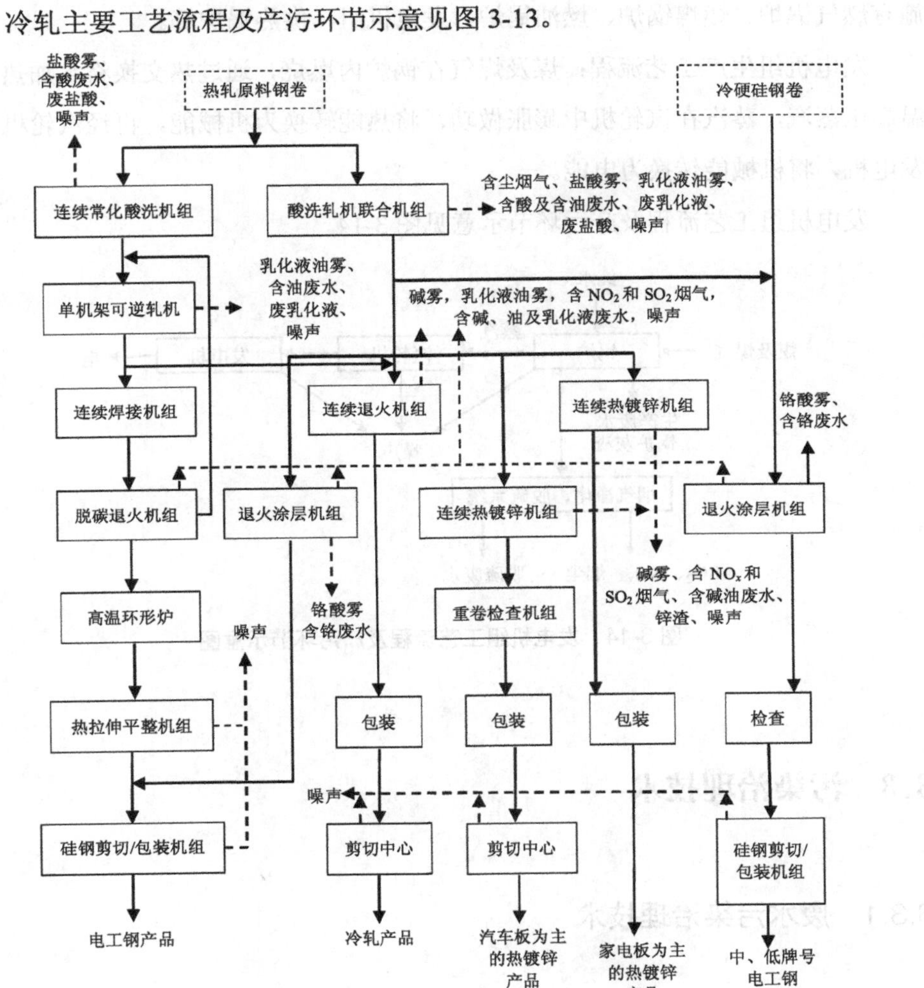

图 3-13　冷轧主要工艺流程及产污环节示意图

3.2.8　公辅工程

目前钢铁企业公辅工程主要由供水、供气、供电、氧气站、氢气站、空压站、机修设施、检化验设施、固体废物综合利用处置场等单元组成。其中主要生产设施有燃气锅炉、燃煤锅炉、燃油锅炉、发电机组、供热锅炉等。

发电机组生产工艺流程：煤及煤气在锅炉内燃烧，通过热交换将水加热成高温高压蒸汽，蒸汽在汽轮机中膨胀做功，将热能转换为机械能，再经汽轮机带动发电机，将机械能转换为电能。

发电机组工艺流程及产污环节示意见图 3-14。

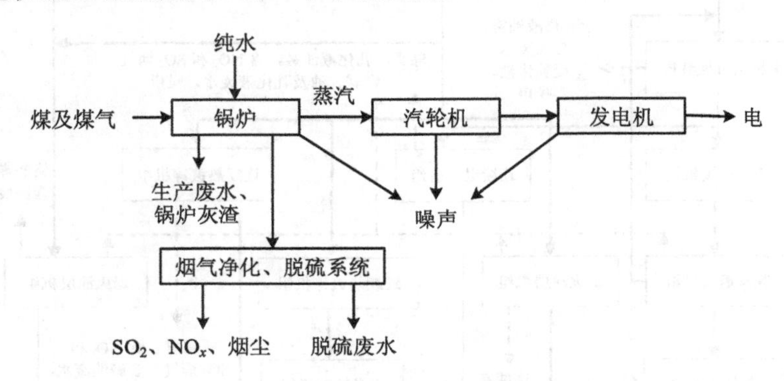

图 3-14 发电机组工艺流程及产污环节示意图

3.3 污染治理技术

3.3.1 废水污染治理技术

3.3.1.1 焦化废水污染治理技术

（1）预处理技术

焦化废水通常采用重力除油法、混凝沉淀法、气浮除油法等预处理技术。

①重力除油法是利用油、悬浮固体和水的密度差，依靠重力将油、悬浮固体与水分离。

②混凝沉淀法是向废水中投加混凝剂和破乳剂，使部分乳化油破乳并形成絮

状体，将重质焦油和悬浮物与水分离。

③气浮除油法是投加化学药剂将废水中部分乳化油破乳，微小气泡携油上浮后，在水体表面形成含油泡沫层，然后利用撇油器将油去除。

采用上述预处理技术，可将焦化废水中的石油类污染物从 100～200 mg/L 降低至 10～50 mg/L，可减轻后续生化处理的难度和负荷。

（2）生化法处理技术

①普通活性污泥法处理技术。

预处理后的废水与二次沉淀池回流污泥共同进入曝气池，通过曝气作用在池内充分混合，混合液推流前进，流动过程中利用活性污泥中的微生物对有机物进行吸附、絮凝和降解。

当进水化学需氧量浓度低于 2 000 mg/L 时，化学需氧量的去除率为 70%～85%，出水化学需氧量浓度为 300～500 mg/L。

该技术可有效去除废水中的酚、氰，但出水化学需氧量偏高，占地面积大，对氨氮、化学需氧量及有毒有害有机物的去除率不高，系统抗冲击负荷能力差，运行效果不稳定。

②A/O（缺氧/好氧）生化处理技术。

预处理后的废水依次进入缺氧池和好氧池，利用活性污泥中的微生物降解废水中的有机污染物。通常好氧池采用活性污泥工艺，缺氧池采用生物膜工艺。

当进水化学需氧量浓度低于 2 000 mg/L 时，酚、氰处理去除率大于 99%，化学需氧量去除率为 85%～90%，出水化学需氧量浓度为 200～300 mg/L。

该技术可有效去除酚、氰，但缺氧池抗冲击负荷能力差，出水化学需氧量浓度偏高。

③A_2/O（厌氧-缺氧/好氧）生化处理技术。

A_2/O 工艺是在 A/O 工艺中缺氧池前增加一个厌氧池，利用厌氧微生物先将复杂的多环芳烃类有机物降解为小分子，提高焦化废水的可生物降解性，利于后续生化处理。

当进水化学需氧量低于 2 000 mg/L、氨氮浓度低于 150 mg/L 时，酚、氰去除率大于 99.8%，氨氮去除率大于 95%，化学需氧量去除率大于 90%，出水化学需氧量浓度为 100～200 mg/L，氨氮浓度为 5～10 mg/L。

该技术可有效去除酚、氰及有机污染物，但占地面积大，工艺流程长，运行费用较高。

④A/O_2（缺氧/好氧-好氧）生化处理技术。

A/O_2 又称短流程硝化-反硝化工艺，其中 A 段为缺氧反硝化段，第一个 O 段为亚硝化段，第二个 O 段为硝化段。

当进水化学需氧量浓度低于 2 000 mg/L、氨氮浓度低于 150 mg/L 时，酚、氰去除率大于 99.5%，氨氮去除率大于 95%，化学需氧量去除率大于 90%，出水化学需氧量浓度为 100～200 mg/L、氨氮浓度为 5～10 mg/L。

该技术可强化系统抗冲击负荷能力，有效去除酚、氰及有机污染物，但占地面积大，工艺流程长，运行费用较高。

⑤O-A/O（初曝-缺氧/好氧）生化处理技术。

O-A/O 工艺由两个独立的生化处理系统组成，第一个生化系统由初曝池（O）、初沉池构成，第二个生化系统由缺氧池（A）、好氧池（O）、二沉池构成。

当进水化学需氧量浓度低于 4 500 mg/L、氨氮浓度低于 650 mg/L、挥发酚浓度低于 1 000 mg/L、氰化物浓度低于 70 mg/L、BOD_5/COD 为 0.1～0.3 时，出水化学需氧量浓度为 100～200 mg/L、氨氮浓度为 5～10 mg/L。

该技术可实现短程硝化-反硝化、短程硝化-厌氧氨氧化，降解有机污染物能力强，抗毒害物质能力和系统抗冲击负荷能力强，产泥量少。

⑥其他生化辅助处理技术。

（a）固定化细胞技术：通过化学或物理手段，将筛选分离出的适宜于降解特定废水的高效菌种固定化，使其保持活性，以便反复利用。

（b）生物酶技术：在曝气池投加生物酶来提高活性污泥的活性和污泥浓度，从而提高现有装置的处理能力。

（c）粉状活性炭技术：利用粉状活性炭的吸附作用固定高效菌，形成大的絮体，延长有机物在处理系统的停留时间，强化处理效果。

以上几种方法运行成本低、工艺简单、操作方便，可作为生化处理技术的辅助措施，多用于焦化废水现有生化处理工艺的改进。

（d）深度处理技术。

焦化废水深度处理技术是指采用物化法将生化法处理后的出水进一步处理，降低废水中的污染物浓度，通常采用混凝沉淀法、吸附过滤法等。混凝沉淀法是向废水中投加混凝剂和絮凝剂，与废水中污染物形成大颗粒絮状体，经沉淀与水分离。吸附过滤法是利用活性炭、褐煤、木屑等多孔物质将废水中的有机物和悬浮物吸附脱除。

采用上述深度处理技术，可进一步去除焦化废水中的悬浮物和有机污染物。

（e）膜分离法废水处理技术。

膜分离法是利用天然或人工合成膜，以浓度差、压力差及电位差等为推动力，对二组分以上的溶质和溶剂进行分离提纯和富集的方法。常见的膜分离法包括微滤、超滤和反渗透。该技术分离效率高，出水水质好，易于实现自动化，但膜的清洗难度大，投资和运行费用较高。采用超滤-反渗透膜法处理后的焦化废水出水可作为间接冷却循环水补充水。

（f）催化氧化法废水处理技术。

催化氧化技术是在一定温度、压力和催化剂的作用下，将焦化废水中的有机污染物氧化，转化为氮气和二氧化碳，催化剂主要采用过渡金属及其氧化物。该技术处理效率高，氧化速度快，但处理量小。

3.3.1.2　炼铁废水污染治理技术

（1）高炉煤气洗涤水处理技术

高炉煤气洗涤水处理工艺主要包括沉淀（或混凝沉淀）、水质稳定、降温（有炉顶发电设施的可不降温）、污泥处理。沉淀去除悬浮物采用辐射式沉淀池较多，效果较好。国内采用的工艺流程有石灰软化-碳化法工艺、投加药剂法工艺、酸化法工艺、石灰软化-药剂法工艺。

高炉煤气洗涤水循环使用。将净化后的洗涤水送入第二文氏洗涤器中洗涤高炉煤气，经过第二文氏洗涤器洗涤后的水因为水质污染较轻，所以洗涤水可以直接送入第一文氏洗涤器洗涤高炉煤气。第一文氏洗涤器排水含悬浮物量约为2 500 mg/L，先投加高分子助凝剂，再投加NaOH（或石灰），pH控制在7.8～8.0，使水中溶解的锌及碳酸盐转化为不溶于水的氧化物，在助凝剂的作用下，与悬浮物等一起在沉淀池中沉淀。

（2）高炉冲渣废水处理技术

高炉渣水淬方式分为渣池水淬和炉前水淬两种。高炉冲渣废水一般指炉前水淬所产生的废水。因为后续循环水质要求低，所以炉前水淬后的废水经渣水分离后即可循环使用。

渣水分离的方法有以下几种：

①渣滤法。

将渣水混合物引进一组滤池内，由渣本身做滤料，使渣和水通过滤池将渣截留在池内，并使水得到过滤。过滤后的水悬浮物含量很少，且在渣滤过程中，可以降低水的暂时硬度，滤料也不必反冲洗，循环使用比较好实现。

②槽式脱水法（拉萨法）。

将冲渣水用泵打入槽内，槽底、槽壁均用不锈钢丝网拦挡，犹如滤池，但脱水面积远大于滤池面积。脱水后的水渣由槽下部的阀门控制排出，装车外运。脱水槽出水夹带的浮渣一并进入沉淀池，沉淀下的渣再返回脱水槽，溢流水经冷却循环使用。

③转鼓脱水法（印巴法）。

将冲渣水引至一个转动着的圆筒形设备内，通过均匀的分配，使渣水混合物进入转鼓。由于转鼓的外筒是不锈钢丝编织的网格结构，进入转鼓内的渣和水很快得到分离。水通过渣和网，从转鼓的下部流出，渣则随转鼓一道做圆周运动。当渣被带到圆周的上部时，依靠自重落至转鼓中心的输出皮带机上，将渣运出，实现水与渣的分离。所有的渣均在转鼓内被分离，没有浮渣产生，不必再设沉淀池，极大地提高了效率。

3.3.1.3　炼钢废水污染治理技术

（1）混凝沉淀法废水处理技术

混凝沉淀法是在废水中投加一定量的高分子絮凝剂，使废水中的胶体颗粒与絮凝剂发生吸附架桥作用形成絮凝体，通过重力沉淀与水分离。该技术适用于炼钢工艺转炉煤气洗涤废水的处理。

（2）三段式废水处理技术

三段式废水处理技术是废水先后流经一次沉淀池（旋流井）和二次沉淀池（平流沉淀池或斜板沉淀池），去除其中的大颗粒悬浮杂质和油质，出水进入高速过滤器，进一步对废水中的悬浮物和石油类污染物进行过滤，最后经冷却塔冷却后循环使用。该技术适用于炼钢工艺对回用水质要求较高的连铸废水处理。

（3）化学除油法废水处理技术

化学除油法是通过投加化学药剂，使废水中的石油类、氧化铁皮等污染物通过凝聚、絮凝作用与水分离，主要设备是集除油、沉淀为一体的化学除油器。该技术适用于炼钢工艺对回用水质无特殊要求的连铸废水处理。

3.3.1.4　轧钢废水污染治理技术

冷轧废水治理通常采用分质预处理与综合处理结合的方式。根据不同水质，通常采用超滤、化学破乳、化学还原沉淀、化学沉淀、中和等预处理技术；综合处理常采用生化处理技术和混凝沉淀处理技术等。

（1）超滤预处理技术

超滤预处理技术是利用超滤膜只透过小分子物质的特性，截留废水中的悬浮物、胶体、油类等物质。

该技术适用于轧钢工艺浓碱及乳化液废水、光整废水和湿平整废水的预处理。

（2）化学破乳预处理技术

化学破乳预处理技术是通过投加化学药剂使废水中的乳化液脱稳，在混凝剂或气浮作用下从水体中分离。该技术适用于轧钢工艺浓碱及乳化液废水的预处理，破乳处理前需调节 pH。

（3）化学还原沉淀预处理技术

化学还原沉淀预处理技术是在酸性条件下，将六价铬还原成三价铬，再调节 pH 使三价铬以难溶于水的氢氧化铬沉淀形式从废水中分离。该技术适用于轧钢工艺含铬废水的预处理。

（4）化学沉淀预处理技术

化学沉淀预处理技术是在废水中的重金属物质转化为相应的难溶性沉淀物使其从水体中分离。该技术适用于轧钢工艺重金属（主要是锌、锡）废水的预处理。

（5）中和预处理技术

中和预处理技术是在混合后的酸、碱废水中投加碱类或酸类物质，调节废水的 pH。该技术适用于轧钢工艺酸性废水、磷化废水的预处理及各类冷轧废水预处理前的 pH 调节。

（6）生化处理技术

生化处理技术是利用微生物的新陈代谢作用，降解废水中的有机物。轧钢工艺废水处理中常采用的生化处理技术主要有膜生物反应器（MBR）和生物滤池等。生化处理技术适用于轧钢工艺浓碱及乳化液废水、光整废水和湿平整废水预处理后的综合处理，以及稀碱含油废水的处理。

（7）混凝沉淀处理技术

混凝沉淀处理技术是通过投加絮凝剂，使水体中的悬浮物胶体及分散颗粒在分子力的作用下生成絮状体沉淀，从水体中分离。该技术适用于轧钢工艺冷轧废水的综合处理。

3.3.2　废气污染治理技术

3.3.2.1　颗粒物污染治理技术

（1）电除尘技术

电除尘（静电除尘）技术是在电极上施加高电压后使气体电离，形成电子和离子，进入电场空间的烟尘与电子和离子相碰撞后荷电，在电场力的作用下向相反电极性的极板移动，并沉积收集在极板上。然后，通过振打等方式将沉积在极板上的灰尘清除落入灰斗，使气体与粉尘在电场中实现分离。

电除尘技术目前已较成熟，是净化颗粒物广泛应用的高效除尘技术之一。电除尘器对烟气温度波动适应性较强，可以用于烧结工艺各工序的除尘。电除尘器内通常采用碳钢材料，尤其适用于温度较高（100～180℃）、烟气量波动的烧结机头烟气除尘。电除尘器运行维护量较小，但对制造、安装、运行、维护都有较高要求。

（2）袋式除尘技术

袋式除尘技术是利用纤维织物的过滤作用对含尘气体进行过滤分离。当含尘气体进入袋式除尘器后，粒径大、比重大的粉尘在重力作用下沉降，落入灰斗；携带烟尘的气体通过滤料时，细小粉尘被阻留在滤料上，气体通过滤料，从而尘气分离，使含尘气体得到净化。袋式除尘器属高效除尘设备，广泛应用于粉尘的净化过程。袋式除尘器对粉尘比电阻变化适应性强，适用于温度和水分含量不高且波动不大的原料系统、烧结机尾、整粒和成品系统尘源点烟气的净化。

（3）电袋复合除尘技术

电袋复合式除尘技术是将静电除尘和袋式除尘有机结合的组合型除尘技术。常见的电袋复合式除尘器有两种结构。一种结构是除尘器前端设置电场，后端设置袋式除尘装置。前端电场的预除尘作用和荷电作用可减少后级袋式除尘器的过滤负荷，可预收烟气中 70%～80%以上的粉尘量，同时由于前端的预荷电作用滤料上粉尘层变得疏松，细微粉尘凝聚成较大颗粒，可减少后端袋除尘器运行阻力，提高滤袋的清灰效果。另一种结构是电除尘器的电极与袋式除尘器的滤袋混合交叉布置，使电场荷电与滤袋收尘有机结合，强化荷电与过滤的结合，改善了布袋的运行条件，提高组合型除尘器的性能。前电后袋结构已在电力行业应用，电袋混合结构也已进行了小型工业示范。

（4）塑烧板除尘技术

塑烧板除尘技术是利用塑烧板内部的多微孔结构阻留含尘废气中的粉尘，阻留下来的粉尘再经压缩空气反吹，落入灰斗进行收集。

（5）湿式电除尘技术

湿式电除尘技术是以放电极和集尘极构成静电场，使进入的含尘气体被电离，荷电的含尘微粒向集尘极运动并被捕集，在集尘极释放电荷，并在水雾作用下冲入灰斗，排入循环水池。

（6）LT 干法除尘技术

LT 干法除尘技术是将转炉一次高温烟气经蒸发冷却器降温、调质及粗除尘后，通过圆筒型静电除尘器进行精除尘，同时回收煤气。该技术除尘效率高，不产生废水，可回收大量蒸汽，收集的除尘灰可热压块后利用。该技术适用于炼钢工艺转炉一次烟气除尘和煤气净化回收。

（7）第四代 OG 系统除尘技术

第四代 OG 系统除尘技术是将转炉一次高温烟气经蒸发冷却塔降温、调质及粗除尘后，采用 RSW 型环隙式可调喉口的二级文氏管进行精除尘，同时回收煤气。该技术除尘效率较高，但用水量较大，有废水产生。该技术适用于炼钢工艺转炉一次烟气除尘和煤气净化回收。

（8）第三代 OG 系统除尘技术

第三代 OG 系统除尘技术是将转炉一次高温烟气经蒸发冷却塔降温、调质及粗除尘后，采用 R-D 可调喉口的二级文氏管进行精除尘，同时回收煤气。用水量大，有废水产生。

（9）尘源密闭技术

尘源密闭是粉尘控制的基本措施。尘源密闭技术是采用密闭罩的方式将含尘气体捕集收集在密闭罩的容积内，之后通过管道和风机将含尘气体送到除尘器进行净化。设计合理的尘源密闭罩能够有效抑制尘源点粉尘的弥漫扩散，可以将需处理含尘气体量控制在最小规模，降低净化系统的规模。密闭罩有局部密闭罩、整体密闭罩和大容积密闭罩等形式。

3.3.2.2　二氧化硫污染治理技术

（1）湿法脱硫技术

湿法脱硫技术主要有石灰石/石灰-石膏法、氧化镁法、氨-硫铵法、双碱法等。上述几种方法在我国钢铁行业烧结工艺都有应用实例。

①石灰石/石灰-石膏法脱硫技术：利用石灰石或消石灰的乳浊液作为吸收剂吸收烟气中的二氧化硫。脱硫剂也可采用同类性质碱性较强的废弃物，如石灰车间产生的浆饼和电石渣等。石灰石/石灰-石膏法脱硫副产物是石膏，可用作建材石膏或水泥添加剂等建筑辅料。

②氧化镁法脱硫技术：利用氧化镁或氢氧化镁作为脱硫剂吸收烟气中的二氧化硫。氧化镁法脱硫副产物为亚硫酸镁和硫酸镁，因硫酸镁的溶解度较大，不易产生堵塞和结垢现象，主要用于氧化镁或氢氧化镁来源充足的地区。副产物的处置方式有两种：第一种是抛弃法，多用于采用氢氧化镁作为脱硫剂的脱硫工艺，将产生的硫酸镁废液去除固体物质后直接外排；第二种是回收法，多用于采用氧化镁作为脱硫剂的脱硫工艺，将含有亚硫酸镁和硫酸镁的固体，经焙烧炉中高温加热，再生出的氧化镁回收使用，同时副产高浓度 SO_2 气体，生产硫酸。由于投资成本较高，回收法应用实例较少。

③氨-硫铵法脱硫技术：利用氨水作为脱硫剂吸收烟气中的二氧化硫，脱硫副产物为硫酸铵。

④双碱法脱硫技术：以氢氧化钠或碳酸钠为吸收剂吸收烟气中的二氧化硫，

形成亚硫酸钠溶液，用石灰石或石灰与亚硫酸钠溶液进行置换反应，生成硫酸钙产品，再生后的氢氧化钠吸收溶液送回吸收塔循环使用。该工艺吸收液为氢氧化钠，吸收剂的再生和脱硫渣的沉淀在吸收塔外，吸收塔系统不易产生堵塞和结垢现象，可采用高效的填料塔或板式塔，从而减小了吸收塔的尺寸和液气比，脱硫效率一般可达 90%以上。

（2）干（半干）法脱硫技术

干（半干）法脱硫技术包括循环流化床法（CFB）、喷雾干燥法（SDA）、密相干塔法、新型脱硫除尘一体化技术（NID）、MEROS 法、活性炭法（AC）等脱硫工艺技术。上述几种方法在我国钢铁行业烧结工艺都有应用实例。

①循环流化床法脱硫技术：烧结烟气和脱硫剂消石灰从吸收塔底部进入，同时进行喷水降温，高速气流携带脱硫剂颗粒进入塔内，烟气与脱硫剂颗粒充分接触，进行脱硫反应，除去烟气中的二氧化硫气体。反应生成的亚硫酸钙、硫酸钙等颗粒物通过除尘器收集后，部分返回到吸收塔循环，充分利用未完全反应的脱硫剂。影响脱硫效率的因素主要包括钙硫比、喷水量、反应温度、停留时间等。

②喷雾干燥法脱硫技术：一般使用生石灰作为吸收剂，生石灰经过消化后制成熟石灰浆液。熟石灰浆液通过泵输送至吸收塔顶部的雾化器，雾化器有旋转喷雾和双流体喷嘴雾化。在旋转喷雾雾化轮接近 10 000 rpm 的高速旋转作用下，浆液被雾化成 30～80 μm 的雾滴，双流体喷嘴雾化粒径粒为 70～200 μm，热烟气进入吸收塔后，立即与呈强碱性的吸收剂雾滴接触，烟气中的酸性成分（HCl、HF、SO_2、SO_3）被吸收中和，同时雾滴的水分被蒸发，反应生成的亚硫酸钙、硫酸钙等颗粒物通过除尘器收集后，部分返回到吸收塔循环，以充分利用未完全反应的脱硫剂。该工艺特点是脱硫剂为雾滴状，为二氧化硫的吸收反应提供了良好的条件。在干（半干）法脱硫技术中，喷雾干燥法的脱硫效率较高。

③密相干塔法脱硫技术：将干态熟石灰以及大量循环灰一起进入加湿器内进行加湿均化，使混合灰的水分含量保持在 3%～5%，均化后的混合灰由密相干塔上部的布料器进入塔内，与塔上部进入的烟气发生反应，塔中设有搅拌器，脱硫

剂颗粒在搅拌器的机械力作用下，不断裸露出新表面，使脱硫反应不断进行，最终脱硫产物由灰仓排出循环系统，送入废料仓。该工艺特点是脱硫剂在整个脱硫过程中都处于干燥状态，耗水量低，操作温度高于露点，没有冷凝现象。

④新型脱硫除尘一体化技术：利用生石灰或消石灰与后续除尘器收集下来有一定碱性的粉尘混合增湿后作为脱硫剂，将除尘器前端烟道作为脱硫反应器，烟气在反应器内与高浓度脱硫剂颗粒碰撞反应脱除二氧化硫，脱硫灰部分循环使用。新型脱硫除尘一体化技术工艺特点是吸收剂的低湿度和高比例循环，在吸收剂的大比表面积和低湿度作用下，水分蒸发时间很短，使得反应器容积减小，脱硫反应器与除尘器组合为一体，占地小，但物料循环利用率需在 30～50 次以上，以保证脱硫效率。

⑤MEROS 法脱硫技术：以小苏打（$NaHCO_3$）为脱硫剂，褐煤或活性炭为吸附剂，在烟道上适当位置喷射干态脱硫剂和吸附剂，由于小苏打活性较高，喷入烟道后，在无须对烟气进行增湿降温的条件下，就能快速与二氧化硫等酸性气体进行反应，脱硫副产品为粉状硫酸钠副产品，由袋式除尘器收集，脱硫灰部分返回到袋式除尘器前的废气中循环，提高脱硫剂的利用率。褐煤或活性炭吸附剂能够有效吸附烟气中的二噁英和重金属。工艺中设置有气体调节装置，通过喷射水雾对烟气降温增湿，改善脱硫条件及防止高温烟气对后续收尘袋式除尘器的损坏。

3.3.2.3 氮氧化物、二噁英污染治理技术

（1）活性炭吸附法同时脱硫脱硝脱二噁英技术

活性炭具有较大的比表面积和良好的微孔结构，能够同时吸附净化二氧化硫、氮氧化物、二噁英和重金属等污染物。活性炭吸附床层可设计为移动式和固定式，烟气流过活性炭床层时，烟气中的二氧化硫吸附在活性炭的表面上，当烟气中加入氨气后，一部分氨与硫酸反应生成硫酸铵。在活性炭的催化剂作用下，另一部分氨与氮氧化物反应生成氮气和水。吸附了硫化物的活性炭，在高温下解析出高浓度二氧化硫气体，用于制备硫酸，解析后的活性炭可重复利用。活性炭在脱除

二氧化硫、氮氧化物的同时，还能吸附脱除烟气中的二噁英和重金属。

（2）脉冲电晕等离子脱硫脱硝技术

脉冲电晕脱硫脱硝技术是通过外加电源，产生脉冲电晕放电，形成非平衡等离子体，利用高能电子使烟气中的N_2、O_2和水蒸气激活、电离甚至裂解，产生强氧化性自由基和各种激发态原子、电子等活性物质，这些活性物质与烟气中的SO_2和NO_x氧化成SO_3和NO_2，经与烟气中的水蒸气反应生成硫酸和硝酸雾，这些酸雾与添加的氨反应生成硫酸铵和硝铵颗粒，由除尘器捕集，收集的副产品可作为复合肥料。

（3）选择性催化还原脱硝（分解二噁英）技术（SCR）

电厂应用最为普遍的脱硝方法是选择性催化还原法（SCR）。该方法是在有催化剂存在的条件下，在300～400℃烟温处喷入还原剂氨，将烟气中的NO_x还原为水和氮气的脱硝方法。催化剂大多以TiO_2为载体，以V_2O_5为活性成分，WO_3和MoO_3等金属氧化物为改善耐温和抗中毒成分，还原剂通常采用液氨、尿素和氨水。催化剂通常被制成蜂窝状、波纹或平板状，防止堵塞，增加接触面积，降低阻力和提高机械强度。由于烧结烟气温度通常在100～180℃，采用上述高温方式的催化剂时，需要首先对烟气进行加热，然后再进行脱硝。针对烧结烟气脱硝的低温催化剂正在研究开发中，低温催化脱硝时，脱硝催化反应器可放在电除尘后，延长脱硝催化剂寿命，降低运行成本。

选择性催化还原法还可应用于二噁英的去除。一种方法是在SCR脱硝过程中，添加特殊催化剂（多数由Ti、V、W的氧化物组成），在还原NO_x的同时催化分解多环芳烃、二噁英等有机物。另一种方法是“表面过滤”与“催化分解”相结合的催化过滤技术，在滤料中添加催化剂成分或在滤袋中充填催化剂，设计成袋式除尘器的结构，含有二噁英的气体通过时，二噁英被分解成CO_2、H_2O、HCl。催化过滤法对气固态二噁英都有较高的去除效率，排放浓度可低于0.1 ng-TEQ/Nm^3。催化脱除技术的特点是二噁英物质被彻底分解，无须考虑后续的无害化处理。

3.3.2.4 酸雾、碱雾、油雾污染治理技术

（1）湿法喷淋净化技术

湿法喷淋净化技术是利用水或吸收剂清洗或吸收酸、碱、油雾。该技术除雾效果好，方法简单，操作方便，适用于轧钢工艺酸雾、碱雾和油雾的治理。

（2）湿法喷淋+选择性催化还原（SCR）净化技术

湿法喷淋+选择性催化还原（SCR）净化技术是在湿法喷淋净化技术的基础上增加选择性催化还原处理来脱除氮氧化物，即利用氨（NH_3）对氮氧化物的还原作用，将氮氧化物还原为氮气和水。

（3）过滤式净化技术

过滤式净化技术是利用滤网的阻留作用脱除废气中的油类物质。

3.3.2.5 挥发性有机物污染治理技术

（1）高温焚烧净化技术

高温焚烧净化技术是利用辅助燃料燃烧产生的热量，分解有机废气中的可燃有害物质。

（2）催化焚烧净化技术

催化焚烧净化技术是在催化剂的作用下，焚烧分解有机废气中的有害物质。

3.3.3 固体废物污染治理技术

3.3.3.1 烧结、球团工艺中固体废物污染治理技术

根据各种除尘灰量和成分，结合烧结其他原料的条件，对各种除尘灰进行配比混合，在一定水分的条件下将混合除尘灰造球，供给烧结二次混合机。

3.3.3.2 焦化

①除尘系统回收的煤尘经集中收集后返回备煤系统再次利用；

②除尘系统回收的焦尘经集中收集、加湿后回用于烧结配料工序；

③煤气净化系统的机械化氨水澄清槽、焦油氨水分离器、焦油超级离心机产生的焦油渣以及硫酸铵生产过程中产生的酸焦油，粗苯蒸馏装置再生器产生的残渣，蒸氨工段、焦油加工及苯精制过程中产生的各类残渣（包括沥青渣、吹苯残渣、酚和吡啶精制残渣等），其主要成分是各种烃类和颗粒物，可以全部收集后用于配煤或直接制成型煤；

④焦炉煤气脱硫工段产生的脱硫废液配入煤中进行炼焦；

⑤焦化废水处理站生化处理污泥经压缩脱水形成泥饼后掺入原料煤中回用。

3.3.3.3 炼钢

（1）热闷法钢渣预处理技术

热闷法是将热熔钢渣从渣罐直接倾翻入热闷装置内，喷淋冷却后加盖热闷，产生的饱和蒸汽使钢渣中的游离态氧化钙和游离态氧化镁充分消解，使钢渣自解粉化，渣铁分离。

（2）滚筒法钢渣预处理技术

滚筒法是将热熔钢渣置于特制的且呈旋转状态的滚筒内通水急冷，液态钢渣在滚筒内同时完成冷却、固化、破碎及渣铁分离。

（3）钢渣再选技术

钢渣再选技术是将预处理后的碳钢钢渣，经筛分、破碎、磁选、提纯等过程将渣和金属铁分离，回收的金属铁返回炼钢或烧结工艺，作为原料利用。

（4）钢渣用作筑路和回填工程材料技术

钢渣经稳定化处理后，可用作道路垫层和基层，其强度、抗弯沉性和抗渗性均优于天然石材；可替代细骨料用作沥青混凝土和水泥混凝土路面材料，其防滑性、耐磨性和使用寿命均有所提高，也可用作筑路和回填料，要求钢渣粉化率不高于 5%、级配合适。

（5）不锈钢钢渣预处理及综合利用技术

不锈钢钢渣经自然冷却到一定温度后，经机械破碎和分选，选出废钢铁并返回不锈钢转炉利用，其余尾渣磨细至一定粒径后用于生产土壤改良剂和制砖等。

（6）热压块法含铁除尘灰综合利用技术

热压块法含铁除尘灰综合利用技术是将炼钢工艺各类除尘灰送回转窑加热，利用除尘灰在高温下的塑性，经压球机成型，在氮气密封状态下冷却后输送到烧结机或转炉利用。

（7）其他固体废物综合利用及处理处置技术

连铸工序产生的氧化铁皮经焚烧脱油脱脂预处理后可用作生产还原铁粉原料，经造球后用作炼钢冷却剂或焙烧用作烧结配料；水处理系统产生的污泥经压滤机脱水处理后焙烧用作烧结配料。

3.3.3.4　轧钢

（1）酸洗废液再生技术

轧钢产品酸洗中，碳钢产品主要采用盐酸酸洗工艺，酸洗后的废酸采用喷雾焙烧等技术进行再生处理；还有少部分产品采用硫酸酸洗工艺，酸洗后的废酸采用蒸喷真空结晶、冷冻结晶和浸没燃烧等技术回收硫酸亚铁。

不锈钢产品通常采用硝酸-氢氟酸混酸酸洗工艺，酸洗后的废酸采用喷雾焙烧和减压蒸发等技术进行再生处理。

（2）喷雾焙烧废酸再生技术

喷雾焙烧废酸再生技术是将废酸液喷入焙烧炉中与高温气体通过逆流方式接触，蒸发分解生成氧化铁粉和酸性气体，再利用水吸收酸性气体制成再生酸，返回酸洗机组继续使用，氧化铁粉经收集后综合利用。

（3）减压蒸发废酸再生技术

减压蒸发废酸再生技术是在真空状态下低温蒸发、冷凝回收混酸酸液，再利用硫酸置换金属盐中的硝酸与氢氟酸并进行回收。

（4）其他固体废物综合利用及处理处置技术

轧钢工艺中产生的废钢可用作电炉炼钢原料或转炉炼钢冷却剂；各类干式除尘器收集的除尘灰，可用作烧结工艺配料；高压水除鳞产生的氧化铁皮，可用作生产还原铁粉原料、用作造球中的炼钢冷却剂或用作焙烧中的烧结配料；水处理中产生的污泥，经板框压滤机脱水处理后，用作焙烧中的烧结配料。

3.3.4 噪声污染治理技术

钢铁工业及炼焦化学工业排污单位噪声污染主要从声源、传播途径和受体防护 3 个方面进行防治。尽可能选用低噪声设备，采用设备消声、隔振、减振等措施从声源上控制噪声，采用隔声、吸声、绿化等措施在传播途径上降噪。

第 4 章　排污单位自行监测方案的制定

立足排污单位自行监测在我国污染源监测管理制度中的定位，根据钢铁工业及炼焦化学工业发展概况和污染排放特征，我国发布了《总则》《钢铁工业及炼焦化学工业指南》和《排污单位自行监测技术指南　火力发电及锅炉》（HJ 820—2017），这些是钢铁工业及炼焦化学工业排污单位制定自行监测方案的依据。为了让标准规范的使用者更好地理解标准中规定的内容，本章重点围绕《钢铁工业及炼焦化学工业指南》的具体要求，一方面对其中部分要求的来源和考虑进行说明；另一方面对使用过程中需要注意的重点事项进行说明，以期为该指南使用者提供更加详细的信息。

4.1　监测方案制定的依据

2017 年 4 月，环境保护部发布了《总则》《排污单位自行监测技术指南　火力发电及锅炉》（HJ 820—2017）、《钢铁工业及炼焦化学工业指南》，这些是钢铁工业及炼焦化学工业排污单位确定监测方案的重要依据。

根据自行监测技术指南体系设计思路，钢铁工业及炼焦化学工业排污单位主要是按照《钢铁工业及炼焦化学工业指南》确定监测方案，若《钢铁工业及炼焦化学工业指南》中未规定，但《总则》中有明确的规定，应按照《总则》执行。

另外，由于锅炉广泛分布在各类工业企业中，钢铁工业及炼焦化学工业排污单位也会有自备火力发电机组（厂）或工业锅炉，对于钢铁工业及炼焦化学工业排污单位中的自备火力发电机组（厂）或工业锅炉，应按照《排污单位自行监测技术指南　火力发电及锅炉》（HJ 820—2017）确定监测方案。

4.2　废水排放监测

4.2.1　监测点位及监测指标的确定

根据我国水污染物排放标准相关规定，污染物监控位置包括企业废水总排口、车间或生产设施废水排放口。对于毒性较大、环境风险较高、仅是特定工序产生的重金属等污染物，监控位置在车间或生产设施废水排放口，这样可以避免其他废水混合后造成稀释排放，在污染物未得到有效治理的情况下实现浓度达标。其他多数工序都会产生毒性相对较小、环境风险相对较低的污染物指标，监控位置多为企业废水总排放口。

综合考虑以上因素，钢铁工业及炼焦化学工业须在企业废水总排口、车间或生产设施废水排放口、雨水外排口设置监测点位。监测指标主要参照《钢铁工业水污染物排放标准》（GB 13456—2012）及修改单确定，并结合对国内钢企实地调研制定。其中废水总排口主要控制 pH、悬浮物、化学需氧量、氨氮、总氮、总磷、石油类、挥发酚、总氰化物、氟化物、总铁、总锌、总铜 13 项污染物指标。车间或生产设施废水排放口主要控制总砷、六价铬、总铬、总铅、总镍、总汞、总镉、铊 8 项污染物指标。

4.2.2　最低监测频次的确定

根据《钢铁工业及炼焦化学工业指南》，钢铁工业及炼焦化学工业排污单位废水排放口各监测指标最低监测频次按表 4-1 执行。排污单位可根据管理要求或实际情况在表 4-1 的基础上提高监测频次。

表 4-1　废水排放监测指标最低监测频次

监测点位	监测指标	监测频次					
		钢铁联合企业（不包括炼焦分厂）	钢铁非联合企业				
			烧结（球团）	炼铁	炼钢	轧钢	炼焦
废水总排放口	流量	自动监测	自动监测	自动监测	自动监测	自动监测	自动监测
	pH	自动监测	月	月	月	日	自动监测
	悬浮物	周	月	月	月	周	月
	化学需氧量	自动监测	月	月	月	日	自动监测
	氨氮	自动监测	—	月	月	日	自动监测
	总氮	周（日）[a]	—	月	月	周（日）[a]	周（日）[a]
	总磷	周（日）[a]	—	—	—	周（日）[a]	周（日）[a]
	石油类	周	月	月	月	周	月
	五日生化需氧量	—	—	—	—	—	月
	挥发酚	季度	—	季度	—	—	月
	总氰化物	季度	—	季度	—	季度	月
	氟化物	季度	—	—	季度	季度	—
	总铁	季度	—	—	—	季度	—
	总锌	季度	—	季度	—	季度	—
	总铜	季度	—	—	—	季度	—
	苯	—	—	—	—	—	月
	硫化物	—	—	—	—	—	月
车间或生产设施废水排放口	流量	参照钢铁非联合企业车间或生产设施废水排放口监测要求执行	月	月	—	周（月）[b]	月
	总砷		月	—	—	周（月）[b]	—
	六价铬		—	—	—	周（月）[b]	—
	总铬		—	—	—	周（月）[b]	—
	总铅		月	月	—	—	—
	总镍		—	—	—	周（月）[b]	—
	总镉		—	—	—	周（月）[b]	—
	铊		月	—	—		
	总汞		—	—	—	周（月）[b]	—
	苯并[a]芘	—	—	—	—	—	月[c]
	多环芳烃	—	—	—	—	—	月[c]

注：1. 设区的市级及以上生态环境主管部门明确要求安装自动监测设备的污染物指标，须采取自动监测。
2. 炼焦洗煤、熄焦和高炉冲渣回用水池内和补水口每周至少开展一次监测，补水口监测指标包括 pH、悬浮物、化学需氧量、氨氮、挥发酚、氰化物，回用水池内监测指标为挥发酚。
3. 雨水排放口排放期间每日至少开展一次监测，监测指标包括悬浮物、化学需氧量、氨氮、石油类，确保有流量的情况下，雨后 15 分钟内进行监测。
4. 单独排入外环境的生活污水排放口每月至少开展一次监测，监测指标包括流量、pH、悬浮物、化学需氧量、氨氮、总氮、总磷、五日生化需氧量、动植物油。

[a] 总氮/总磷实施总量控制的区域，总氮/总磷最低监测频次按日执行。
[b] 适用于不含冷轧的轧钢车间或生产设施废水排放口。
[c] 若酚氰污水处理站仅处理生产工艺废水，则在酚氰污水处理厂排放口监测；若有其他废水进入酚氰污水处理站混合处理，则在其他废水混入前对生产工艺废水采样监测。

4.2.2.1 钢铁工业及炼焦化学工业排污单位分类

《中华人民共和国环境保护法》《中华人民共和国大气污染防治法》《中华人民共和国水污染防治法》中对重点排污单位的监测责任提出了明确要求，并提出重点排污单位的条件由国务院环境保护主管部门规定。为了落实《中华人民共和国环境保护法》《中华人民共和国大气污染防治法》《中华人民共和国水污染防治法》，2017年环境保护部印发了《重点排污单位名录管理规定（试行）》（环办监测〔2017〕86号），明确了重点排污单位的筛选条件，规范了重点排污单位名录管理。

根据《重点排污单位名录管理规定（试行）》，重点排污单位名录由管理部门确定并公开。设区的市级地方人民政府环境保护主管部门依据本行政区域的环境承载力、环境质量改善要求和该规定的筛选条件，每年商有关部门筛选污染物排放量较大、排放有毒有害污染物等具有较大环境风险的企业事业单位，确定下一年度本行政区域重点排污单位名录。重点排污单位名录实行分类管理，按照受污染的环境要素分为水环境重点排污单位名录、大气环境重点排污单位名录、土壤环境污染重点监管单位名录、声环境重点排污单位名录，以及其他重点排污单位名录5类，同一家企业事业单位因排污种类不同可以同时属于不同类别重点排污单位。纳入重点排污单位名录的企业事业单位应明确所属类别和主要污染物指标。

根据《钢铁工业及炼焦化学工业指南》，重点排污单位和非重点排污单位废水监测频次有所差异，这主要是针对水环境重点排污单位名录而言的。根据《重点排污单位名录管理规定（试行）》，重点排污单位筛选时，既要根据排污单位的生产活动类型进行确定，也要根据污染物排放量占比进行筛选。

4.2.2.2 钢铁工业及炼焦化学工业排污单位废水监测频次

按照相对重污染排放口监测频次高于非重污染排放口，主要污染物监测频次高于非主要污染物的总体原则，参照《总则》，确定各排放口不同污染物的监测频次。

轧钢和炼焦工序废水排放量大，并且污染物成分相对复杂，两种工序对应钢铁联合企业、独立焦化企业或钢铁联合企业焦化分厂、独立轧钢企业的废水排放口，对这 3 类废水排放口监测频次要求相对较高：

（1）废水总排放口监测

①化学需氧量和氨氮为总量控制指标，必须开展自动监测并定期辅助手工监测。

②轧钢和炼焦工序的废水均有酸碱污染特征，且特征指标 pH 的监测易实现，故要求 pH 必须开展自动监测并定期辅助手工监测。

③总氮和总磷为部分区域的总量控制指标，且水环境的氮磷污染问题日渐突出，故要求总氮和总磷每周至少监测一次，水环境质量中总氮（无机氮）/总磷（活性磷酸盐）超标的流域或沿海地区，或总氮/总磷实施总量控制的区域，总氮/总磷每日至少监测一次，有条件的区域企业可以开展自动监测。

注：每日至少监测一次的五个指标 pH、化学需氧量、氨氮、总氮、总磷的自动监测技术已较成熟，且相关技术规范和管理要求已较完备。

④轧钢工序废水的悬浮物和石油类产生量较大，要求每周至少监测一次；炼焦工序的悬浮物和石油类要求每月至少监测一次。

⑤五日生化需氧量排放浓度与化学需氧量排放浓度相关性较好，且分析耗时长，故仅要求每月至少开展一次监测；炼焦工序废水的挥发酚、氰化物产生量大，苯毒性较高，按主要监测指标的要求开展监测，要求每月至少监测一次。

⑥其他指标按季度监测。

（2）车间排放口监测

①苯并[a]芘、多环芳烃监测技术难度相对较大，炼焦工序车间或生产设施废水排放口的污染物每月至少监测一次。

②冷轧工序的重金属污染高于热轧工序，故要求不含冷轧的轧钢工序车间或生产设施废水排放口所有监测指标每月至少监测一次，含冷轧的轧钢工序车间或生产设施废水排放口所有监测指标每周至少监测一次。

③钢铁联合企业车间或生产设施废水排放口监测按照各生产工序监测要求开展。

（3）炼焦工序洗煤、熄焦和高炉冲渣回用水监测

①为防止洗煤、熄焦和高炉冲渣等过程中水污染物转移扩散至大气中，严控回用水水质，要求洗煤、熄焦和高炉冲渣废水的回用水池或补水口的pH、悬浮物、化学需氧量、氨氮、挥发酚、氰化物每周至少监测一次。

②烧结、炼铁、炼钢工序废水回用率高、产生量小，且污染物成分相对简单，故对3个工序的废水监测频次要求相对较低。

③废水外排口的pH、悬浮物、化学需氧量、氨氮、总氮、总磷和石油类按月监测，有条件的区域企业可以开展自动监测。

④车间或生产设施废水排放口的污染物按月监测，有条件的区域企业可以开展自动监测。

⑤其他指标按季度监测。

废水排放监测点位、监测指标及最低监测频次按表4-1执行。不同工序废水混合排放的应覆盖表4-1中的相应工序的监测因子，监测频次从严。

专栏一

具备下列条件之一的企业事业单位，纳入水环境重点排污单位名录：

①一种或几种废水主要污染物年排放量大于设区的市级生态环境主管部门设定的筛选排放量限值。废水主要污染物指标是指化学需氧量、氨氮、总磷、总氮以及汞、镉、砷、铬、铅等重金属。筛选排放量限值根据环境质量状况确定，排污总量占比不得低于行政区域工业排污总量的65%。

②有事实排污且属于废水污染重点监管行业的所有大中型企业。废水污染重点监管行业包括：制浆钢铁，焦化，氮肥制造，磷肥制造，有色金属冶炼，石油化工，化学原料和化学制品制造，化学纤维制造，有漂白、染色、印花、洗水、后整理等工艺的纺织印染，农副食品加工，原料药制造，皮革鞣制加工，毛皮鞣制加工，羽毛（绒）加工，农药，电镀，磷矿采选，有色金属矿采选，乳制品制造，调味品和发酵制品制造，酒和饮料制造，有表面涂装工序的汽车制造，有表面涂装工序的半导体液晶面板制造等。

各地可根据本地实际情况增加相关废水污染重点监管行业。

③实行排污许可重点管理的已发放排污许可证的产生废水污染物的单位。

④设有污水排放口的规模化畜禽养殖场、养殖小区。

⑤所有规模的工业废水集中处理厂、日处理10万t及以上或接纳工业废水日处理2万t以上的城镇生活污水处理厂。各地可根据本地实际情况降低城镇污水集中处理设施的规模限值。

⑥产生含有汞、镉、砷、铬、铅、氰化物、黄磷等可溶性剧毒废渣的企业。

⑦设区的市级以上地方人民政府水污染防治目标责任书中承担污染治理任务的企业事业单位。

⑧3年内发生较大及以上突发水环境污染事件或者因水环境污染问题造成重大社会影响的企业事业单位。

⑨3年内超过水污染物排放标准和重点水污染物排放总量控制指标被生态环境主管部门予以"黄牌"警示的企业，以及整治后仍不能达到要求且情节严重，被生态环境主管部门予以"红牌"处罚的企业。

4.3 废气排放监测

4.3.1 有组织废气排放监测

根据钢铁工业及炼焦化学工业排污单位可能涉及的废气排放源，对废气排放的监测位和监测指标等进行了明确。

鉴于《钢铁行业规范条件》（2015年修订）和《焦化行业准入条件》（2014年修订）对烧结机、焦炉、高炉、转炉、电炉等主要生产设备均有规模化要求，除独立轧钢工业排污单位外，其他钢铁及炼焦化学工业排污单位均按照重点排污单位要求制定监测方案。同时，小规模轧钢工业排污单位污染控制措施和环保管理水平较大规模轧钢工业排污单位低，其对环境造成的污染往往比大规模轧钢排污单位大，因此为加强污染物排放控制，衔接排污许可证管理需求，所有轧钢工业排污单位按照重点排污单位要求制定监测方案。

供热锅炉和电厂锅炉的污染物指标及监测要求参见《排污单位自行监测技术指南 火力发电及锅炉》（HJ 820—2017），固体焚烧炉（包括危险废物焚烧、生活垃圾焚烧、污泥等一般工业固体废物焚烧）的监测要求参见《排污单位自行监测技术指南 固体废物焚烧》（HJ 1205—2021）执行，本书不再对此进行详细介绍。《钢铁工业及炼焦化学工业指南》有组织废气排放的监测要求见表 4-2。

表 4-2 废气排放口监测指标最低监测频次

工序	监测点位	监测指标	监测频次
原料系统	供卸料设施、转运站及其他设施排气筒	颗粒物	两年
烧结	配料设施、整粒筛分设施排气筒	颗粒物	季度
	烧结机机头排气筒	颗粒物、氮氧化物、二氧化硫	自动监测
		氟化物	季度
		二噁英类	年
	烧结机尾排气筒	颗粒物	自动监测
球团	配料设施排气筒	颗粒物	季度
	焙烧设施排气筒	颗粒物、氮氧化物、二氧化硫	自动监测
		氟化物	季度
	破碎、筛分、干燥及其他设施排气筒	颗粒物	年
炼焦	精煤破碎、焦炭破碎、筛分、转运设施排气筒	颗粒物	年
	装煤地面站排气筒	颗粒物、二氧化硫	自动监测
		苯并[a]芘	半年
	推焦地面站排气筒	颗粒物、二氧化硫	自动监测
	焦炉烟囱（含焦炉烟气尾部脱硫、脱硝设施排气筒）	颗粒物、二氧化硫、氮氧化物	自动监测
	干法熄焦地面站排气筒	颗粒物、二氧化硫	自动监测
	粗苯管式炉、半焦烘干和氨分解炉等燃用焦炉煤气的设施排气筒	颗粒物、二氧化硫、氮氧化物	半年
	冷鼓、库区焦油各类贮槽排气筒	苯并[a]芘、氰化氢、酚类、非甲烷总烃、氨、硫化氢	半年
	苯贮槽排气筒	苯、非甲烷总烃	半年
	脱硫再生塔排气筒	氨、硫化氢	半年
	硫铵结晶干燥排气筒	颗粒物、氨	半年

工序	监测点位	监测指标	监测频次
炼铁	矿槽排气筒	颗粒物	自动监测
	出铁场排气筒	颗粒物、二氧化硫	自动监测
	热风炉排气筒	颗粒物、二氧化硫、氮氧化物	季度
	原料系统、煤粉系统及其他设施排气筒	颗粒物	年
炼钢	转炉二次烟气排气筒	颗粒物	自动监测
	转炉三次烟气排气筒	颗粒物	季度
	电炉烟气排气筒	颗粒物	自动监测
		二噁英类	年
	石灰窑、白云石窑焙烧排气筒	颗粒物、二氧化硫[a]、氮氧化物[a]	季度
	铁水预处理（包括倒罐、扒渣等）、精炼炉、钢渣处理设施排气筒	颗粒物	年
	转炉一次烟气、连铸切割及火焰清理及其他设施排气筒	颗粒物	两年
	电渣冶金排气筒	氟化物	半年
轧钢	热处理炉排气筒	颗粒物、二氧化硫、氮氧化物	季度（自动监测[b]）
	热轧精轧机排气筒	颗粒物	年
	拉矫机、精整机、抛丸机、修磨机、焊接机及其他设施排气筒	颗粒物	两年
	轧制机组排气筒	油雾[c]	半年
	废酸再生排气筒	颗粒物、氯化氢、硝酸雾、氟化物	半年
	酸洗机组排气筒	氯化氢、硫酸雾、硝酸雾、氟化物	半年
	涂镀层机组排气筒	铬酸雾	半年
	脱脂排气筒	碱雾[c]	半年
	涂层机组排气筒	苯、甲苯、二甲苯、非甲烷总烃	半年

注：1. 设区的市级及以上生态环境主管部门明确要求安装自动监测设备的污染物指标，须采取自动监测。

2. 废气监测须按照相应标准分析方法、技术规范同步监测烟气参数。

[a] 为选测指标。

[b] 燃用发生炉煤气的热处理炉排气筒须采取自动监测。

[c] 待国家污染物监测方法标准发布后实施，未发布前可以选测。

针对污染物监测频次的确定，根据自动监测开展现状及污染源排放强度，结合《关于 2014 年上半年污染源自动监控数据传输有效率考核工作的通报》（环办函〔2014〕978 号）、《钢铁行业规范条件》（2015 年修订）等文件的要求，烧结机机头排气筒、烧结机机尾排气筒、球团焙烧排气筒、焦炉烟囱、炼铁矿槽排气筒、炼铁出铁场排气筒、炼钢转炉二次烟气排气筒、电炉烟气排气筒应开展自动监测，监测指标包括颗粒物、二氧化硫、氮氧化物；根据《焦化行业准入条件》（2014年修订）及《排污许可证申请与核发技术规范　炼焦化学工业》中对主要排放口的排放量核算要求，炼焦化学工业排污单位地面除尘站排气筒的颗粒物和二氧化硫须采取自动监测；其他主要污染源排气筒颗粒物、二氧化硫和氮氧化物每季度至少开展一次监测；考虑到二噁英和苯并[a]芘监测技术难度相对较大，参照《钢铁烧结、球团工业大气污染物排放标准》（GB 28662—2012）和《炼钢工业大气污染物排放标准》（GB 28664—2012）的要求，烧结机机头排气筒及电炉烟气排气筒的二噁英类每年至少监测一次，球团焙烧设施排气筒二噁英排放浓度远低于烧结机机头排气筒，在国内二噁英监测资源稀缺的背景下，暂不对球团焙烧设施排气筒提二噁英类监测要求；苯并[a]芘每半年至少监测一次；氟化物为烧结机机头排气筒及球团焙烧设施排气筒的特征污染物，每季度至少开展一次监测。其他污染源中有特征污染物排放的排放口每半年至少监测一次；无特征污染物排放的排放口每年或每两年至少监测一次。

4.3.2　无组织废气排放监测

无组织废气排放源主要集中于原料、烧结、球团、炼焦、炼铁、炼钢工序。轧钢工序的颗粒物无组织排放相对较低，但是存在硫酸雾、氯化氢、硝酸雾、苯、甲苯、二甲苯等污染物的无组织排放。

根据钢铁工业排污单位的无组织废气排放特征，结合《总则》和排放标准对车间无组织和厂界无组织废气排放监测及控制要求，对废气无组织排放的监测点位和监测指标进行了明确，见表4-3。

按照无完整厂房生产车间无组织排放监测频次高于有完整厂房车间的原则，提出烧结球团、炼铁、炼钢有完整厂房生产车间每年至少监测一次，无完整厂房生产车间每季度至少监测一次；轧钢工序生产车间密闭性相对较好，车间无组织排放监测每年至少监测一次；焦炉炉顶是炼焦工序主要的无组织排放源，每季度至少监测一次。

根据《总则》的要求，每季度至少开展一次大厂界无组织废气排放监测，见表 4-4。

开展无组织废气排放监测时，应按照《大气污染物无组织排放监测技术导则》（HJ/T 55—2000）的要求记录气象等相关参数信息。

表 4-3 无组织废气监测指标最低监测频次

生产工序	无组织排放源	监测指标	监测频次
烧结、球团、炼铁、炼钢	生产车间	颗粒物	年（季度[a]）
炼焦	焦炉	颗粒物、苯并[a]芘、硫化氢、氨、苯可溶物	季度
轧钢	板坯加热、磨辊作业、钢卷精整、酸再生下料车间	颗粒物	年
	酸洗机组及废酸再生车间	硫酸雾、氯化氢、硝酸雾	年
	涂层机组车间	苯、甲苯、二甲苯、非甲烷总烃	年

注：[a] 适用于无完整厂房车间的情况。

表 4-4 厂界无组织废气监测指标最低监测频次

排污单位类型	监测点位	监测指标	监测频次
有焦化学生产过程的	厂界	颗粒物、二氧化硫、苯并[a]芘、氰化氢、苯、酚类、硫化氢、氨、氮氧化物	季度
无焦化学生产过程的		颗粒物	季度

4.4 厂界环境噪声监测

厂界环境噪声监测点位设置应遵循《总则》中的原则：根据厂内主要噪声源距厂界位置布点；根据厂界周围敏感目标布点；“厂中厂”是否需要监测根据内部和外围排污单位协商确定；面临海洋、大江、大河的厂界原则上不布点；厂界紧邻交通干线不布点；厂界紧邻另一排污单位的，在临近另一排污单位侧是否布点由排污单位协商确定。

主要考虑破碎设备、筛分设备、风机、空压机、水泵等噪声源在厂区内的分布情况。厂界噪声每季度至少开展一次昼夜监测，监测指标为等效 A 声级。周边有敏感点的，应增加敏感点位噪声监测。厂界环境噪声每季度至少开展一次昼夜监测。监测主要是为了促进排污单位采取降噪措施，降低对周边居民的影响，因此周边有敏感点的，应提高监测频次。具体的监测频次可由周边居民、排污单位、管理部门协商确定。

钢铁工业建设项目主要噪声源如下：风机，包括烧结主抽风机、环冷机冷却风机、点火炉助燃风机、高炉鼓风机、除尘系统风机、煤气加压机等；阀，包括放风阀、煤气放散阀、减压阀等；泵，包括水泵、真空泵等；发电机，包括 TRT 余压发电机组、柴油发电机等；空压机、氧气站、转炉、LF 炉、轧制机组、火焰清理机、火焰切割机、振动筛、破碎机、余热锅炉等设备。

4.5 周边环境质量影响监测

若环境影响评价文件及其批复、相关环境管理政策有明确要求的，排污单位应按要求开展相应的周边环境质量要素监测。

若管理上没有明确要求，若排污单位认为说清楚自身排放状况及对周边环境质量影响状况有必要开展相应要素监测的，可按照相关标准规范开展监测。地表水、海水监测可按照《环境影响评价技术导则 地表水环境》（HJ 2.3—2018）、《地表水环境质量监测技术规范》（HJ 91.2—2022）、《近岸海域环境监测技术规范 第八部分 直排海污染源及对近岸海域水环境影响监测》（HJ 442.8—2020）及受纳水体环境管理要求确定设置监测断面和监测点位；地下水、土壤监测可按照《环境影响评价技术导则 地下水环境》（HJ 610—2016）、《地下水环境监测技术规范》（HJ 164—2020）、《土壤环境监测技术规范》（HJ/T 166—2004）及地下水、土壤环境管理要求设置监测点位；环境空气监测可按照《环境影响评价技术导则　大气环境》（HJ 2.2—2018）、《环境空气质量手工监测技术规范》（HJ 194—2017）、《环境空气质量监测点位布设技术规范（试行）》（HJ 664—2013）及环境管理要求设置监测点位。监测指标及频次按表 4-5 执行。

除此之外，排污单位认为有必要开展其他环境要素监测，以更好说清楚自身排放状况对周边环境质量影响状况的，也可参照《总则》、环境影响评价技术文件、环境质量监测技术规范开展监测。

表 4-5　周边环境质量影响最低监测频次

目标环境	常规指标	其他指标	最低监测频次
地表水	pH、溶解氧、高锰酸盐指数、五日生化需氧量、氨氮、总磷、总氮、铜、锌、氟化物、砷、汞、镉、六价铬、铅、氰化物、挥发酚、石油类、硫化物	铁、苯、总铬、镍、多环芳烃等	每年丰水期、枯水期、平水期至少各监测一次
海水	pH、溶解氧、化学需氧量、五日生化需氧量、无机氮、非离子氮、活性磷酸盐、汞、镉、铅、六价铬、总铬、砷、铜、锌、镍、氰化物、硫化物、挥发酚、石油类	氟化物、铁、苯、多环芳烃等	每年大潮期、小潮期至少各监测一次
地下水	pH、总硬度、溶解性总固体、硫酸盐、氯化物、铁、铜、锌、挥发酚、高锰酸盐指数、硝酸盐、亚硝酸盐、氨氮、氟化物、氰化物、汞、砷、镉、六价铬、铅、镍	硫化物、总铬、多环芳烃、苯、甲苯、二甲苯等	年
土壤	pH、阳离子交换量、镉、汞、砷、铜、铅、铬、锌、镍	多环芳烃、苯、甲苯、二甲苯等	年

4.6　其他要求

（1）《钢铁工业及炼焦化学工业指南》中未规定的污染物指标

钢铁工业及炼焦化学工业排污单位所持的排污许可证中载明的其他污染物指标或其他环境管理明确要求管控的污染物指标，也应纳入自行监测范围内。另外，除《钢铁工业及炼焦化学工业指南》中所规定的典型工艺所涉及的污染物指标外，排污单位根据生产过程的原辅用料、生产工艺、中间及最终产品类型、监测结果确定实际排放的，在有毒有害或优先控制污染物相关名录中的污染物指标，或其他有毒污染物指标，也应纳入自行监测范围内。这些纳入自行监测范围的污染物指标，应参照《钢铁工业及炼焦化学工业指南》中表1～表5，以及《总则》确定监测点位和监测频次。

（2）监测频次的确定

《钢铁工业及炼焦化学工业指南》中的监测频次均为最低监测频次，排污单位在确保各指标的监测频次满足《钢铁工业及炼焦化学工业指南》的基础上，可根据《总则》中监测频次的确定原则提高监测频次。监测频次的确定原则为不应低于国家或地方发布的标准、规范性文件、规划、环境影响评价文件及其批复等明确规定的监测频次；主要排放口的监测频次高于非主要排放口；主要监测指标的监测频次高于其他监测指标；排向敏感地区的应适当增加监测频次；排放状况波动大的，应适当增加监测频次；历史稳定达标状况较差的需增加监测频次，达标状况良好的可以适当降低监测频次；监测成本应与排污企业自身能力相一致，尽量避免重复监测。

（3）其他要求

对于《钢铁工业及炼焦化学工业指南》中未规定的内容，如内部监测点位设置及监测要求，采样方法、监测分析方法、监测质量保证与质量控制，监测方案的描述、变更等按照《总则》执行。

4.7 自行监测方案案例示例

为了便于读者对本章中监测方案示例的正确掌握和应用，特别强调以下两点：

第一，本书附录5中列出了可供参考的完整的自行监测方案模板示例，排污单位可根据示例和本单位实际情况，进行相应的调整完善，作为本单位的监测方案使用。本章中重点针对附录 5 中的监测点位、监测指标、监测频次、监测方法等内容给出示例，对于共性较大的描述性内容和质量控制等相关内容，在本章中不再进行列举，但并不意味着不重要或者不需要。

第二，本书给出的排放限值仅用于示例，可能会存在与实际要求略有差异的情况，这与各地实际管理要求有关，也与案例企业的特殊情况有关，本书对此不做深入解释和说明。

4.7.1　示例 1：某钢铁工业企业（含炼焦工序）

4.7.1.1　企业基本情况

某钢铁企业于 1955 年开始建设，以 1958 年 9 月 13 日 1 号高炉点火出铁为标志正式建成投产。拥有焦化、烧结、炼铁、炼钢、轧钢等完整的钢铁生产工艺流程，以碳钢板材为主。产品有六大类 500 多个品种，形成了以冷轧硅钢片、汽车板、高性能工程结构用钢、精品长材四大战略产品为代表的一批名牌产品。

4.7.1.2　监测类型

废水、废气、厂界噪声、土壤、地下水、地表水、重点污染源在线自动监测及 CEMS 设备的人工比对监测。

4.7.1.3　监测依据、标准

《排污许可证申请和核发技术规范　钢铁工业》（HJ 846—2017）、《排污许可证申请和核发技术规范　炼焦化学工业》（HJ854—2017）、《排污单位自行监测技术指南　钢铁工业及炼焦化学工业》（HJ 878—2017）、《排污单位自行监测技术指南　火力发电及锅炉》（HJ 820—2017）、《固定污染源烟气（SO_2、NO_x、颗粒物）排放连续监测技术规范》（HJ 75—2017）、《水污染源在线监测系统（COD_{Cr}、NH_3-N 等）运行技术规范》（HJ/T 355—2019）以及钢铁工业污染物排放标准等规范、标准，结合公司环境管理要求，组织开展环境监测工作，及时掌握公司污染物排放实际状况及其对周边区域环境质量的影响。

4.7.1.4 监测内容

（1）废水监测

根据钢铁企业废水污染物排放标准，废水监测点位、项目、频次，具体见第4.7.1.5节中（1）废水监测计划。

（2）废气监测

①根据钢铁企业大气污染物排放标准，废气监测点位、项目、频次，具体见第4.7.1.5节中（2）废气监测计划。

②公司生产车间无组织排放监测90个点每年监测一次，监测项目为颗粒物、盐酸雾、苯、甲苯、二甲苯、硫酸雾等，具体见第4.7.1.5节中（4）生产车间内无组织排放监测计划。

③厂界的无组织排放监测135点每季度监测一次，监测项目为颗粒物、盐酸雾、硫酸雾等，具体见第4.7.1.5节中（5）厂界无组织排放监测计划。

（3）厂界噪声监测

厂界14个点和厂区4个敏感点和钢电公司每季度监测一次，每次监测一天（分昼间、夜间）。具体见第4.7.1.5节中（3）噪声监测计划。

（4）土壤监测

公司厂区内30个点和厂界外周边20个点每年监测一次，具体见第4.7.1.5节中（6）土壤监测计划。

（5）地下水监测

公司厂区内6个点每年监测一次，具体见第4.7.1.5节中（7）地下水监测计划。

（6）地表水监测

公司生产区附近地表水域2个点每季度监测一次，具体见第4.7.1.5节中（8）地表水监测计划。

（7）在线监测

公司重点污染源实施了在线监测，废气排口每季度开展一次人工比对监测，废水排口每月开展一次人工比对监测。

4.7.1.5　监测计划

本公司有限委托××环境检测公司负责执行自行监测计划，各相关单位必须积极配合。

（1）废水监测计划

表 4-6　废水监测计划表

序号	排口编号	采样排口名称	分析项目	监测频次
1	—	北湖污水处理进口	1、2、3、4、5、7、9、10、11、12、13、14	1 次/月
2	……	……	……	……

分析项目编号：1.水温；2.pH；3.挥发酚；4.总氰化物；5.简单氰（易释放氰化物）；6.苯；7.悬浮物；8.硫化物；9.总铬；10.化学需氧量；11.六价铬；12.油；13.氨氮；14.氟化物；15.总铁；16.总锰；17.总铜；18.总铅；19.总镉；20.总锌；21.苯并[a]芘；22.总砷；23.总镍；24.总氮；25.总磷；26.总汞；27.氰化物；28.五日生化需氧量；29.溶解性总固体；30.总铊；31.多环芳烃

（2）废气监测计划

表 4-7　废气监测计划表

厂名	排口	监测地点	监测项目	数量	监测
焦化公司	DA004（焦）	1#焦炉烟囱	二噁英	1	1 次/年
	DA003（焦）	2#焦炉烟囱	二噁英	1	1 次/年
……	……	……	……	……	……

（3）噪声监测计划

表 4-8 噪声监测计划表

序号	监测点位	监测频次	备注
1	科技馆	昼夜各 1 次/季	常规监测
2	……	……	

（4）生产车间内无组织排放监测计划

表 4-9 生产车间内无组织排放监测计划表

序号	监测单位	监测点位	监测项目	监测周期
1	焦化公司（4 点）	厂界（4 点）	颗粒物、二氧化硫、苯并[a]芘、氰化氢、苯、酚类、硫化氢、氨、氮氧化物	1 次/年
2	……	……	……	……

（5）厂界无组织排放监测计划

表 4-10 厂界无组织排放监测计划表

序号	监测单位	监测点位	监测项目	监测周期
1	本公司有限公司（4 点）	大厂界（4 点）	甲硫醚、二甲二硫、二硫化碳、苯乙烯、臭气浓度	1 次/年
2	……	……	……	……

（6）土壤监测计划

表 4-11 土壤监测计划表

序号	厂名	监测地点	监测项目	数量	监测频次
1	焦化公司	煤堆场、焦炭堆场、废水水池	砷、镉、六价铬、铜、铅、汞、镍、四氯化碳、氯仿、氯甲烷、1,1-二氯乙烷、1,2-二氯乙烷、1,1-二氯乙烯、顺-1,2-二氯乙烯、反-1,2-二氯乙烯、二氯甲烷、1,2-二氯丙烷、1,1,1,2-四氯乙烷、1,1,2,2-四氯乙烷、四氯乙烷、1,1,1-三氯乙烷、1,1,2-三氯乙烷、三氯乙烯、1,2,3-三氯丙烷、氯乙烯、氯苯、苯、1,2-二氯苯、1,4-二氯苯、乙苯、苯乙烯、甲苯、间二甲苯+对二甲苯、邻二甲苯、硝基苯、苯胺、2-氯酚、苯并[a]蒽、苯并[a]芘、苯并[b]荧蒽、苯并[k]荧蒽、二苯并[a,h]蒽、茚并[1,2,3-c,d]芘、萘、䓛	4	1 次/年
2	……	……	……	……	……

（7）地下水监测计划

表 4-12　地下水监测计划表

序号	厂名	监测地点	监测项目	数量	监测频次
1	本公司有限公司厂区	焦化公司区域	色度、浑浊度、嗅和味、肉眼可见物、pH、总硬度、溶解性总固体、硫酸盐、氯化物、铁、锰、铜、锌、铝、挥发酚、阴离子表面活性剂、耗氧量、氨氮、硫化物、钠、总大肠菌群、菌落总数、亚硝酸盐、硝酸盐、氰化物、氟化物、碘化物、汞、砷、硒、镉、六价铬、铅、苯、甲苯、三氯甲烷、四氯化碳	1	1 次/年
2		……		……	
3		……		……	
4		……		……	
5		……		……	

（8）地表水监测计划

表 4-13　地表水监测计划表

厂名	监测地点	监测项目	数量	监测频次
有限公司厂区（2 点）	地表水	水温、pH、溶解氧等	2	1 次/季
……	……	……	……	……

4.7.1.6　监测分析方法及设备

（1）废水分析方法

表 4-14　废水监测/分析方法清单

监测指标	监测/分析方法	监测和分析设备
水温	《水质水温的测定　温度计或颠倒温度计测定法》（GB 13195—1991）	棒式温度计
……	……	……

（2）空气、废气采样及分析方法

表 4-15　空气、废气采样及分析方法清单

监测指标	监测/分析方法	监测和分析设备
二氧化硫	《固定污染源废气　二氧化硫的测定　定电位电解法》（HJ 57—2017）	MODEL3080、自动烟尘（气）测试仪、便携式紫外分析仪
	《固定污染源废气　二氧化硫的测定　非分散红外吸收法》（HJ 629—2011）	
	《固定污染源废气　二氧化硫的测定　便携式紫外吸收法》（HJ 1131—2020）	
	《环境空气　二氧化硫的测定　甲醛吸收—副玫瑰苯胺分光光度法》（HJ 482—2009）	TH-150C 大气采样器
……	……	……

4.7.1.7 质量控制措施

本有限公司严格遵守原环境保护部颁布的环境监测质量管理规定，制定明确措施，确保监测数据科学、准确。手工监测项，由××环境监测公司完成。

烟气污染源在线监测系统定期以标准气进行零点和量程等校准。烟气成分以及烟气参数每季度进行手工参比方法测试，与自动监测数据比对校准，水质在线监测系统定期进行重复性、零点漂移和量程漂移试验，每月进行实际水样比对试验和质控样校验等。

4.7.1.8 监测点位布置示意图

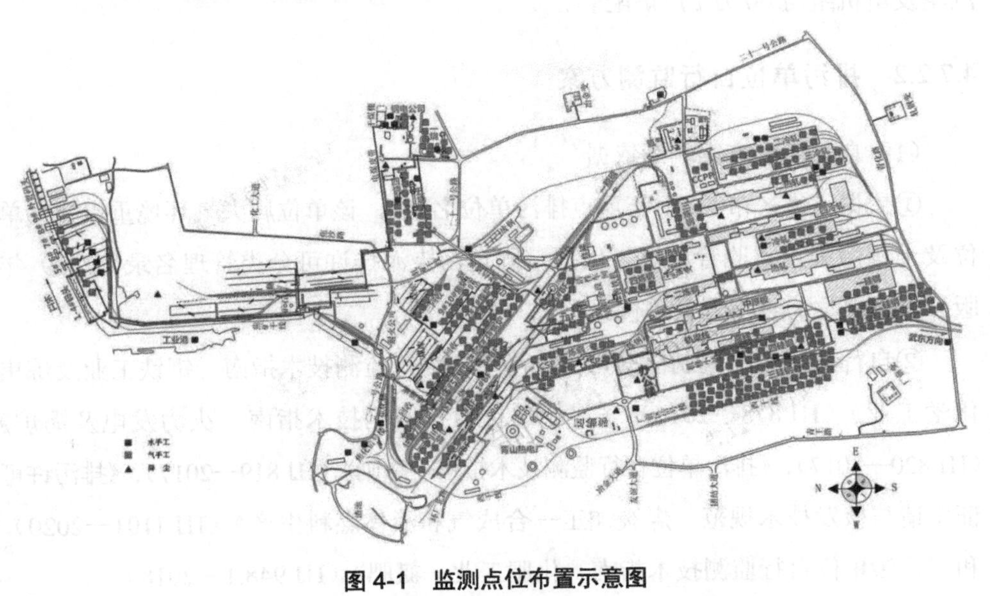

图4-1 监测点位布置示意图

4.7.2 示例 2：某炼焦化学工业企业

4.7.2.1 排污单位基本情况介绍

某炼焦化学工业企业占地面积 900 余亩，现有员工 1 500 余人，是一家集洗煤、炼焦、化工、发运、供热、供气等多产业于一体的民营企业。2002 年公司成立，经过多年的发展，已形成年产 120 万 t 洗煤、150 万 t 焦炭、15 万 t 甲醇、5 万 t 合成氨、8 万 t 煤焦油、2 万 t 粗苯、2 万 t 硫铵、120 t/h 干熄焦及配套 18 MW 纯凝汽式汽轮发电机组与 90 万 t 焦炉配套、85 t/h 干熄焦及配套的 15 MW 纯凝汽式汽轮发电机组与 60 万 t 焦炉配套。

4.7.2.2 排污单位自行监测方案

（1）自行监测方案编制依据

①依据《××市 2021 年重点排污单位名录》，该单位属大气环境重点排污单位及土壤污染重点监管单位；依据《固定污染源排许可分类管理名录（2019 年版）》，该单位为重点管理单位。

②自行监测方案编制依据为《排污单位自行监测技术指南　钢铁工业及炼焦化学工业》（HJ 878—2017）、《排污单位自行监测技术指南　火力发电及锅炉》（HJ 820—2017）、《排污单位自行监测技术指南　总则》（HJ 819—2017）、《排污许可证申请与核发技术规范　煤炭加工—合成气和液体燃料生产》（HJ 1101—2020）和《排污单位自行监测技术指南　化肥工业—氮肥》（HJ 948.1—2018）。

（2）监测手段和开展方式

为履行企业自行监测的职责，该公司采取的自行监测手段为自动监测及手工监测相结合。开展方式为自动监测和手工监测相结合，手工监测全部为委托监测，自动监测为自行承担。

（3）在线自动监测情况

该公司在线自动监测情况见表 4-16。

表 4-16　在线自动监测设备一览表

序号	监测点位	监测项目	监测设备名称、型号	设备厂家	是否联网	是否验收	运营商	分析方法及依据
1	60 万 t 焦炉烟气干法脱硫	二氧化硫、氮氧化物、氧含量、颗粒物、温压流、湿度	×××	××环保科技股份有限公司	是	是	××环保科技股份有限公司	《固定污染源废气　二氧化硫的测定　定电位电解法》（HJ 57—2017）、《固定污染源废气　二氧化硫的测定　非分散红外吸收法》（HJ 629—2011）、《固定污染源废气　二氧化硫的测定　便携式紫外吸收法》（HJ 1131—2020）、《固定污染源排气中颗粒物测定与气态污染物采样方法》（GB/T 16157—1996）
2	……	……	……	……	……	……	……	……

4.7.2.3　监测内容

（1）大气污染物排放监测

①废气监测点位、监测项目及监测频次。

废气主要污染源类型、废气排放口编号、监测点位、监测项目及监测频次见表 4-17、表 4-18。

表 4-17　废气污染源监测内容一览表

序号	污染源类型	污染源名称	排放口编号	监测点位	监测项目	监测频次	样品个数	测试要求	排放方式和排放去向
1	固定源废气	1号2号55 t燃煤锅炉	DA041（锅炉共用一个排口）	烟囱出口	烟气黑度	运行期间1次/季度	—	记录工况；生产负荷；烟气参数等，同时开工监测	集中排放，环境空气
				脱硫塔出口	汞及其化合物		3个		
2		……	……	……	……	……	……	……	集中排放，环境空气
				……	……		……		
1	无组织废气	60万t焦炉炉顶无组织	炉顶	机侧和焦侧两侧的1/3处和2/3处各设一测点	颗粒物、苯并[a]芘、硫化氢、氨、苯可溶物	1次/季 1天/季	颗粒物、苯并[a]芘、苯可溶物每天采样3次，每次连续采样4小时；硫化氢、氨每天采样3次，每次连续采样30分钟，共计3个样品	同时记录气温、气压、风向、风速等气象参数	无组织排放，环境空气
		……	……	……	……	……	……	……	……

表 4-18　废气污染源自动监测内容一览表

序号	污染源类型	污染源名称	排放口编号	监测点位	监测项目	监测频次	排放方式和排放去向
1	有组织废气	60万t焦炉烟气干法脱硫	DA008	烟囱出口	二氧化硫、氮氧化物、氧含量、颗粒物、温压流、湿度	在线监测故障时启用手工监测，1次/6小时，1天不少于4次	集中排放，环境空气
2		……	……	……	……	……	……

②监测点位示意图。

监测点位示意图见图 4-2，厂界及厂区内无组织监测点位依据现场实际风向布设。

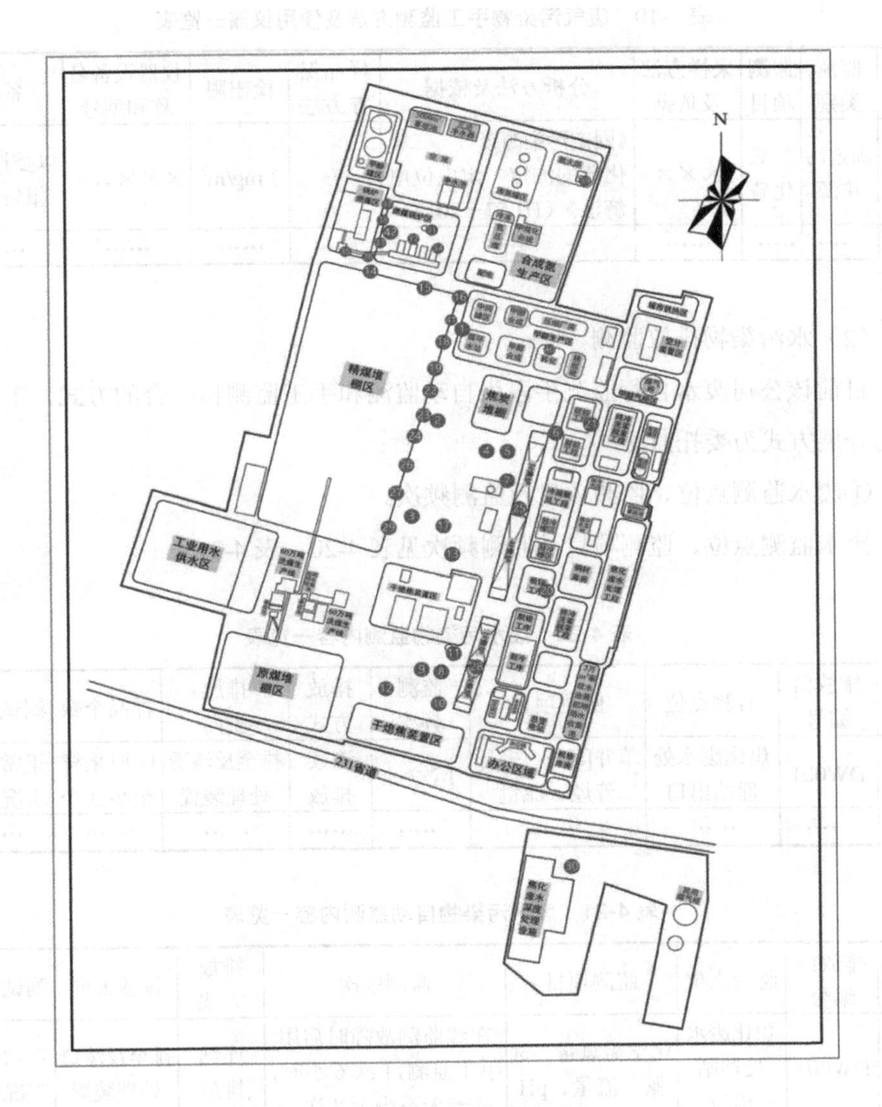

图 4-2　监测点位示意图

③监测方法及使用仪器要求。

废气污染物手工监测方法及使用仪器见表4-19。

表4-19 废气污染物手工监测方法及使用仪器一览表

序号	监测类别	监测项目	采样方法及依据	分析方法及依据	样品保存方法	检出限	仪器设备名称和型号	备注
1	固定污染源	二氧化硫	×××	《固定污染源废气 二氧化硫的测定 定电位电解法》（HJ 57—2017）	—	3 mg/m^3	×××××	以委托监测报告为准
2	……	……	……	……	……	……	……	……

（2）水污染物排放监测

目前该公司废水自行监测手段为自动监测和手工监测相结合的方式，手工监测的开展方式为委托监测。

①废水监测点位、监测项目及监测频次。

废水监测点位、监测项目及监测频次见表4-20、表4-21。

表4-20 废水污染物监测内容一览表

序号	排放口编号	监测点位	监测项目	监测频次	排放方式	排放去向	样品个数	测试要求
1	DW001	焦化废水处理站出口	苯并[a]芘、多环芳烃、流量	1次/月	连续排放	排至反渗透处理装置	瞬时采样至少3个	正常生产工况正常
2	……	……	……	……	……	……	……	……

表4-21 废水污染物自动监测内容一览表

序号	排放口编号	监测点位	监测项目	监测频次	排放方式	排放去向	测试要求
1	DW001	焦化废水处理站出口	化学需氧量、氨氮、流量、pH	在线监测故障时启用手工监测，1次/6小时，一天不少于4次	连续排放	排至反渗透处理装置	正常生产工况正常
2	……	……	……	……	……	……	……

②手工监测点位示意图。

手工监测点位示意图见图 4-3。

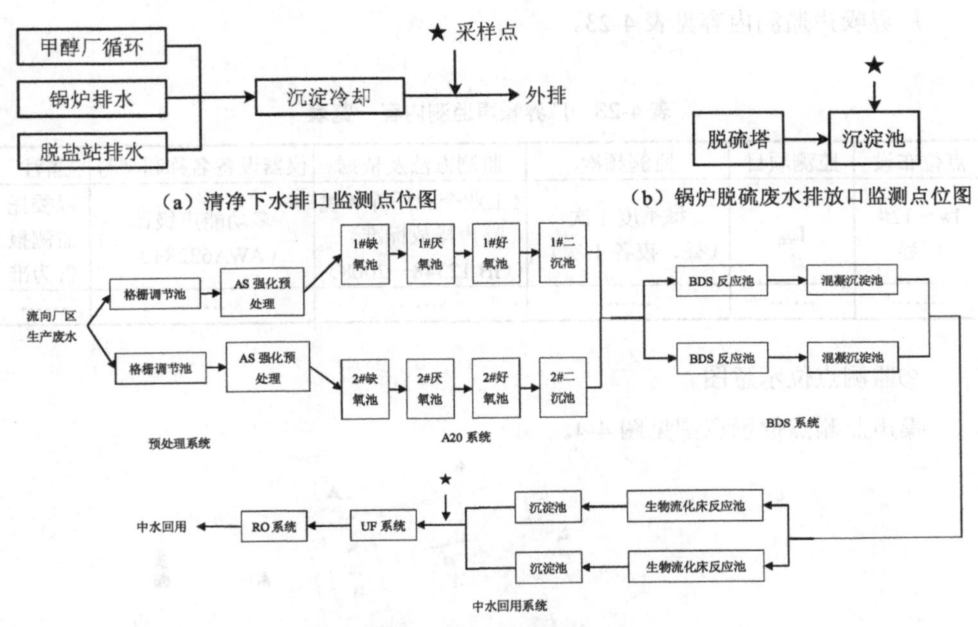

（c）焦化废水处理站出口监测点位图

图 4-3　手工监测点位示意图

注：★代表采样点位。

③监测方法及使用仪器要求。

废水污染物监测方法及使用仪器见表 4-22。

表 4-22　废水污染物监测方法及使用仪器一览表

序号	监测项目	采样方法和依据	监测方法及依据	样品保存方法	检出限	仪器设备名称和型号	备注
1	苯并[a]芘	《污水监测技术规范》（HJ 91.1—2019）	《水质　多环芳烃的测定固液液萃取和固相萃取高效液相色谱法》（HJ 478—2009）	样品采集后避光于 4℃以下冷藏，在 7 天内萃取，萃取后的样品避光于 4℃以下冷藏，在 40 天内分析完毕	0.04 μg/L	液相色谱仪 P230II	以委托监测报告为准
2	……	……	……	……	……	……	……

（3）厂界噪声监测

①厂界噪声监测内容。

厂界噪声监测内容见表 4-23。

表 4-23 厂界噪声监测内容一览表

点位布设	监测项目	监测频次	监测方法及依据	仪器设备名称和型号	备注
1#～12#厂界	L_{eq}	每季度 1 次（昼、夜各 1 次）	《工业企业厂界环境噪声排放标准》（GB 12348—2008）	多功能声级计（AWA6228+）	以委托监测报告为准
……	……	……	……	……	……

②监测点位示意图。

噪声监测点位示意图见图 4-4。

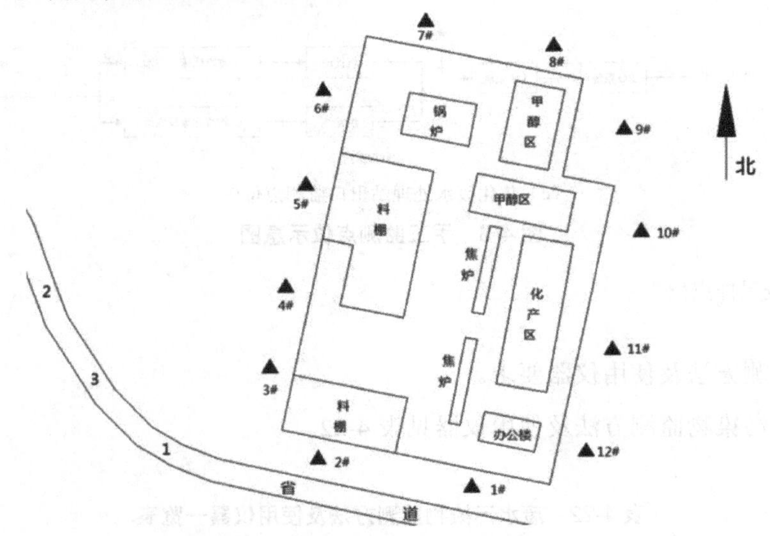

图 4-4 噪声监测点位示意图

（4）土壤环境质量监测

①土壤监测内容。

土壤监测内容见表 4-24～表 4-26。

表 4-24　土壤环境质量监测内容一览表

序号	监测点位	监测项目	监测频次
1	1#焦炉熄焦池	砷、镉、铬（六价）、铜、铅、汞、镍、四氯化碳乙烷……	一年一次
2	……		……
3	……		……

表 4-25　土壤监测因子分析方法及检出限一览表

检测物分类	分析方法	方法来源	检出限
重金属和无机物			
砷	原子荧光法	GB/T 22105.2—2008	0.01 mg/kg
……	……	……	……

表 4-26　土壤分析仪器设备名称及型号一览表

仪器名称	仪器型号
原子吸收光谱仪	ZEEnit 700P
……	……

②监测点位示意图。

土壤监测点位示意图见图 4-5。

图 4-5　土壤监测点位示意图

（5）企业周边环境质量监测

①监测内容。

企业周边环境质量监测，敏感点监测按实际情况开展。监测点位、项目、频次见表 4-27。

表 4-27 企业周边环境质量监测内容一览表

监测类别	点位名称	监测项目	监测频次
环境噪声	贾罕村	L_{eq}	每季度 1 次（昼、夜各 1 次）
……	……	……	……

②监测点位示意图。

监测点位示意图见图 4-6。

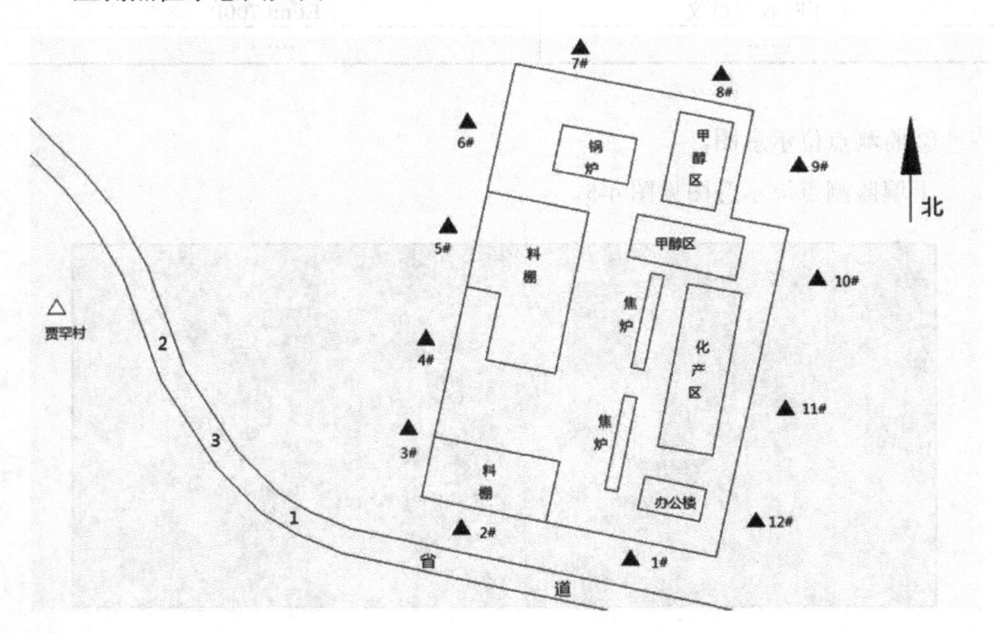

图 4-6 监测点位示意图

③监测方法及仪器。

企业周边环境质量监测分析方法及使用仪器见表 4-28。

表 4-28　企业周边环境质量监测分析方法及使用仪器一览表

序号	监测类别	监测项目	监测方法及依据	监测仪器名称和型号	检出限	备注
1	环境噪声	L_{eq}	《声环境质量标准》（GB 3096—2008）	多功能声级计（AWA6228+）	30 dB（A）	以委托监测报告为准
2	……	……	……	……	……	……

4.7.2.4　自行监测质量控制

（1）手工监测质量保证

①机构和人员：

（a）……；（b）……；（c）……。

②仪器要求：

（a）……；（b）……；（c）……。

③废气监测要求：

（a）……；（b）……；（c）……。

④水质监测分析要求：

（a）……；（b）……；（c）……。

⑤噪声监测要求：

（a）……；（b）……；（c）……。

⑥记录报告要求：

（a）……；（b）……；（c）……。

（2）自动监测质量保证

①人员要求：

（a）……；（b）……；（c）……。

②废气污染物自动监测要求：

（a）……；（b）……；（c）……。

③废水污染物自动监测要求：

（a）……；（b）……；（c）……。

④记录要求：

（a）……；（b）……；（c）……。

4.7.2.5 执行标准

相关污染物排放执行标准见表 4-29～表 4-33。

表 4-29 废气污染物排放执行标准

排放口	监测项目	执行标准	排放标准/（mg/m^3）	确定依据	备注
原煤破碎	颗粒物	《炼焦化学工业污染物排放标准》（GB 16171—2012）	15	排污许可证××××××××××××××	—
……	……	……	……	……	……

表 4-30 废水污染物排放执行标准

排放口	监测项目	执行标准	排放标准/（mg/L）	确定依据
焦化废水处理站	苯并[a]芘	《炼焦化学工业污染物排放标准》（GB 16171—2012）	0.000 03	现行标准
	多环芳烃		0.05	
……	……	……	……	……

表 4-31 厂界噪声排放执行标准

排放口	监测项目	执行标准	排放标准	确定依据
厂界噪声 1#～3#（昼）	L_{eq}	《工业企业厂界环境噪声排放标准》（GB 12348—2008）4a 类标准	70	现行标准
厂界噪声 1#～3#（夜）			55	
……	……	……	……	……

表 4-32　环境噪声排放执行标准

排放口	监测项目	执行标准	排放标准	确定依据
环境噪声（昼）	L_{eq}	《声环境质量标准》（GB 3096—2008）4a 类标准	70	现行标准
环境噪声（夜）			55	
……	……	……	……	……

表 4-33　土壤环境排放执行标准

检测物分类	CAS 号	筛选值/（mg/kg）	执行标准
重金属和无机物			
砷	7440-38-2	60	《土壤环境质量　建设用地土壤污染风险管控标准（试行）》（GB 36600—2018）
……	……	……	
……	……	……	
……	……	……	
……	……	……	
……	……	……	
……	……	……	

4.7.3　示例 3：某钢铁工业企业（土壤及地下水）

4.7.3.1　企业基本情况

（1）基本情况

某钢铁企业成立于 2016 年，整个厂区分为南北两个部分，北区厂区由东至西有 3 条生产线，分别是合金钢棒材生产线、高合金钢棒材生产线和不锈钢长型材生产线。在线材生产线南侧是 60 t 电炉生产区域。南区厂区主要是棒材和线材产品的后道加工，主要是产品银亮和拉拔（含抛丸和矫直）。

根据《排污单位自行监测技术指南　总则》（HJ 819—2017）及《工业企业土壤和地下水自行监测　技术指南（试行）》（HJ 1209—2021）的要求，该公司根据实际生产情，查清本单位的污染源、污染物指标及潜在的环境影响，制定了本公司环境自行监测方案。

（2）监测依据、标准

《关于要求区内土壤和地下水重点企业做好2021年度土壤和地下水污染防治工作的通知》《工业企业土壤和地下水自行监测技术指南（试行）》（HJ 1209—2021）、《中华人民共和国土壤污染防治法》《中华人民共和国水污染防治法》《土壤环境监测技术规范》（HJ/T 166—2004）、《地下水环境监测技术规范》（HJ 164—2020）、《地块土壤和地下水中挥发性有机物采样　技术导则》（HJ 1019—2019）、《建设用地土壤污染状况调查　技术导则》（HJ 25.1—2019）、《建设用地土壤污染风险管控和修复监测技术导则》（HJ 25.2—2019）、《排污单位自行监测技术指南 总则》（HJ 819—2017）、《排污单位自行监测技术指南　水处理》（HJ 1083—2020）、《土壤环境质量　建设用地土壤污染风险管控标准（试行）》（GB 36600—2018）、《地下水质量标准》（GB/T 14848—2017）以及钢铁工业污染物排放标准等规范、标准，结合公司环境管理要求，组织开展环境监测工作，及时掌握公司污染物排放实际状况及其对周边区域环境质量的影响。

4.7.3.2　监测方案

本部分是排污单位自行监测方案的核心部分，是自行监测内容的具体化、细化。按照土壤和地下水以不同监测点位分别列出各监测指标的监测频次、监测方法、执行标准等监测要求。

（1）监测点位

依据布点原则，本次自行监测点位布设如下：

A区：布设3个土壤采样点（SS1、SS2和SS3），3个土壤和地下水复合采样点（MW1、MW3和MW4）。考虑生产区涵盖不同生产线，在各生产线厂房外各布设1个监测点位。其中SS1点位位于棒一厂房17#门前约10 m绿化带，SS2点位位于线材混酸洗机组DA025废气排口，SS3点位位于冷拔酸洗机组北侧20 m，MW1点位位于棒材料场区北侧约20 m，MW3点位位于60 t电炉DA066废气排放口，MW4点位位于银亮连拔厂房北门前15 m绿化地。

B 区：布设 2 个土壤和地下水复合点（MW2 和 MW4）。按照功能分类，功能和污染物相同的废水处理站合并布点。因此，在酸洗废水处理站和含油氧化铁泥废水处理站各布设 1 个土壤和地下水复合点。其中 MW2 点位位于线材厂房 10#门西面废水处理站，MW4 点位位于线材酸洗废水处理站北侧绿化带。

C 区：2 个土壤和地下水复合采样点（MW6 和 MW7）。地块内 1 个废乳化液仓库货物 3 个油污泥仓库。按照功能分类，功能和污染物相同的废水处理站合并布点。因此，在废乳化液仓库和 60 t 电炉油污泥仓库各布设 1 个土壤和地下水复合点。其中 MW6 点位位于 60 t 电炉 8#门西南侧约 20 m 绿化，MW7 点位位于银剥厂房西门前 15 m 绿化地。

此外，在场地东侧××河边设对照点，布设 1 个土壤和地下水复合采样点（MW8）。

本次监测土壤采样点均采 3 层土，分别为表层、深层和饱和层的土壤样品，共采集 33 个土壤样品；地下水采样均新建永久井，共采集 8 个地下水样品。

为保证质量，采集 4 个土壤平行样品和 1 个地下水平行样品。此外，每批次还需 1 个运输空白样品和 1 个现场空白样品及 1 个设备淋洗空白/批。

综上，共采集 37 个土壤样品 9 个地下水样品，1 个运输空白样品/批和 1 个现场空白样品/批及 1 个设备淋洗空白/批。采样点位布设位置汇总见表 4-34。

表 4-34　采样点位布设位置汇总表

序号	区域	区域编号	点位编号	点位位置描述	采样深度/m	土壤样品数量/个	地下水样品数量/个
1	棒材生产区域	××××	MW1	棒材料场区北侧约 20 m	10	3	1
2	棒材生产区域		SS1	棒一厂房 17#门前约 10 m 绿化带	6	3	0
3	……	……	……	……	……	……	……
小　计						……	……
合　计						……	……

（2）监测项目

土壤及地下水分析项目见表4-35。

表4-35 土壤及地下水监测项目一览表

序号	类别	污染物项目	备注
1	重金属（7项）	铜、六价铬、镍、铅、镉、砷和汞	45项基本项
2	挥发性有机物（27项）	1,1-二氯乙烯、四氯化碳、氯仿（三氯甲烷）、1,1-二氯乙烷、1,2-二氯乙烷、顺-1,2-二氯乙烯、反-1,2-二氯乙烯、二氯甲烷、1,2-二氯丙烷、1,1,1,2-四氯乙烷、1,1,2,2-四氯乙烷、四氯乙烯、1,1,1-三氯乙烷、1,1,2-三氯乙烷、三氯乙烯、1,2,3-三氯丙烷、苯、甲苯、氯苯、乙苯、间&对-二甲苯、邻-二甲苯、苯乙烯、1,2-二氯苯、1,4-二氯苯、氯甲烷、氯乙烯	
3	半挥发性有机物（11项）	2-氯苯酚、苯胺、硝基苯、萘、苯并[a]蒽、䓛、苯并[b]荧蒽、苯并[k]荧蒽、苯并[a]芘、茚并[1,2,3-c,d]芘、二苯并[a,h]蒽	
4	……	……	特征污染物
5	……	……	
6	……	……	
7	……	……	
8	……	……	……

（3）监测频次

自行监测频次见表4-36。

表4-36 自行监测频次

监测对象		监测频次
土壤	表层土壤	年
	深层土壤	三年
地下水	……	……
	……	……

注：1. 初次监测应包括所有监测对象。

2. 应选取每年中相对固定的时间段采样。地下水流向可能发生季节性变化的区域应选取每年中地下水流向不同的时间段分别采样。

适用于周边1 km 范围内存在地下水环境敏感区的企业。地下水环境敏感区定义参见《环境影响评价技术导则 地下水环境》（HJ 610—2016）。

（4）土壤、地下水监测分析方法及限值

土壤、地下水监测分析方法及限值见表 4-37、表 4-38。

表 4-37　土壤监测项目方法、检出限及筛选值对比

项目	分析方法	检出限/（mg/kg）	二类用地筛选值/（μg/L）
pH	《土壤　pH 值的测定　电位法》（HJ 962—2018）	—	—
……	……	……	……

表 4-38　地下水检测项目方法、检出限及标准对比　　单位：μg/L

监测项目	测试方法	检出限	《地下水质量标准》（GB/T 14848—2017）	×环土〔20××〕××号　二类用地筛选值
pH	《水质　pH 值的测定　电极法》（HJ 1147—2020）	—	5.5≤pH＜6.5 8.5≤pH＜9.0	—
……	……	……	……	—

4.7.3.3　监测点位示意图

监测点位示意图见图 4-7。

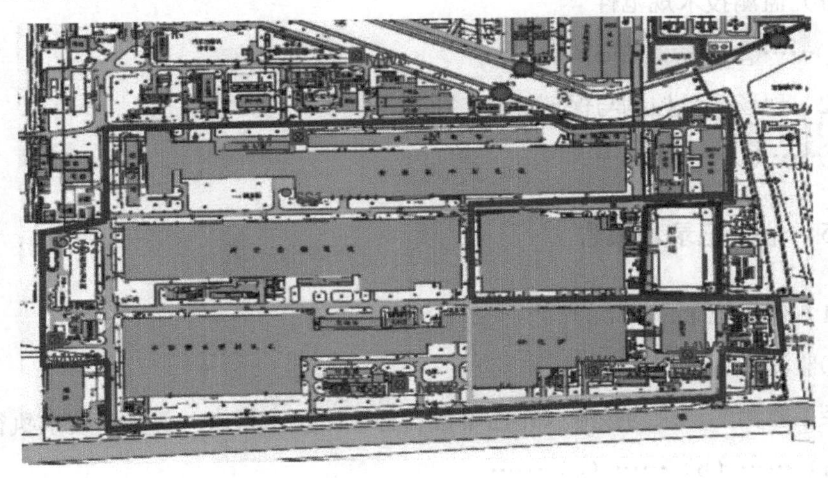

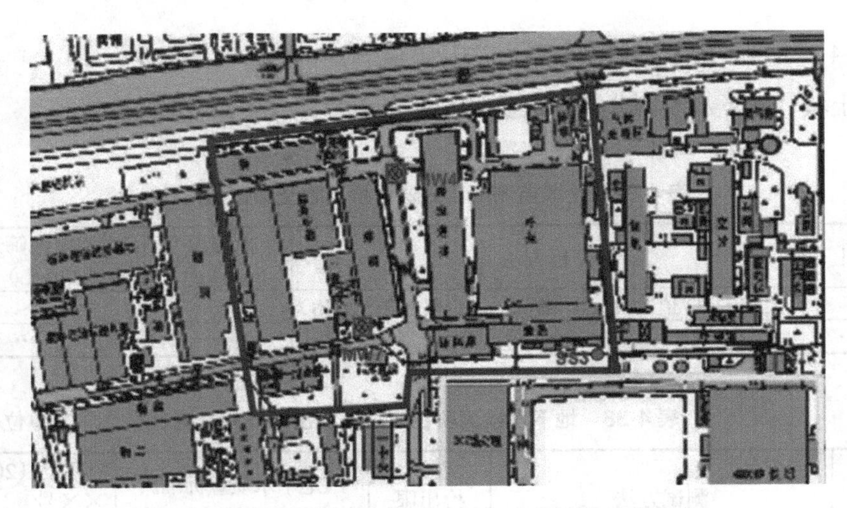

图 4-7　××有限公司土壤和地下水监测点位示意图

4.7.3.4　质量控制措施

主要从内部、外部对监测人员、实验室能力、监测技术规范、仪器设备、记录等质控管理提出适合本单位的质控管理措施。

（1）监测技术规范性

①……②……③……

（2）现场质量控制与保证计划

①……②……③……

4.7.3.5　信息记录和报告

（1）信息记录

①监测和运维记录。

手工监测的记录均按照《排污单位自行监测技术指南　总则》要求执行。

（a）……（b）……（c）……

②生产运行状况记录。

（a）……（b）……（c）……

③一般工业固体废物和危险废物记录要求。

记录表 4-39 中一般工业固体废物和危险废物的产生量、综合利用量、处置量、贮存量，危险废物还应详细记录其具体去向。原料或辅助工序中产生的其他危险废物的情况也应记录。

表 4-39　企业固体废物情况汇总表

序号	分类	名称	形态	主要成分	危险废物代码	最大产生量/t	处理处置方法
1	危险废物	金属表面处理废物	固体	重金属	346-099-17	100	—
2		……	……	……	……	……	
3		……	……	……	……	……	
	一般固体废物	……	……	……	……	……	—

（2）信息报告

排污单位应编写自行监测年度报告，年度报告至少应包含以下内容：

①……②……③……

（3）应急报告

监测结果出现超标的，排污单位应加密监测，并检查超标原因。短期内无法实现稳定达标排放的，应向生态环境主管部门提交事故分析报告，说明事故发生的原因，采取减轻或防止污染的措施，以及今后的预防及改进措施等；若因发生事故或者其他突发事件，排放的污水可能危及城镇排水与污水处理设施安全运行的，应当立即采取措施消除危害，并及时向城镇排水主管部门和生态环境主管部门等有关部门报告。

4.7.3.6　自行监测信息公布

（1）公布方式

土壤和地下水在××省重点监控企业自行监测信息发布平台（网址：×××

××）、百度云盘进行信息公开。

（2）公布内容

①……②……③……

（3）公布时限

①……②……③……

第 5 章　监测设施设置与维护要求

监测设施是监测活动开展的重要基础，监测设施的规范性直接影响监测数据质量。我国涉及的监测设施设置与维护要求的标准规范有很多，但相对零散，且存在一定衔接不够紧密的地方。本章立足现有的标准规范，结合污染源监测实际开展情况，对监测设施设置与维护要求进行全面梳理和总结，供开展污染源监测的相关人员参考。

5.1　基本原则和依据

5.1.1　基本原则

排污单位应当依据国家污染源监测相关标准规范、污染物排放标准、自行监测相关技术指南和其他相关规定等进行监测点位的确定和排污口规范化设置；地方颁布执行的污染源监测标准规范、污染物排放标准等对监测点位的确定和排污口规范化设置有要求时，可按照地方规范、标准从严执行。

5.1.2　相关依据

排污单位的排污口主要包括废水排放口和废气排放口。

目前，国家有关废水监测点位确定及排污口规范化设置的标准规范主要包括

《地表水环境质量监测技术规范》（HJ 91.2—2022）、《水污染物排放总量监测技术规范》（HJ/T 92—2002）、《固定污染源监测质量保证与质量控制技术规范（试行）》（HJ/T 373—2007）、《水污染源在线监测系统（COD_{Cr}、NH_3-N 等）安装技术规范》（HJ 353—2019）、《水污染源在线监测系统（COD_{Cr}、NH_3-N 等）验收技术规范》（HJ 354—2019）、《水污染源在线监测系统（COD_{Cr}、NH_3-N 等）运行技术规范》（HJ 355—2019）、《水污染源在线监测系统（COD_{Cr}、NH_3-N 等）数据有效性判别技术规范》（HJ 356—2019）等。

废气监测点位确定及规范化设置的标准规范主要包括《固定污染源排气中颗粒物测定与气态污染物采样方法》（GB/T 16157—1996）、《固定源废气监测技术规范》（HJ/T 397—2007）、《固定污染源监测质量保证与质量控制技术规范（试行）》（HJ/T 373—2007）、《固定污染源烟气（SO_2、NO_x、颗粒物）排放连续监测技术规范》（HJ 75—2017）、《固定污染源烟气（SO_2、NO_x、颗粒物）排放连续监测系统技术要求及检测方法》（HJ 76—2017）等。

对于各类污染物排放口监测点位标志牌的规范化设置，主要依据原国家环境保护总局发布的《排放口标志牌技术规格》（环办〔2003〕95 号）以及《环境保护图形标志——排放口（源）》（GB 15562.1—1995）等执行。

此外，原国家环境保护局发布的《排污口规范化整治技术要求（试行）》（环监〔1996〕470 号）对排污口规范化整治技术提出了总体要求，部分省、自治区、直辖市、地级市也对其辖区排污口的规范化管理发布了技术规定、标准；各行业污染物排放标准以及各重点行业的排污单位自行监测的相关技术指南则对废水、废气排放口监测点位进行了进一步明确。

5.2　废水监测点位的确定及排污口规范化设置

5.2.1　废水排放口的类型及监测点位确定

排污单位的废水排放口一般包括废水总排口、车间或车间处理设施废水排放口、雨水排放口、生活污水排放口等。

废水总排口排放的废水一般应包括排污单位的生产废水、生活污水、初期雨水、事故废水等，开展自行监测的排污单位均须在废水总排口设置监测点位。

对于排放一类污染物的排污单位，即排放环境中难以降解或能在动植物体内蓄积，对人体健康和生态环境产生长远不良影响，具有致癌、致畸、致突变污染物的排污单位，必须在车间废水排放口设置监测点位，对一类污染物进行监测。

考虑到排污单位生产过程中，可能会有部分污染物通过雨排系统排入外环境，因此排污单位还应在雨水排放口设置监测点位，并在雨水排放口有雨水排放时开展监测。

部分排污单位对生产废水和生活污水分别设置了排放口，对于此类排污单位，除在生产废水排放口设置监测点位外，还应在生活污水排放口设置监测点位。

此外，排污单位还应根据各行业自行监测技术指南的相关要求，设置监测点位。

5.2.2　废水排放口的规范化设置

废水排放口的设置，应满足以下要求：

①排放口应按照《环境保护图形标志——排放口（源）》（GB 15562.1—1995）的要求设置明显标志，废水排放口可以是矩形、圆形或梯形，一般使用混凝土、钢板或钢管等原料。

②排放口应满足现场采样和流量测定要求，用暗管或暗渠排污的，应设置一

段能满足采样条件和流量测量的明渠。测流段水流应平直、稳定、集中，无下游水流顶托影响，上游顺直长度应大于 5 倍测流段最大水面宽度，同时测流段水深应大于 0.1 m 且不超过 1 m。

③废水排放口应能够方便安装三角堰、矩形堰、测流槽等测流装置或其他计量装置。有废水自动监测设施的排放口，还应能够满足安装污水水量自动计量装置（如超声波明渠流量计、管道式电磁流量计等）、采样取水系统、水质自动采样器等设备、设施的要求。

④排污单位应单独设置各类废水排放口，避免多家不同排污单位共用一个废水排放口。

5.2.3 采样点及监测平台的规范化设置

各类废水排放口的实际采样位置即采样点，一般应设在厂界内或厂界外不超过 10 m 范围内。压力管道式排放口应安装取样阀门，废水直接从暗渠排入市政管道的，应在企业界内或排入市政管道前设置取样口。有条件的排污单位应尽量设置一段能满足采样条件的明渠，以方便采样。

污水面在地面以下超过 1 m 的排放口，应配建取样台阶或梯架。监测平台面积应不小于 1 m^2，平台应设置不低于 1.2 m 的防护栏、高度不低于 10 cm 的脚部挡板。监测平台、梯架通道及防护栏的相关设计载荷及制造安装应符合《固定式钢梯及平台安全要求　第 3 部分：工业防护栏杆及钢平台》（GB 4053.3—2009）的要求。

应保证污水监测点位场所通风、照明正常，还应在有毒有害气体的监测场所设置强制通风系统，并安装相应的气体浓度报警装置。

5.2.4 废水自动监测设施的规范化设置

5.2.4.1 监测站房的规范化设置

废水自动监测站房的设置，应满足以下要求：

①应建有专用监测站房，新建监测站房面积应满足不同监控站房的功能需要，并保证水污染源在线监测系统的摆放、运转和维护，使用面积应不小于 15 m^2，站房高度应不低于 2.8 m。

②监测站房应尽量靠近采样点，与采样点的距离应小于 50 m。

③监测站房应安装空调和冬季采暖设备，空调具有来电自启动功能，具备温湿度计，保证室内清洁，环境温度、相对湿度和大气压等应符合《工业过程测量和控制装置　工作条件　第 1 部分：气候条件》（GB/T 17214.1—1998）的要求。

④监测站房内应配置安全合格的配电设备，能提供足够的电力负荷，功率≥5 kW，站房内应配置稳压电源。

⑤监测站房内应有合格的给排水设施，使用符合实验要求的用水清洗仪器及有关装置。

⑥监测站房应有完善规范的接地装置和避雷措施、防盗和防止人为破坏的设施，接地装置安装工程的施工应满足《电气装置安装工程　接地装置施工及验收规范》（GB 50169—2016）的相关要求，建筑物防雷设计应满足《建筑物防雷设计规范》（GB 50057—2010）的相关要求。

⑦监测站房内应配备灭火器箱、手提式二氧化碳灭火器、干粉灭火器或沙桶等，并按消防相关要求布置。

⑧监测站房不应位于通信盲区，应能够实现数据传输。

⑨监测站房的设置应避免对企业安全生产和环境造成影响。

⑩监测站房内、采样口等区域应安装视频监控设施。

5.2.4.2　水质自动采样单元的设置

废水自动监测设备的水质自动采样单元设置，应满足以下要求：

①水质自动采样单元具有采集瞬时水样及混合水样，混匀及暂存水样、自动润洗及排空混匀桶，以及留样功能。

②pH 水质自动分析仪和温湿度计应原位测量或测量瞬时水样。

③化学需氧量、TOC、NH_3-N、TP、TN水质自动分析仪应测量混合水样。

④水质自动采样单元的构造应保证将水样不变质地输送到各水质分析仪，应有必要的防冻和防腐设施。

⑤水质自动采样单元应设置混合水样的人工比对采样口。

⑥水质自动采样单元的管路宜设置为明管，并标注水流方向。

⑦水质自动采样单元的管材应采用优质的聚氯乙烯（PVC）、三丙聚丙烯（PPR）等不影响分析结果的硬管。

⑧采用明渠流量计测量流量时，水质自动采样单元的采水口应设置在堰槽前方，合流后充分混合的场所，并尽量设在流量监测单元标准化计量堰（槽）取水口头部的流路中央，采水口朝向与水流的方向一致，减少采水部前端的堵塞。采水装置宜设置成可随水面的涨落而上下移动的形式。

⑨采样泵应根据采样流量、水质自动采样单元的水头损失及水位差合理选择。应使用寿命长、易维护，并且对水质参数没有影响的采样泵，安装位置应便于采样泵的维护。

5.2.4.3 水污染源在线监测仪器安装要求

水污染源在线监测仪器的安装，应满足以下要求：

①水污染源在线监测仪器的各种电缆和管路应加保护管，保护管应在地下铺设或空中架设，空中架设的电缆应附着在牢固的桥架上，并在电缆、管路以及电缆和管路的两端设立明显标识。电缆线路的施工应满足《电气装置安装工程电缆线路施工及验收标准》（GB 50168—2018）的相关要求。

②各仪器应落地或壁挂式安装，有必要的防震措施，保证设备安装牢固稳定。在仪器周围应留有足够空间，方便仪器维护。其他要求参照仪器相应说明书相关内容，应满足《自动化仪表工程施工及质量验收规范》（GB 50093—2013）的相关要求。

③必要时（如南方的雷电多发区），仪器和电源也应设置防雷设施。

5.2.4.4 流量计的安装要求

流量计的安装，应满足以下要求：

①采用明渠流量计测定流量，应按照《明渠堰槽流量计（试行）》（JJG 711—1990）、《城市排水流量堰槽测量标准 三角形薄壁堰》（CJ/T 3008.1—1993）、《城市排水流量堰槽测量标准 矩形薄壁堰》（CJ/T 3008.2—1993）、《城市排水流量堰槽测量标准 巴歇尔量水槽》（CJ/T 3008.3—1993）等技术要求修建或安装标准化计量堰（槽），并通过计量部门检定。主要流量堰槽的安装规范见《水污染源在线监测系统（COD_{Cr}、NH_3-N 等）安装技术规范》（HJ 353—2019）附录 D。

②应根据测量流量范围选择合适的标准化计量堰（槽），根据计量堰（槽）的类型确定明渠流量计的安装点位，具体要求见表 5-1。

表 5-1 明渠流量计的安装点位

序号	堰槽类型	测量流量范围/（m^3/s）	流量计安装位置
1	巴歇尔槽	0.1×10^{-3}～93	应位于堰槽入口段（收缩段）1/3 处
2	三角形薄壁堰	0.2×10^{-3}～1.8	应位于堰板上游 3～4 倍最大液位处
3	矩形薄壁堰	1.4×10^{-3}～49	应位于堰板上游 3～4 倍最大液位处

③采用管道电磁流量计测定流量，应按照《环境保护产品技术要求 电磁管道流量计》（HJ/T 367—2007）等进行选型、设计和安装，并通过计量部门检定。

④电磁流量计在垂直管道上安装时，被测流体的流向应自下而上，在水平管道上安装时，两个测量电极不应在管道的正上方和正下方位置。流量计上游直管段长度和安装支撑方式应符合设计文件要求。管道设计应保证流量计测量部分管道水流时刻满管。

⑤流量计应安装牢固稳定，有必要的防震措施。仪器周围应留有足够空间，方便仪器维护与比对。

5.3 废气监测点位的确定及规范化设置

5.3.1 废气排放口类型及监测点位的确定

排污单位的废气排放口一般包括生产设施工艺废气排放口、自备火力发电机组（厂）或配套动力锅炉废气排放口、污染处理设施排放口（如自备危险废物焚烧炉废气排放口、污水处理设施废气排放口）等。

排气筒（烟道）是目前排污单位废气有组织排放的主要排放口，因此，有组织废气的监测点位通常设置在排气筒（烟道）的横截断面（监测断面）上，并通过监测断面上的监测孔完成对废气污染物的采样监测及流速、流量等废气参数的测量。

废气排放口监测点位的确定包括监测断面的设置及监测孔的设置两个部分。排污单位应按照相关技术规范、标准的规定，根据所监测的污染物类别、监测技术手段的不同要求，先确定具体的废气排放口监测断面位置，再确定监测断面上监测孔的位置、数量。

5.3.2 监测断面规范化设置

5.3.2.1 基本要求

废气排放口监测断面包括手工监测断面和自动监测断面，监测断面设置应满足以下基本要求：

①监测断面应避开对测试人员操作有危险的场所，并在满足相关监测技术规范、标准规定的前提下，尽量选择方便监测人员操作、设备运输、安装的位置进行设置。

②若一个固定污染源排放的废气先通过多个烟道或管道后进入该固定污染源

的总排气管，应尽可能将废气监测断面设置在总排气管上，不得只在其中的一个烟道或管道上设置监测断面开展监测并将测定值作为该源的排放结果，但允许在每个烟道或管道上均设置监测断面并同步开展废气污染物排放监测。

③监测断面一般优先选择设置在烟道垂直管段和负压区域，应避开烟道弯头和断面急剧变化的部位，确保所采集样品的代表性。

5.3.2.2　手工监测断面设置的具体要求

对于废气手工监测断面，在满足第5.3.2.1节中基本要求的同时，还应按照以下具体规定进行设置：

（1）颗粒态污染物及流速、流量监测断面

①监测断面的流速应不小于5 m/s。

②监测断面位置应位于在距弯头、阀门、变径管下游方向不小于6倍直径（当量直径）和距上述部件上游方向不小于3倍直径（当量直径）处。

对矩形烟道，其当量直径按下式计算：

$$D=\frac{2AB}{A+B} \qquad \text{式（5-1）}$$

式中，A，B——边长。

③现场空间位置有限，很难满足②中要求时，可选择比较适宜的管段采样。手工监测位置与弯头、阀门、变径管等的距离至少是烟道直径的1.5倍，并应适当增加测点的数量和采样频次。

（2）气态污染物监测断面

手工监测时若需要同步监测颗粒态污染物及流速、流量，则监测断面应按照本章第5.3.2.2节（1）中相关要求设置；否则，可不按上述要求设置，但要避开涡流区。

5.3.2.3 自动监测断面设置的具体要求

对于废气自动监测断面，在满足第 5.3.2.1 节中基本要求的同时，还应按照以下具体规定进行设置：

（1）一般要求

①位于固定污染源排放控制设备的下游和比对监测断面、比对采样监测孔的上游，且便于用参比方法进行校验。

②不受环境光线和电磁辐射的影响。

③烟道振动幅度尽可能小。

④安装位置应尽量避开烟气中水滴和水雾的干扰，如不能避开，应选用能够适用的检测探头及仪器。

⑤安装位置不漏风。

⑥固定污染源烟气净化设备设置有旁路烟道时，应在旁路烟道内安装自动监测设备采样和分析探头。

（2）颗粒态污染物及流速、流量监测断面

①监测断面的流速应不小于 5 m/s。

②用于颗粒物及流速自动监测设备采样和分析探头安装的监测断面位置，应设置在距弯头、阀门、变径管下游方向不小于 4 倍烟道直径，以及距上述部件上游方向不小于 2 倍烟道直径处。矩形烟道当量直径可按照式（5-1）计算。

③无法满足②中要求时，颗粒物及流速自动监测设备采样和分析探头的安装位置尽可能选择在气流稳定的断面，并采取相应措施保证监测断面烟气分布相对均匀，断面无紊流。对烟气分布均匀程度的判定采用相对均方根 σ_r 法，当 $\sigma_r \leqslant 0.15$ 时视为烟气分布均匀，σ_r 按下式计算：

$$\sigma_r = \sqrt{\frac{\sum_{i=1}^{n}(v_i - \bar{v})^2}{(n-1)\times \bar{v}^2}} \qquad 式（5-2）$$

式中，v_i——测点烟气流速，m/s；

$\bar{v}$——截面烟气平均流速，m/s；

n——截面上的速度测点数目，测点的选择按照《固定污染源排气中颗粒物测定与气态污染物采样方法》（GB/T 16157—1996）执行。

（3）气态污染物监测断面

①气态污染物自动监测设备采样和分析探头的安装位置，应设置在距弯头、阀门、变径管下游方向不小于 2 倍烟道直径，以及距上述部件上游方向不小于 0.5 倍烟道直径处。矩形烟道当量直径可按照式（5-1）计算。

②无法满足①中要求时，应按照第 5.3.2.3 节（2）③中的相关要求及公式计算，设置监测断面。

③同步进行颗粒态污染物及流速、流量监测的，应优先满足颗粒态污染物及流速、流量监测断面的设置条件，监测断面的流速应不小于 5 m/s。

5.3.3 监测孔的规范化设置

5.3.3.1 监测孔规范化设置的基本要求

监测孔一般包括用于废气污染物排放监测的手工监测孔、废气自动监测设备校验的参比方法采样监测孔。

监测孔的设置应满足以下基本要求：

①监测孔位置应便于人员开展监测工作，应设置在规则的圆形或矩形烟道上，不宜设置在烟道的顶层。

②对于输送高温或有毒有害气体的烟道，监测孔应开在烟道的负压段；若负压段满足不了开孔需求，对正压下输送高温和有毒气体的烟道应安装带有闸板阀的密封监测孔。

③监测孔的内径一般不小于 80 mm，新建或改建污染源废气排放口监测孔的内径应不小于 90 mm；监测孔管长不大于 50 mm（安装闸板阀的监测孔管除外）。

监测孔在不使用时用盖板或管帽封闭，在监测使用时应易开合（图 5-1）。

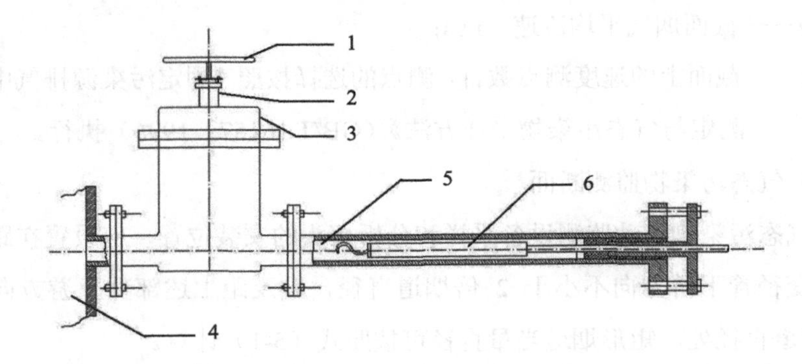

1—闸板阀手轮；2—闸板阀阀杆；3—闸板阀阀体；4—烟道；5—监测孔管；6—采样枪。

图 5-1　带有闸板阀的密封监测孔

5.3.3.2　手工监测开孔的具体要求

在确定的监测断面上设置手工监测的监测孔时，应在满足第 5.3.3.1 节中基本要求的同时，按照以下具体规定设置：

①若监测断面为圆形的烟道，监测孔应设在包括各测点在内的互相垂直的直径线上，其中，断面直径小于 3 m 时，应设置相互垂直的 2 个监测孔；断面直径大于 3 m 时，应尽量设置相互垂直的 4 个监测孔，见图 5-2。

②若监测断面为矩形烟道，监测孔应设在包括各测点在内的延长线上，其中，监测断面宽度大于 3 m 时，应尽量在烟道两侧对开监测孔，具体监测孔数量按照《固定污染源排气中颗粒物测定与气态污染物采样方法》（GB/T 16157—1996）的要求确定，见图 5-3。

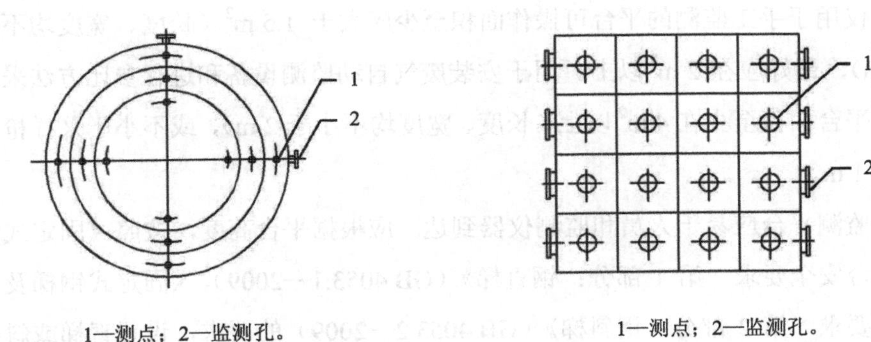

1—测点；2—监测孔。

图 5-2　圆形断面测点与监测孔

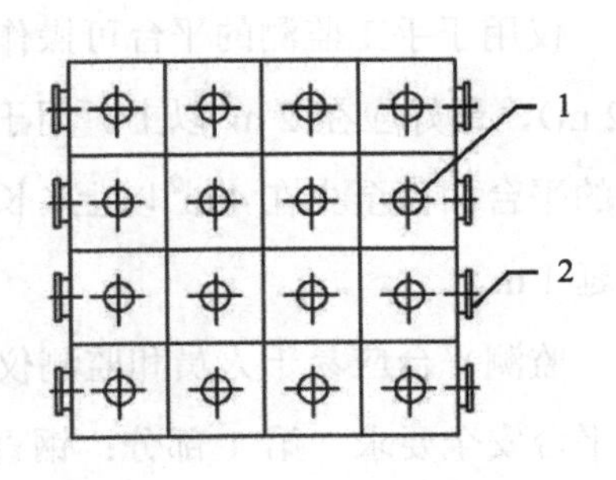

1—测点；2—监测孔。

图 5-3　矩形断面测点与监测孔

5.3.3.3　自动监测设备参比方法采样监测开孔的具体要求

废气自动监测设备参比方法采样监测孔的设置，在满足第 5.3.3.1 节中基本要求的同时，还应按照以下具体规定设置：

①应在自动监测断面下游预留参比方法采样监测孔，在互不影响测量的前提下，参比方法采样监测孔应尽可能靠近废气自动监测断面，距离约 0.5 m 为宜。

②对于监测断面为圆形的烟道，参比方法采样监测孔应设在包括各测点在内的互相垂直的直径线上。其中，断面直径小于 4 m 时，应设置相互垂直的 2 个监测孔；断面直径大于 4 m 时，应尽量设置相互垂直的 4 个监测孔。

③若监测断面为矩形烟道，参比方法采样监测孔应设在包括各测点在内的延长线上，监测断面宽度大于 4 m 时，应尽量在烟道两侧对开监测孔，具体监测孔数量按照《固定污染源排气中颗粒物测定与气态污染物采样方法》（GB/T 16157—1996）的要求确定。

5.3.4　监测平台的规范化设置

监测平台应设置在监测孔的正下方 1.2～1.3 m 处，应安全、便于开展监测活动，必要时应设置多层平台以满足与监测孔距离的要求。

仅用于手工监测的平台可操作面积至少应大于 1.5 m^2（长度、宽度均不小于 1.2 m），最好应在 2 m^2 以上。用于安装废气自动监测设备和进行参比方法采样监测的平台面积至少在 4 m^2 以上（长度、宽度均不小于 2 m），或不小于采样枪长度外延 1 m。

监测平台应易于人员和监测仪器到达。应根据平台高度，按照《固定式钢梯及平台安全要求　第 1 部分：钢直梯》（GB 4053.1—2009）、《固定式钢梯及平台安全要求　第 2 部分：钢斜梯》（GB 4053.2—2009）的要求，设置直梯或斜梯。当监测平台距离地面或其他坠落面距离超过 2 m 时，不应设置直梯，应有通往平台的斜梯、旋梯或通过升降梯、电梯到达，斜梯、旋梯宽度应不小于 0.9 m，梯子倾角不超过 45°，其他具体指标详见《固定式钢梯及平台安全要求　第 1 部分：钢直梯》（GB 4053.1—2009）和《固定式钢梯及平台安全要求　第 2 部分：钢斜梯》（GB 4053.2—2009）。监测平台距离地面或其他坠落面距离超过 20 m 时，应有通往平台的升降梯（图 5-4）。

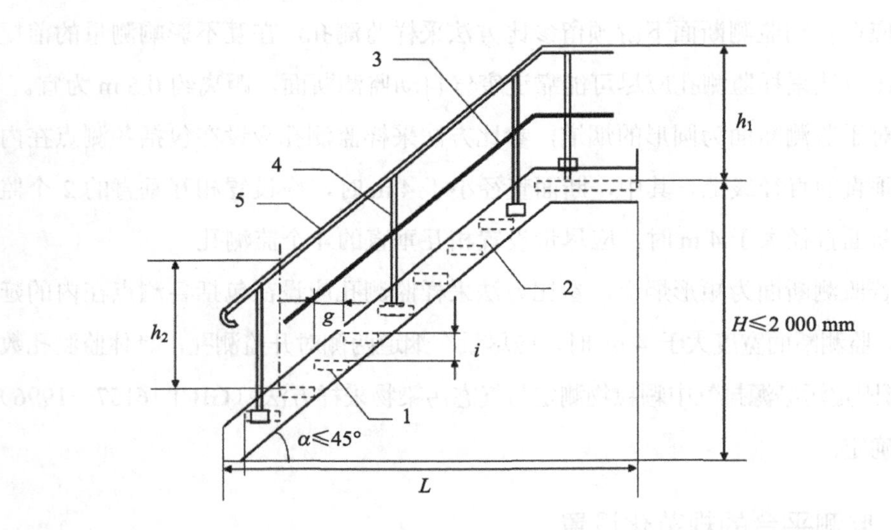

1—踏板；2—梯梁；3—中间栏杆；4—立柱；5—扶手；H—梯高；L—梯跨；

h_1—栏杆高；h_2—扶手高；α—梯子倾角；i—踏步高；g—踏步宽。

图 5-4　固定式钢斜梯

监测平台、通道的防护栏杆的高度应不低于 1.2 m，踢脚板不低于 10 cm（图 5-5）。监测平台、通道、防护栏的设计载荷、制造安装、材料、结构及防护要求应符合《固定式钢梯及平台安全要求　第 3 部分：工业防护栏杆及钢平台》（GB 4053.3—2009）的要求。

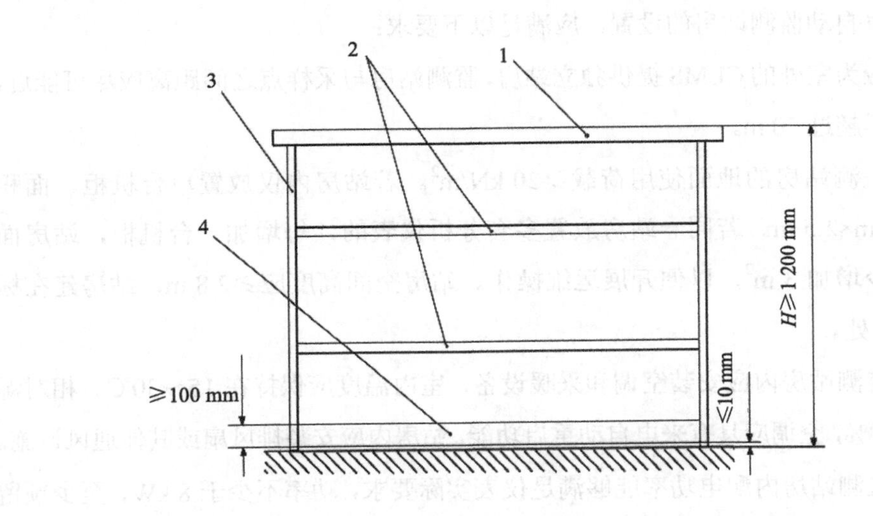

1—扶手（顶部栏杆）；2—中间栏杆；3—立柱；4—踢脚板；*H*—栏杆高度。

图 5-5　防护栏杆

监测平台应设置一个防水低压配电箱，内设漏电保护器、不少于 2 个 16 A 插座及 2 个 10 A 插座，保证监测设备所需电力。

监测平台附近有造成人体机械伤害、灼烫、腐蚀、触电等危险源的，应在平台相应位置设置防护装置。监测平台上方有坠落物体隐患时，应在监测平台上方高处设置防护装置。防护装置的设计与制造应符合《机械安全　防护装置　固定式和活动式防护装置设计与制造一般要求》（GB/T 8196—2018）的要求。

排放剧毒、致癌物及对人体有严重危害物质的监测点位应储备相应安全防护装备。

5.3.5 废气自动监测设施的规范化设置

5.3.5.1 监测站房的规范化设置

废气自动监测站房的设置，应满足以下要求：

①应为室外的 CEMS 提供独立站房，监测站房与采样点之间距离应尽可能近，原则上不超过 70 m。

②监测站房的地面使用荷载≥20 kN/m^2。若站房内仅放置单台机柜，面积应≥2.5 m×2.5 m。若同一站房放置多套分析仪表的，每增加一台机柜，站房面积应至少增加 3 m^2，以便开展运维操作。站房空间高度应≥2.8 m，站房建在标高≥0 m 处。

③监测站房内应安装空调和采暖设备，室内温度应保持在 15～30℃，相对湿度应≤60%，空调应具有来电自动重启功能，站房内应安装排风扇或其他通风设施。

④监测站房内配电功率能够满足仪表实际要求，功率不少于 8 kW，至少预留三孔插座 5 个、稳压电源 1 个、UPS 电源 1 个。

⑤监测站房内应配备不同浓度的有证标准气体，且在有效期内。标准气体应当包含零气（含二氧化硫、氮氧化物浓度≤0.1 μmol/mol 的标准气体，一般为高纯氮气，纯度≥99.999%；当测量烟气中二氧化碳时，零气中二氧化碳≤400 μmol/mol，含有其他气体的浓度不得干扰仪器的读数）和 CEMS 测量的各种气体（SO_2、NO_x、O_2）的量程标气，以满足日常零点、量程校准、校验的需要。低浓度标准气体可由高浓度标准气体通过经校准合格的等比例稀释设备获得（精密度≤1%），也可单独配备。

⑥监测站房应有必要的防水、防潮、隔热、保温措施，在特定场合还应具备防爆功能。

⑦监测站房应具有能够满足废气自动监测系统数据传输要求的通信条件。

5.3.5.2 自动监测设备的安装施工要求

①废气自动监测系统安装施工应符合《自动化仪表工程施工及质量验收规范》（GB 50093—2013）、《电气装置安装工程电缆线路施工及验收标准》（GB 50168—2018）的规定。

②施工单位应熟悉废气自动监测系统的原理、结构、性能，应编制施工方案、施工技术流程图、设备技术文件、设计图样、监测设备及配件货物清单交接明细表、施工安全细则等有关文件。

③设备技术文件应包括资料清单、产品合格证、机械结构、电气、仪表安装的技术说明书、装箱清单、配套件、外购件检验合格证和使用说明书等。

④设计图样应符合技术制图、机械制图、电气制图、建筑结构制图等标准的规定。

⑤设备安装前的清理、检查及保养应符合以下要求：

（a）按交货清单和安装图样明细表清点检查设备及零部件，缺损件应及时处理，更换补齐；

（b）运转部件如取样泵、压缩机、监测仪器等，滑动部位均须清洗、注油润滑防护；

（c）因运输造成变形的仪器、设备的结构件应校正，并重新涂刷防锈漆及表面油漆，保养完毕后应恢复原标记。

⑥现场端连接材料（垫片、螺母、螺栓、短管、法兰等）为焊件组对成焊时，壁（板）的错边量应符合以下要求：

（a）管子或管件对口、内壁齐平，最大错边量≤1 mm；

（b）采样孔的法兰与连接法兰几何尺寸极限偏差不超过±5 mm，法兰端面的垂直度极限偏差≤0.2%；

（c）采用透射法原理颗粒物监测仪器发射单元和颗粒物监测仪反射单元，测量光束从发射孔的中心出射到对面中心线相叠合的极限偏差≤0.2%。

⑦从探头到分析仪的整条采样管线的铺设应采用桥架或穿管等方式，保证整条管线具有良好的支撑。管线倾斜度≥5°，防止管线内积水，在每隔 4～5 m 处装线卡箍。当使用伴热管线时，应具备稳定、均匀加热和保温的功能，其设置加热温度≥120℃，且应高于烟气露点温度 10℃以上，其实际温度值应能够在机柜或系统软件中显示查询。

⑧电缆桥架安装应满足最大直径电缆的最小弯曲半径要求。电缆桥架的连接应采用连接片。配电套管应采用钢管和 PVC 管材质配线管，其弯曲半径应满足最小弯曲半径要求。

⑨应将动力与信号电缆分开铺设，保证电缆通路及电缆保护管的密封，自控电缆应符合输入和输出分开、数字信号和模拟信号分开配线和铺设的要求。

⑩安装精度和连接部件坐标尺寸应符合技术文件和图样规定。监测站房仪器应排列整齐，监测仪器顶平直度和平面度应不大于 5 mm，监测仪器牢固固定，可靠接地。二次接线正确、牢固可靠，配导线的端部应标明回路编号。配线工艺整齐，绑扎牢固，绝缘性好。

⑪各连接管路、法兰、阀门封口垫圈应牢固完整，均不得有漏气、漏水现象。保持所有管路畅通，保证气路阀门、排水系统安装后应畅通和启闭灵活。自动监测系统空载运行 24 小时后，管路不得出现脱落、渗漏、振动强烈的现象。

⑫反吹气应为干燥清洁气体，反吹系统应进行耐压强度试验，试验压力为常用工作压力的 1.5 倍。

⑬电气控制和电气负载设备的外壳防护应符合《外壳防护等级（IP 代码）》（GB/T 4208—2017）的技术要求，户内达到防护等级 IP24 级，户外达到防护等级 IP54 级。

⑭防雷、绝缘要求：

（a）系统仪器设备的工作电源应有良好的接地措施，接地电缆应采用大于 4 mm^2 的独芯护套电缆，接地电阻小于 4 Ω，且不能和避雷接地线共用；

（b）平台、监测站房、交流电源设备、机柜、仪表和设备金属外壳、管缆屏蔽层和套管的防雷接地，可利用厂内区域保护接地网，采用多点接地方式。厂区内不能提供接地线或提供的接地线达不到要求的，应在子站附近重做接地装置；

（c）监测站房的防雷系统应符合《建筑物防雷设计规范》（GB 50057—2010）的规定，电源线和信号线设防雷装置；

（d）电源线、信号线与避雷线的平行净距离≥1 m，交叉净距离≥0.3 m（图 5-6）；

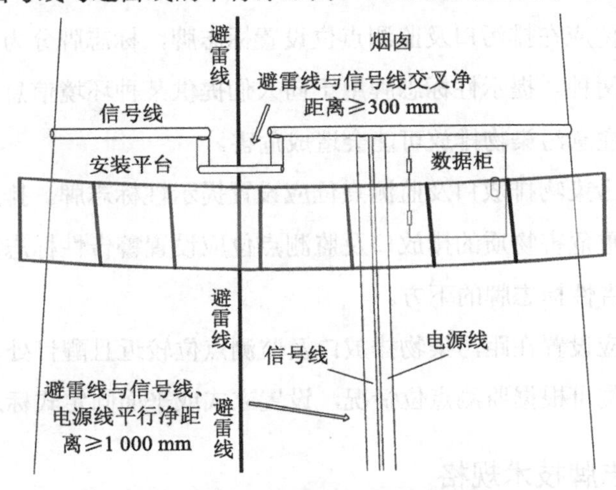

图 5-6　电源线、信号线与避雷线距离

（e）由烟囱或主烟道上数据柜引出的数据信号线要经过避雷器引入监测站房，应将避雷器接地端同站房保护地线可靠连接；

（f）信号线为屏蔽电缆线，屏蔽层应有良好绝缘，不可与机架、柜体发生摩擦、打火，屏蔽层两端及中间均须做接地连接（图 5-7）。

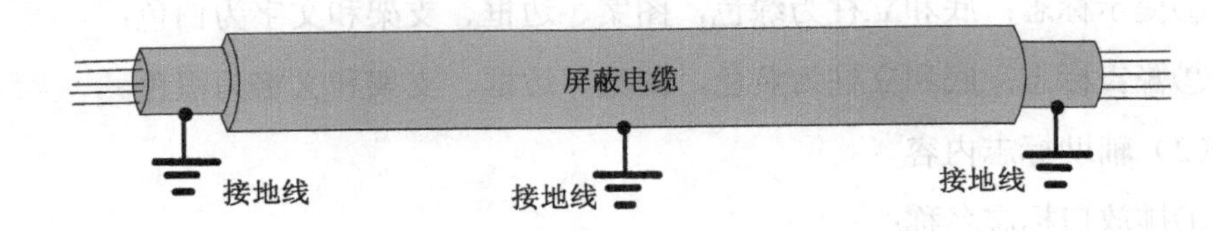

图 5-7　信号线接地示意

5.4 排污口标志牌的规范化设置

5.4.1 标志牌设置的基本要求

排污单位应在排污口及监测点位设置标志牌，标志牌分为提示性标志牌和警告性标志牌两种。提示性标志牌用于向人们提供某种环境信息，警告性标志牌用于提醒人们注意污染物排放可能会造成危害。

一般性污染物排放口及监测点位应设置提示性标志牌。排放剧毒、致癌物及对人体有严重危害物质的排放口及监测点位应设置警告性标志牌，警告标志图案应设置于警告性标志牌的下方。

标志牌应设置在距污染物排放口及监测点位较近且醒目处，并能长久保留。

排污单位可根据监测点位情况，设置立式或平面固定式标志牌。

5.4.2 标志牌技术规格

5.4.2.1 环保图形标志

环保图形标志必须符合原国家环境保护局和国家技术监督局发布的中华人民共和国国家标准《环境保护图形标志——排放口（源）》（GB 15562.1—1995）。

（1）图形颜色及装置颜色

①提示标志：底和立柱为绿色，图案、边框、支架和文字为白色；

②警告标志：底和立柱为黄色，图案、边框、支架和文字为黑色。

（2）辅助标志内容

①排放口标志名称；

②单位名称；

③排放口编号；

④污染物种类；

⑤××生态环境局监制；

⑥排放口经纬度坐标、排放去向、执行的污染物排放标准、标志牌设置依据的技术标准等。

（3）辅助标志字型为黑体字

（4）标志牌尺寸

①平面固定式标志牌外形尺寸：提示性标志牌为 480 mm×300 mm；警告性标志牌边长为 420 mm；

②立式固定式标志牌外形尺寸：提示性标志牌为 420 mm×420 mm；警告性标志牌边长为 560 mm；高度为标志牌最上端距地面 2 m。

5.4.2.2　其他要求

（1）标志牌材料

①标志牌采用 1.5～2 mm 冷轧钢板；

②立柱采用 38×4 无缝钢管；

③表面采用搪瓷或者反光贴膜。

（2）标志牌的表面处理

①搪瓷处理或贴膜处理；

②标志牌的端面及立柱要经过防腐处理。

（3）标志牌的外观质量要求

①标志牌、立柱无明显变形；

②标志牌表面无气泡，膜或搪瓷无脱落；

③图案清晰，色泽一致，不得有明显缺损；

④标志牌的表面不应有开裂、脱落及其他破损。

5.5 排污口规范化的日常管理与档案记录

排污单位应将排污口规范化建设纳入企业生产运行的管理体系中，制定相应的管理办法和规章制度，选派专职人员对排污口及监测点位进行日常管理和维护，并保存相关管理记录。

排污单位应建立排污口及监测点位档案。档案内容除包括排污口及监测点位的位置、编号、污染物种类、排放去向、排放规律、执行的排放标准等基本信息外，还应包括相关日常管理的记录，如标志牌的内容是否清晰完整，监测平台、各类梯架、监测孔、自动监测设施等是否能够正常使用，废水排放口是否损坏、排气筒有无漏风、破损现象等方面的检查记录，以及相应的维护、维修记录。

排污口及监测点位一经确认，排污单位不得随意变动。监测点位置、排污口排放的污染物发生变化的，或排污口须拆除、增加、调整、改造或更新的，应按相关要求及时向生态环境主管部门报备，并及时设立新的标志牌或更换标志牌相应内容。

第 6 章 废水手工监测技术要点

废水手工监测是一个全面性、系统性的工作。为了规范手工监测活动的开展，我国发布了一系列监测技术规范和方法标准。总体来说，废水手工监测要按照相关的技术规范和方法标准开展。为了便于理解和应用，本章立足现有的技术规范和标准，结合日常工作经验，分别从流量监测、现场手工监测和实验室分析 3 个方面归纳总结了常见的方法和操作要求，以及方法使用过程中的重点注意事项。对于一些虽然适用，但不够便捷，目前实际应用很少的方法，本书未进行列举。若排污单位根据实际情况确实需要采用这类方法的，则应严格按照方法的适用条件和要求开展相关监测活动。

6.1 流量

流量是排污单位排污总量核算的重要指标，在废水排放监测和管理中有着重要的地位。流量测量最初始于水文水利领域对天然河流、人工运河、引水渠道等的流量监测。对于工业废水的流量监测，目前常用的方法有自动测量和手工测量两种方式。

6.1.1 自动测量

自动测量是采用污水流量计进行测量，通常包括明渠流量计和管道流量计，通过污水流量计来测量渠道内和管道内废水（或污水）的体积流量。

（1）明渠流量计

利用明渠流量计进行自动测量时，采用超声波液位计和巴歇尔量水槽（以下简称巴氏槽）配合使用进行流量测定，并根据不同尺寸巴氏槽的经验公式计算出流量。

（2）管道流量计

利用管道流量计测量时，可选择电磁流量计或超声流量计，宜优先选择电磁流量计。

6.1.2 手工测流

手工测流方法是相对于自动测流方法而言的，这种方法操作复杂、准确度较低，仅建议作为在不满足自动测流条件或自动测流设施损坏时的临时补救措施，不建议用作长期自行监测手段。常用的测流方法有明渠流速仪、便携式超声波管道测流仪和容积法。

（1）明渠流速仪

明渠流速仪（图 6-1）适用于明渠排水流量的测量，它是通过流速仪测量过水断面不同位置的流速，计算平均流速，再乘断面面积即得测量时刻的瞬时流量。

用这种方法测量流量时，排污截面底部需硬质平滑，截面形状为规则的几何形，排污口处有不小于 3 m 的平直过流水段，且水位高度不小于 0.1 m。在明渠流量计自动测量断电或损坏时，可用此法临时测量排水流量。

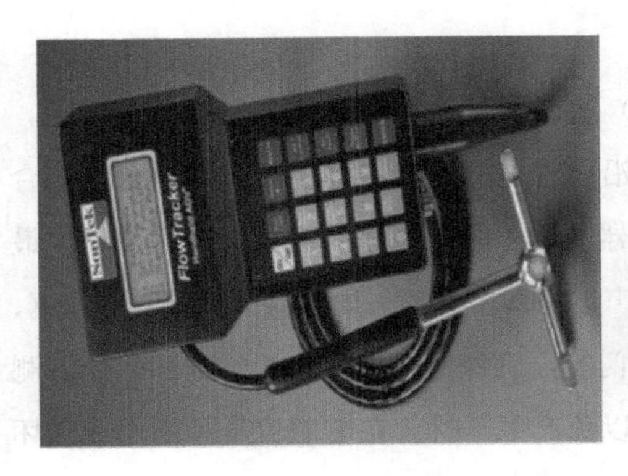

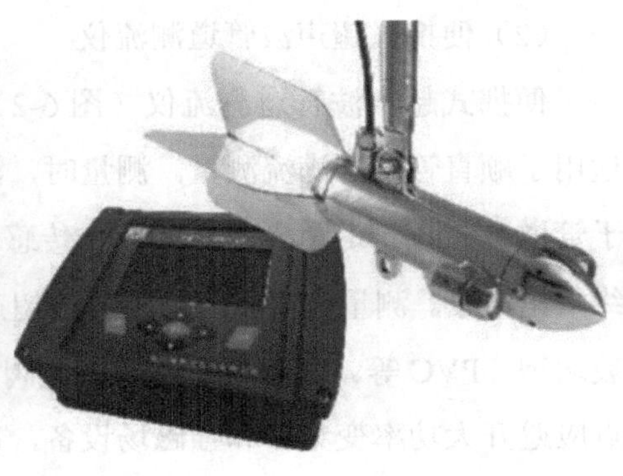

（a）便携式超声波流速仪

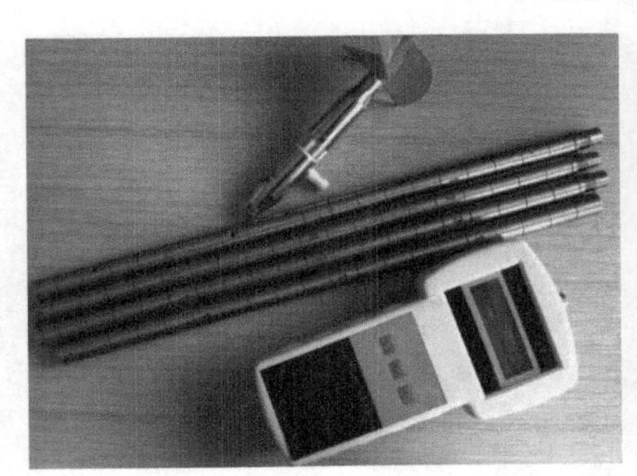

（b）便携式旋桨流速仪

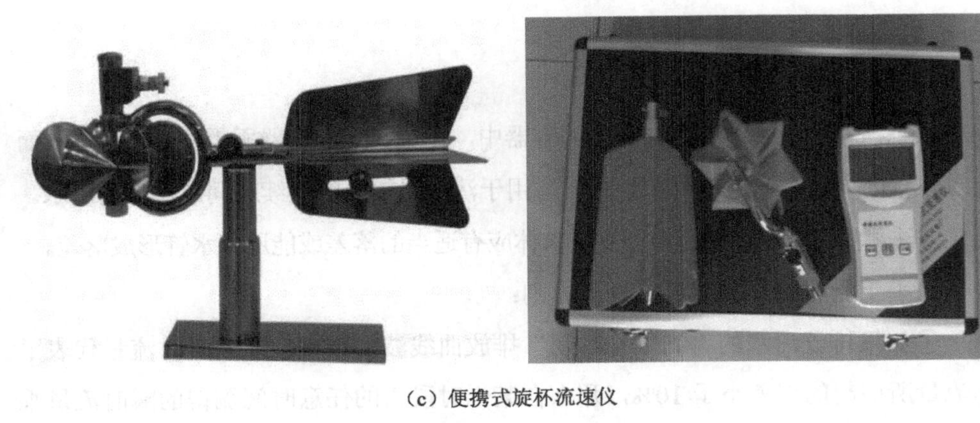

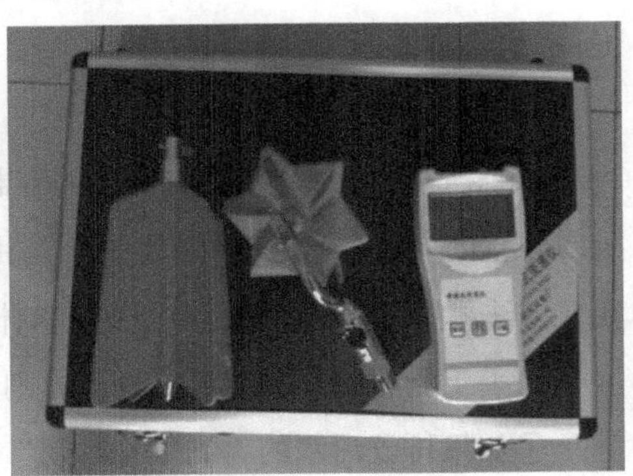

（c）便携式旋杯流速仪

图 6-1　明渠流速仪

（2）便携式超声波管道测流仪

便携式超声波管道测流仪（图 6-2）的使用条件与电磁式自动测流仪一致，适用于顺直管道的满流测量。测量时，沿着管道的流向，将 2 个传感器分别贴合于管道，错开一定距离，通过 2 个传感器的时差测量流速，再乘管道截面积，最终得出流量。测量的管壁应为能传导超声波的密实介质，如铸铁、碳钢、不锈钢、玻璃钢、PVC 等。测点应避开弯头、阀门等，确保流态稳定，无气泡和涡流。测点应避开大功率变频器和强磁场设备，以免产生干扰。在电磁流量计断电或损坏时，可用此法临时测量排水流量。

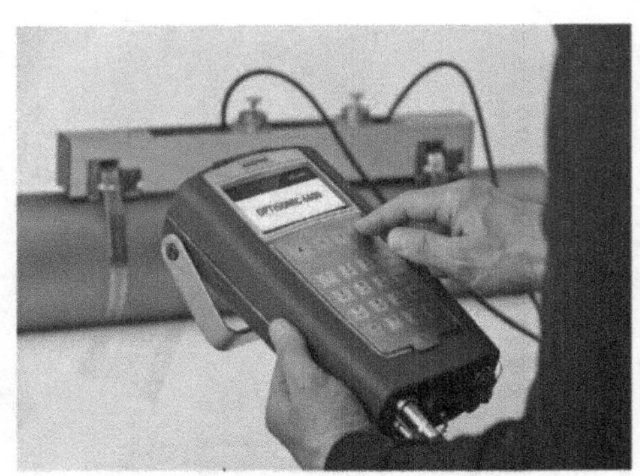

图 6-2　便携式超声波管道测流仪

（3）容积法

容积法是将废水纳入已知容量的容器中，测定其充满容器所需要的时间，从而计算水量的方法。该方法简单易行，适用于污水量较小的连续或间歇排放的污水。用此方法测量流量时，溢流口与受纳水体应有适当的落差或能用导水管形成落差。

用手工测量时，一般遵循以下原则：

①如果排放污水的“流量—时间”排放曲线波动较小，即用瞬时流量代表平均流量所引起的误差小于 10%，那么在某一时段内的任意时间测得的瞬时流量乘该时间即该时段的流量；

②如果排放污水的“流量—时间”排放曲线虽有明显波动，但其波动有固定

的规律，那么可以用该时段中几个等时间间隔的瞬时流量来计算出平均流量，然后再乘时间得到流量；

③如果排放污水的“流量—时间”排放曲线既有明显波动又无规律可循，那么必须连续测定流量，流量对时间的积分即总量。

6.2 现场采样

采样前要根据采样任务确定监测点位、各监测点位的监测指标、各监测指标需要使用的采样容器、采样要求和保存运输要求等。

6.2.1 采样点位

第一类污染物采样点位一律设在车间或车间处理设施的排放口或专门处理此类污染物设施的排口。第一类污染物包括总汞、烷基汞、总镉、总铬、六价铬、总砷、总铅、总镍、苯并[a]芘、总铍、总银、总α放射性、总β放射性。

第二类污染物采样点位一律设在排污单位的外排口。进入集中式污水处理厂和进入城市污水管网的污水采样点位应根据地方生态环境行政主管部门的要求确定。污水处理设施效率监测采样点的布设要求如下：

①对整体污水处理设施效率监测时，在各种进入污水处理设施污水的入口和污水设施的总排口设置采样点。

②对各污水处理单元效率监测时，在各种进入处理设施单元污水的入口和设施单元的排口设置采样点。

实际采样位置应位于污水排放管道中间位置，当水深大于1 m时，应在表层下1/4深度处采样；水深小于或等于1 m时，在水深的1/2处采样。

6.2.2 采样方法

废水的监测项目根据行业类型有不同的要求，排污单位根据本行业自行监测技术指南要求设置。采集样品时应设在废水混合均匀处，避免引入其他干扰。

在分时间单元采集瞬时样品时，测定 pH、化学需氧量、五日生化需氧量、DO、硫化物、油类、有机物、余氯、粪大肠菌群、悬浮物、放射性等项目的样品，不能混合，只能单独采样。

根据监测项目选择不同的采样器，主要包括不锈钢采水器、有机玻璃水质采样器、油类采样器及用采样容器直接采样。有需求和条件的排污单位可配备水质自动采样装置进行时间比例采样和流量比例采样。当污水排放量较稳定时可采用时间比例采样，否则必须采用流量比例采样。所用自动采样器必须符合生态环境部颁布的污水采样器技术要求。不同的采样器样式见图 6-3。

（a）不锈钢采水器

（b）有机玻璃水质采样器

（c）油类采样器

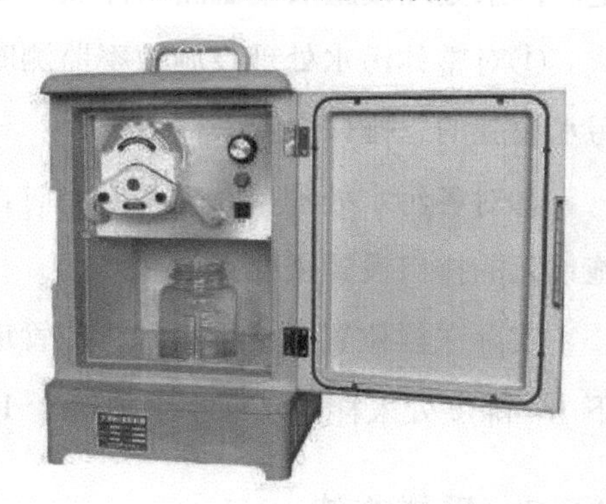

（d）水质自动采样装置

图 6-3　不同的采样器

样品采集时应针对具体的监测项目注意以下事项：

①采样时不可搅动水底的沉积物。

②确保采样准时，点位准确，操作安全。

③采样结束前，应核对采样计划、记录与水样，如有错误或遗漏，应立即补采或重采。

④如采样现场水体很不均匀，无法采到有代表性的样品，则应详细记录不均匀的情况和实际采样情况，供使用该数据者参考。

⑤测定动植物油的水样，应使用油类采样器在水面至300 mm采集柱状水样。

⑥测五日生化需氧量时，水样必须注满容器，上部不留空间并用水封口。

⑦用样品容器直接采样时，必须用水样冲洗3次之后再进行采样，采油类的容器不能冲洗。

⑧采样时应注意除去水面的杂物、垃圾等漂浮物。

⑨用于测定悬浮物、五日生化需氧量、硫化物、动植物油的水样，必须单独定容采样，并全部用于测定。

⑩动植物油采样前先破坏可能存在的油膜，用直立式采水器把玻璃材质容器安装在采水器的支架中，将其放至液面下300 mm处，边采水边向上提升，在达到水面时剩余适当空间。

⑪采样时应认真填写污水采样记录表，表中应有以下内容：污染源名称、监测项目、采样点位、采样时间、样品编号、污水性质、污水流量、采样人姓名及其他有关事项。具体格式可由各排污单位制定，见表6-1。

⑫对于pH和流量需现场监测的项目，应进行现场监测。

表6-1 污水采样记录

排污单位名称	行业名称	监测项目	样品编号	采样时间	采样口	采样口位置（车间或出厂口）	样品类别	样品表观	采样口流量/（m^3/s）	采样人

6.2.3 采样容器

当前市面上常见的采样容器按材质主要分为硬质玻璃瓶和聚乙烯瓶，在表 6-2 中分别用 G、P 表示，硬质玻璃瓶有透明和棕色两种。硬质玻璃瓶适用于化学需氧量、总有机碳、氨氮、总氮、总磷、硫化物、动植物油、硫化物等监测项目的样品采集。硫化物采集时，应用棕色玻璃瓶，以降低光敏作用。五日生化需氧量采集时应用专门的溶氧瓶采集。聚乙烯瓶则适用于总铜、总锌、总镍、总镉等金属元素的样品采集。氨氮、总磷、总氮、总镍、总镉等项目两种材质的瓶子均可使用。关于采样容器选择分析方法中已有要求的按照分析方法来处理，没有明确要求的可按表 6-2 执行。

表 6-2 样品保存和容器洗涤

项目	采样容器	保存剂及用量	保存期	采样量/mL	容器洗涤
色度*	G、P		12 小时	250	I
pH*	G、P		12 小时	250	I
悬浮物**	G、P		14 天	500	I
化学需氧量	G	加 H_2SO_4，pH≤2	2 天	500	I
五日生化需氧量**	溶解氧瓶		12 小时	250	I
总有机碳	G	加 H_2SO_4，pH≤2	7 天	250	I
总磷	G、P	HCl，H_2SO_4，pH≤2	24 小时	250	Ⅳ
氨氮	G、P	加 H_2SO_4，pH≤2	24 小时	250	I
总氮	G、P	加 H_2SO_4，pH≤2	7 天	250	I
硫化物	G、P	1 L 水样加 NaOH 至 pH 为 9，加入 5%抗坏血酸 5 mL，饱和 EDTA3 mL，滴加饱和 Zn（AC）$_2$至胶体产生，常温避光	24 小时	250	I
总氰化物	G、P	NaOH，pH≥9	12 小时	250	I
六价铬	G、P	NaOH，pH=8～9	14 天	250	III
总镍	G、P	HNO_3，1 L 水样中加浓 $HNO_3$10 mL	14 天	250	III
总铜	P	HNO_3，1 L 水样中加浓 $HNO_3$10 mL	14 天	250	III

项目	采样容器	保存剂及用量	保存期	采样量/mL	容器洗涤
总锌	P	HNO_3，1 L 水样中加浓 HNO_3 10 mL	14 天	250	Ⅲ
总砷	G、P	HNO_3，1 L 水样中加浓 HNO_3 10 mL，DDTC 法，HCl 2 mL	14 天	250	Ⅰ
总镉	G、P	HNO_3，1 L 水样中加浓 HNO_3 10 mL	14 天	250	Ⅲ
总汞	G、P	HCl，1%，如水样为中性，1 L 水样中加浓 HCl 10 mL	14 天	250	Ⅲ
总铅	G、P	HNO_3，1%，如水样为中性，1 L 水样中加浓 HNO_3 10 mL	14 天	250	Ⅲ
动植物油	G	加入 HCl 至 pH≤2	7 天	250	Ⅱ
挥发酚**	G、P	用 H_3PO_4 调至 pH=2，用 0.01～0.02 g 抗坏血酸除去余氯	24 小时	1 000	Ⅰ

注：1. *表示应尽量作现场测定，**表示低温（0～4℃）避光保存。

2. G 为硬质玻璃瓶，P 为聚乙烯瓶。

3. Ⅰ、Ⅱ、Ⅲ、Ⅳ表示 4 种洗涤方法，分别为：

Ⅰ：洗涤剂洗 1 次，自来水洗 3 次。

Ⅱ：洗涤剂洗 1 次，自来水洗 2 次，1+3 HNO_3（硝酸和水的体积比为 1∶3）荡洗 1 次，自来水洗 3 次。

Ⅲ：洗涤剂洗 1 次，自来水洗 2 次，1+3HNO_3 荡洗 1 次，自来水洗 3 次。

Ⅳ：铬酸洗液洗 1 次，自来水洗 3 次。

在采样前，采样容器应经过相应的清洗和处理，采样之后要对其进行适当的封存。排污单位可根据监测项目自行选择采样容器并按照合适的方法进行清洗和处理。常用的采样容器见图 6-4。

图 6-4 采样容器（透明硬质玻璃瓶、棕色硬质玻璃瓶和聚乙烯瓶）

采样容器选择时一般遵守以下原则：

①最大限度防止容器及瓶塞对样品的污染。由于一般的玻璃瓶在贮存水样时可溶出钠、钙、镁、硅、硼等元素，在测定这些项目时应避免使用玻璃容器，以防止新的污染。一些有色瓶塞也会含有大量的重金属，因此采集金属项目时最好选用聚乙烯瓶。

②容器壁应易于清洗和处理，以减少如重金属对容器的表面污染。

③容器或容器塞的化学和生物性质应该是惰性的，以防止容器与样品组分发生反应。

④防止容器吸收或吸附待测组分，引起待测组分浓度的变化。微量金属易受这些因素的影响。

⑤选用深色玻璃能降低光敏作用。

采样容器准备时，应遵循以下原则：

①所有的采样容器准备都应确保不发生正负干扰。

②尽可能使用专用容器。如不能使用专用容器，那么最好准备一套容器进行特定污染物的测定，以减少交叉污染。同时应注意防止以前采集高浓度分析物的容器因洗涤不彻底污染随后采集的低浓度污染物的样品。

③对于新容器，一般应先用洗涤剂清洗，再用纯水彻底清洗。但是，用于清洁的清洁剂和溶剂可能引起干扰，所用的洗涤剂类型和选用的容器材质要随待测组分来确定。如测总磷的容器不能使用含磷洗涤剂；测重金属的玻璃容器及聚乙烯容器通常用盐酸或硝酸（c=1 mol/L）洗净并浸泡 1～2 天后用蒸馏水或去离子水冲洗。

采样容器清洗时，应注意：

①用清洁剂清洗塑料或玻璃容器：用水和清洗剂的混合稀释溶液清洗容器和容器帽，用实验室用水清洗两次，控干水并盖好容器帽。

②用溶剂洗涤玻璃容器：用水和清洗剂的混合稀释溶液清洗容器和容器帽，用自来水彻底清洗，用实验室用水清洗两次，用丙酮清洗并干燥，用与分析方法

匹配的溶剂清洗并立即盖好容器帽。

③用酸洗玻璃或塑料容器：用自来水和清洗剂的混合稀释溶液清洗容器和容器帽，用自来水彻底清洗，用 10%硝酸溶液清洗，控干后，注满 10%硝酸溶液，密封贮存至少 24 小时，用实验室用水清洗，并立即盖好容器帽。

6.2.4　样品保存与运输

6.2.4.1　样品保存

水样采集后应尽快送到实验室进行分析，样品如果长时间放置，易受生物、化学、物理等因素影响，某些组分的浓度可能会发生变化。一般可通过冷藏、冷冻、添加保存剂等方式对样品进行保存。

（1）样品的冷藏、冷冻

在大多数情况下，从采集样品到最后运输到实验室期间，样品在 1～5℃条件下避光保存就足够了，−20℃的冷冻温度一般能延长贮存期，但冷冻需要掌握冷冻和融化技术，以使样品在融化时能迅速地、均匀地恢复其原始状态，用干冰快速冷冻是令人满意的方法。一般选用聚氯乙烯或聚乙烯等塑料容器。

（2）添加保存剂

添加的保存剂一般包括酸、碱、抑制剂、氧化剂和还原剂，样品保存剂如酸、碱或其他试剂在采样前应进行空白试验，其纯度和等级必须达到分析的要求。

①加入酸和碱：控制溶液 pH，测定金属离子的水样常用硝酸酸化至 pH 为 1～2，这样既可以防止重金属的水解沉淀，又可以防止金属在器壁表面上的吸附，同时在 pH 为 1～2 的酸性介质中还能抑制生物的活动。用此法保存，大多数金属可稳定数周或数月。测定氰化物的水样须加氢氧化钠，调至 pH 为 12。测定六价铬的水样应加氢氧化钠，调至 pH 为 8，因在酸性介质中，六价铬的氧化电位高，易被还原。

②加入氧化剂：水样中痕量汞易被还原，引起汞的挥发性损失，加入硝酸-重

铬酸钾溶液可使汞维持在高氧化态，汞的稳定性大为改善。

③加入还原剂：测定硫化物的水样，加入抗坏血酸对保存有利。含余氯水样能氧化氢离子，可使酚类等物质氯化生成相应的衍生物，在采样时加入适当的硫代硫酸钠予以还原，可除去余氯干扰。

加入一些化学试剂可固定水样中的某些待测组分，保存剂可事先加入空瓶中，也可在采样后立即加入水样中。所加入的保存剂不能干扰待测成分的测定，如有疑义，应先做必要的试验。

加入保存剂的样品经过稀释后，在分析计算结果时要充分考虑。但如果加入足够浓度的保存剂，若加入体积很小，可以忽略其稀释影响。因为固体保存剂会引起局部过热，反而影响样品，所以应该避免使用。

所加入的保存剂有可能改变水中组分的化学或物理性质，因此选用保存剂时一定要考虑到对测定项目的影响。如待测项目是溶解态物质，酸化会引起胶体组分和固体的溶解，则必须在过滤后酸化保存。

必须要做保存剂空白试验，特别对微量元素的检测。要充分考虑加入保存剂所引起待测元素数量的变化。例如，酸类会增加砷、铅、汞的含量。因此，样品中加入保存剂后，应保留做空白试验。

针对技术指南中涉及的不同的监测项目应选用的容器材质、保存剂及其加入量、保存期、采样体积和容器洗涤的方法见表 6-2。

6.2.4.2 样品运输

水样采集后必须立即送至实验室。若采样地点与实验室距离较远，应根据采样点的地理位置和每个项目分析前最长可保存时间，选用适当的运输方式，在现场工作开始之前，就要安排好水样的运输工作，以防延误。

水样运输前应将容器的外（内）盖盖紧。装箱时应使用泡沫塑料等分隔，以防破损。同一采样点的样品应装在同一包装箱内，如需分装在 2 个或几个箱中时，则需在每个箱内放入相同的现场采样记录表。运输前应检查现场记录上的所有水样是否全部装箱。要用醒目的色彩在包装箱顶部和侧面标上“切勿倒置”的标记。每个水样瓶均需贴上标签，内容包括采样点位编号、采样日期和时间、测定项目。

装有水样的容器必须加以妥善保存和密封，并装在包装箱内固定，以防在运输途中破损。除防震、避免日光照射和低温运输外，还要防止新的污染物进入容器或沾污瓶口使水样变质。

在水样运输过程中，应有押运人员，每个水样都要附有一张样品交接单。在转交水样时，转交人和接收人都必须清点和检查水样并在样品交接单上签字，注明日期和时间。样品交接单是水样在运输过程中的文件，应防止差错并妥善保管以备查。

6.2.5　留样

有污染物排放异常等特殊情况要留样分析时，应针对具体项目的分析用量同时采集留样样品，并填写留样记录表，表中应涵盖以下内容：污染源名称、监测项目、采样点位、采样时间、样品编号、污水性质、污水流量、采样人姓名、留样时间、留样人姓名、固定剂添加情况、保存时间、保存条件及其他有关事项。

6.2.6　现场监测项目

废水现场监测项目主要涉及温度和 pH 两项。其中，pH 的监测详见第 6.3.2.1 节。

6.2.6.1　温度

仪器设备：水温计为安装于金属半圆槽壳内的水银温度表（图 6-5），下端连接一金属贮水杯，使温度表球部悬于杯中，温度表顶端的槽壳带一圆环，拴以一定长度的绳子。通常测量范围为−6℃～40℃，分度为 0.2℃。

测定步骤：将水温计插入一定深度的水中，放置 5 分钟后，迅速提出水面并读取温度值。

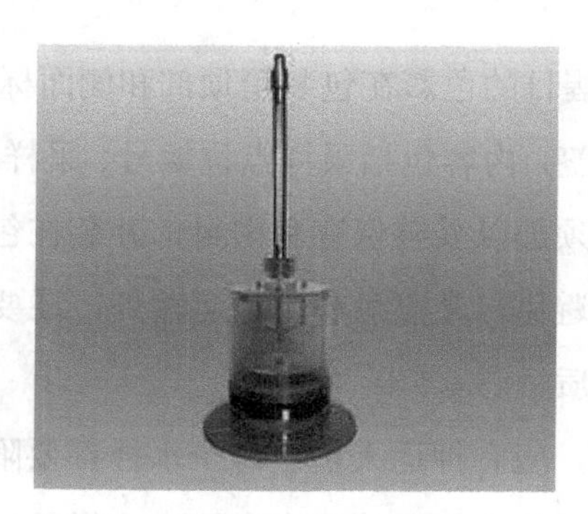

图 6-5　水银温度表

6.3　监测指标测试

6.3.1　测试方法概述

钢铁工业及炼焦化学工业排污单位自行监测项目包括理化指标（如 pH、色度、悬浮物等）、无机阴离子（如硫化物、氯离子等）、有机污染综合指标（如化学需氧量、五日生化需氧量等）、金属及其化合物（如总铬、六价铬）等几大类。这些监测项目所涉及的分析方法主要包括重量法、分光光度法、容量分析法、原子吸收分光光度法、电感耦合等离子体发射光谱法、电感耦合等离子体质谱法、离子色谱法、原子荧光法、气相色谱法和气相色谱-质谱法等。

（1）重量法

重量法是将被测组分从试样中分离出来，经过精确称量来确定待测组分含量的分析方法。它是分析方法中最直接的测定方法，可以直接称量得到分析结果，不需与标准试样或基准物质进行比较，具有精确度高等特点。图 6-6 为重量法所用的分析天平。

（2）分光光度法

分光光度法测定样品的基本原理是利用朗伯—比尔定律，根据不同浓度样品溶液对光信号具有不同的吸光度，对待测组分进行定量测定。分光光度法是环境监测中常用的方法，具有灵敏度高、准确度高、适用范围广、操作简便和快速及价格低廉等特点。图 6-7 为分光光度法所用的分光光度计。

图 6-6 分析天平

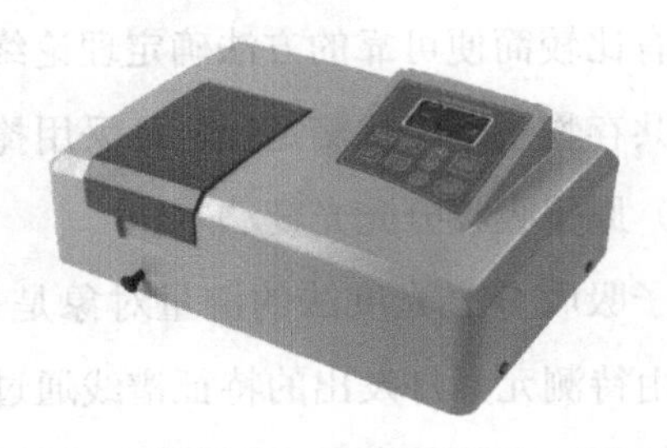

图 6-7 分光光度计

（3）容量分析法

容量分析法是将一种已知准确浓度的标准溶液滴加到被测物质的溶液中，直到所加的标准溶液与被测物质按化学计量定量反应为止，然后根据标准溶液的浓度和用量计算被测物质的含量。按反应的性质，容量分析法可分为酸碱滴定法、氧化还原滴定法、络合滴定法和沉淀滴定法。容量分析法具有操作简便、快速、比较准确和仪器普通易得等特点。图 6-8 为滴定时所使用的套件。

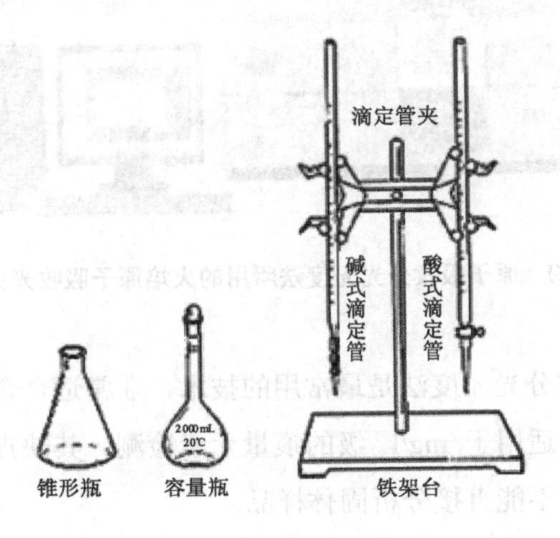

图 6-8 滴定套件

适合容量分析的化学反应应该具备的条件有以下几种：

①反应必须定量进行而且进行完全。

②反应速度要快。

③有比较简便可靠的方法确定理论终点（或滴定终点）。

④共存物质不干扰滴定反应，采用掩蔽剂等方法能予以消除。

（4）原子吸收分光光度法

原子吸收分光光度法的测量对象是呈原子状态的金属元素和部分非金属元素，是由待测元素灯发出的特征谱线通过供试品经原子化产生的原子蒸气时，被蒸气中待测元素的基态原子所吸收。通过测定辐射光强度减弱的程度，求出供试品中待测元素的含量，并能够灵敏可靠地测定微量或痕量元素。原子吸收分光光度法由光源、原子化器（分为火焰原子化器、石墨炉原子化器、氢化物发生原子化器及冷蒸气发生原子化器 4 种）、单色器、背景校正系统、自动进样系统和检测系统等组成。根据原子化器的不同，原子吸收分光光度法可分为火焰原子吸收分光光度法、石墨炉原子吸收分光光度法、氢化物发生原子吸收分光光度法、冷原子吸收分光光度法。图 6-9 为原子吸收分光光度法所用的一种仪器设备。

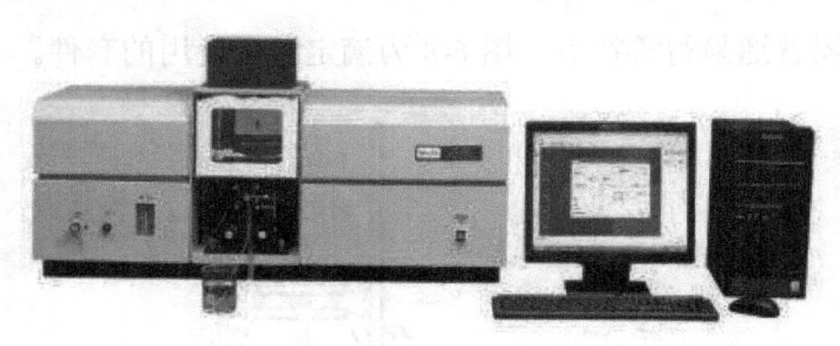

图 6-9 原子吸收分光光度法所用的火焰原子吸收光谱仪

①火焰原子吸收分光光度法是最常用的技术，非常适合含有目标分析物的液体或溶解样品，非常适用于 mg/L 级的痕量元素检测。其缺点是原子化效率低，灵敏度不够高，一般不能直接分析固体样品。

②石墨炉原子吸收分光光度法能够分析低体积的液体样品，适用于实验室处

理日常工作中的复杂基质，可高效去除干扰，敏感度高于火焰原子吸收分光光度法分析数个数量级，可以检测低至μg/L 级的痕量元素。其缺点是试样组成不均匀性的影响较大，共存化合物的干扰比火焰原子分光光度法大，干扰背景比较严重，一般都需要校正背景。

③氢化物发生原子吸收分光光度法，是一种氢化物发生与原子吸收光谱分析相结合的新技术。氢化物发生进样方法，是利用某些能产生原生态氢的还原剂或通过化学反应，将样品溶液中的待测组分还原为挥发性共价氢化物，然后借助载气流将其导入原子光谱分析系统进行测量的方式。气态氢化物的形成，不但与大量基体相分离，降低了基体干扰；而且因采用气体进校方式，极大的提高了进样效率。较传统的原子吸收技术具有更高的灵敏度。

④冷原子吸收分光光度法由汞蒸气发生器和原子吸收池组成，专门用于汞的测定。

（5）电感耦合等离子体发射光谱法

电感耦合等离子体发射光谱法是指以电感耦合等离子体作为激发光源，根据处于激发态的待测元素原子回到基态时发射的特征谱线对待测元素进行分析的方法。该方法具有检出限低、准确度及精密度高、分析速度快等优点。图 6-10 为电感耦合等离子体光谱仪。

（6）电感耦合等离子体质谱法

电感耦合等离子体质谱法是以独特的接口技术将电感耦合等离子体的高温电离特性与质谱检测器的灵敏快速扫描的优点相结合而形成一种高灵敏度的分析技术。水样经预处理后，采用电感耦合等离子体质谱法进行检测，根据元素的质谱图或特征离子进行定性，内标法定量。该方法具有灵敏度高、速度快，可在几分钟内完成几十个元素的定量测定的优点，常用于测定地下水中微量、痕量和超痕量的金属元素，及某些卤素元素、非金属元素。图 6-11 为电感耦合等离子体质谱仪。

图 6-10　电感耦合等离子体光谱仪

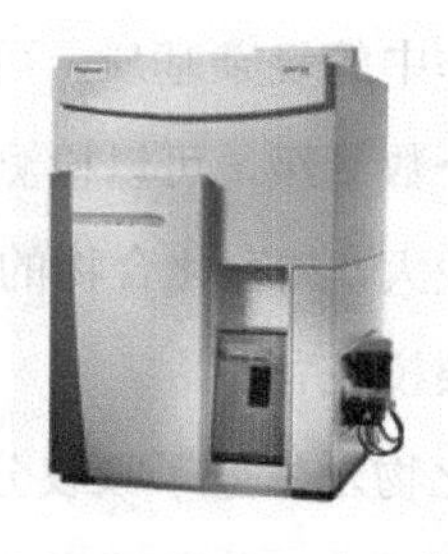
图 6-11　电感耦合等离子体质谱仪

（7）离子色谱法

离子色谱法是以低交换容量的离子交换树脂为固定相对离子性物质进行分离，用电导检测器连续检测流出物电导变化的一种色谱方法，主要用于环境样品的分析，包括地表水、饮用水、雨水、生活污水和工业废水、酸沉降物和大气颗粒物等样品中的阴、阳离子，与微电子工业有关的水和试剂中痕量杂质的分析。图 6-12 为离子色谱仪。

（8）原子荧光法

原子荧光法根据测量待测元素的原子蒸气在一定波长的辐射能激发下发射的荧光强度进行定量分析的方法，是测定微量砷、锑、铋、汞、硒、碲、锗等元素最成功的分析方法之一。图 6-13 为原子荧光光谱仪。

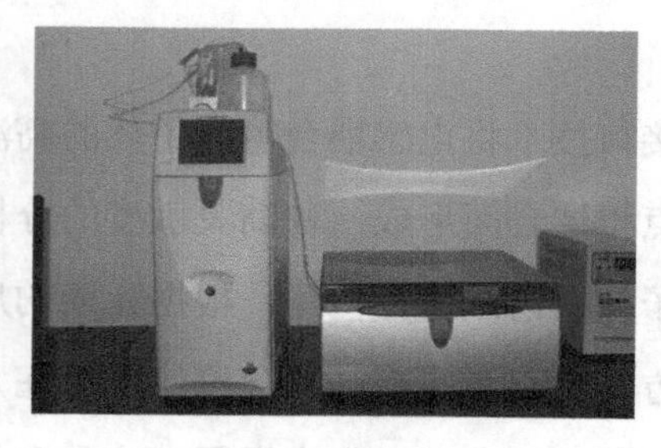
图 6-12　离子色谱仪

图 6-13　原子荧光光谱仪

（9）气相色谱法

气相色谱法的原理主要是利用物质的沸点、极性及吸附性质的差异实现混合物的分离，然后利用检测器依次检测已分离出来的组分。该方法具有快速、有效、灵敏度高等优点，能直接用于气相色谱分析的样品必须是气体或液体，常用的前处理方法有索氏提取法、超声提取法、振荡提取法、微波提取法等。图 6-14 为气相色谱仪。

（10）气相色谱-质谱法

气相色谱-质谱法中气相色谱对有机化合物具有有效的分离、分辨能力，而质谱则是准确鉴定化合物的有效手段。由两者结合构成的色谱-质谱联用技术，是分离和检测复杂化合物的最有力的工具，可实现复杂体系中有机物的定性及定量测定。气相色谱-质谱法分析虽然结果准确可靠，但相较于光谱分析等方法其预处理、分析步骤较为复杂。图 6-15 为气相色谱-质谱联用仪。

图 6-14　气相色谱仪

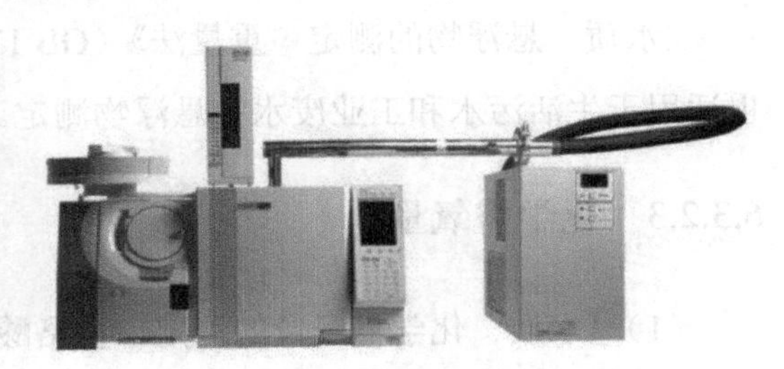

图 6-15　气相色谱-质谱联用仪

6.3.2　指标测定

通过对钢铁工业及炼焦化学工业技术指南废水监测项目的梳理，除废水流量监测（前文已有介绍）外，本节将对其余 52 项监测指标的常用监测分析方法和注意事项分别进行介绍，排污单位根据行业排放污染物的特征及单位实验室实际情况选择适合的监测方法开展自行监测。若有其他适用的方法，经过开展相关验证也可以使用。

6.3.2.1　pH

《水质　pH 值的测定　电极法》（HJ 1147—2020）适用于饮用水、地面水及工业废水的 pH 测定。水的颜色、浊度、胶体物质、氧化剂、还原剂及较高含盐量均不干扰测定，但在 pH 小于 1 的强酸性溶液中，会有所谓酸误差，可按酸度测定；在 pH 大于 10 的碱性溶液中，因有大量钠离子存在，产生误差，使读数偏低，通常称为钠差。消除钠差的方法，除了使用特制的低钠差电极外，还可以选用与被测溶液的 pH 相近似的标准缓冲溶液对仪器进行校正。温度影响电极的电位和水的电离平衡须注意调节仪器的补偿装置与溶液的温度一致，并使被测样品与校正仪器用的标准缓冲溶液温度误差在 1℃之内。

6.3.2.2 悬浮物

《水质 悬浮物的测定 重量法》（GB 11901—89）适用于地面水、地下水，也适用于生活污水和工业废水中悬浮物测定。

6.3.2.3 化学需氧量

（1）《水质 化学需氧量的测定 重铬酸盐法》（HJ 828—2017）

该标准适用于地表水、生活污水和工业废水中化学需氧量的测定。该标准不适用于含氯化物浓度大于 1 000 mg/L（稀释后）的水中化学需氧量的测定。当取样体积为 10.0 mL 时，本方法的检出限为 4 mg/L，测定下限为 16 mg/L。未经稀释的水样测定上限为 700 mg/L，超过此限时须稀释后测定。

（2）《水质 化学需氧量的测定 快速消解分光光度法》（HJ/T 399—2007）

该标准适用于地表水、地下水、生活污水和工业废水中化学需氧量的测定。该标准对未经稀释的水样，其化学需氧量测定下限为 15 mg/L，测定上限为 1 000 mg/L，待测水样氯离子浓度不应大于 1 000 mg/L。对于化学需氧量大于 1 000 mg/L 或氯离子含量大于 1 000 mg/L 的水样，可适当稀释后进行测定。

（3）《高氯废水 化学需氧量的测定 氯气校正法》（HJ/T 70—2001）

该标准适用于氯离子含量小于 20 000 mg/L 的高氯废水中化学需氧量的测定。方法检出限为 30 mg/L。

（4）《高氯废水　化学需氧量的测定　碘化钾碱性高锰酸钾法》（HJ/T 132—2003）

该标准适用于油气田和炼化企业氯离子含量高达几万至十几万 mg/L 高氯废水化学需氧量的测定。方法的最低检出限为 0.20 mg/L，测定上限为 62.5 mg/L。

6.3.2.4　五日生化需氧量

《水质　五日生化需氧量（BOD_5）的测定　稀释与接种法》（HJ 505—2009）

该标准适用于地表水、工业废水和生活污水中五日生化需氧量的测定。方法的检出限为 0.5 mg/L，测定下限为 2 mg/L，非稀释法和非稀释接种法的测定上限为 6 mg/L，稀释与稀释接种法的测定上限为 6 000 mg/L。

6.3.2.5　氨氮

（1）《水质　氨氮的测定　气相分子吸收光谱法》（HJ/T 195—2005）

该标准适用于地表水、地下水、海水、饮用水、生活污水及工业废水中氨氮的测定。方法的最低检出限为 0.020 mg/L，测定下限为 0.080 mg/L，测定上限为 100 mg/L。

（2）《水质　氨氮的测定　纳氏试剂分光光度法》（HJ 535—2009）

该标准适用于地表水、地下水、生活污水和工业废水中氨氮的测定。当试样体积为 50 mL 时，使用 20 mm 比色皿时，本方法的检出限为 0.025 mg/L，测定下限为 0.10 mg/L，测定上限为 2.0 mg/L（均以 N 计）。

（3）《水质　氨氮的测定　水杨酸分光光度法》（HJ 536—2009）

该标准适用于地下水、地表水、生活污水和工业废水中氨氮的测定，但与蒸馏-中和滴定法及纳氏试剂分光光度法比较，更适用于清洁水样。当取样体积为 8.0 mL，使用 10 mm 比色皿时，检出限为 0.01 mg/L，测定下限为 0.04 mg/L，测定上限为 1.0 mg/L（均以 N 计）。当取样体积为 8.0 mL，使用 30 mm 比色皿时，检出限为 0.004 mg/L，测定下限为 0.016 mg/L，测定上限为 0.25 mg/L（均以 N 计）。

（4）《水质　氨氮的测定　蒸馏-中和滴定法》（HJ 537—2009）

该标准适用于生活污水和工业废水中氨氮的测定。当试样体积为 250 mL 时，方法的检出限为 0.05 mg/L（以 N 计）。

（5）《水质　氨氮的测定　连续流动-水杨酸分光光度法》（HJ 665—2013）

该标准适用于地表水、地下水、生活污水和工业废水中氨氮的测定，但与蒸馏-中和滴定法及纳氏试剂分光光度法比较，更适用于清洁水样。当采用直接比色模块，检测池光程为 30 mm 时，本方法的检出限为 0.01 mg/L（以 N 计），测定范围为 0.04～1.00 mg/L；当采用在线蒸馏模块，检测池光程为 10 mm 时，本方法的检出限为 0.04 mg/L（以 N 计），测定范围为 0.16～10.0 mg/L。

（6）《水质　氨氮的测定　流动注射-水杨酸分光光度法》（HJ 666—2013）

该标准适用于地表水、地下水、生活污水和工业废水中氨氮的测定。当检测光程为 10 mm 时，本方法的检出限为 0.01 mg/L（以 N 计），测定范围为 0.04～5.00 mg/L。

6.3.2.6　总氮

（1）《水质　总氮的测定　碱性过硫酸钾消解紫外分光光度法》（HJ 636—2012）

该标准适用于地表水、地下水、工业废水和生活污水中总氮的测定。当样品量为 10 mL 时，本方法的检出限为 0.05 mg/L，测定范围为 0.20～7.00 mg/L。

（2）《水质　总氮的测定　连续流动-盐酸萘乙二胺分光光度法》（HJ 667—2013）

该标准适用于地表水、地下水、生活污水和工业废水中总氮的测定。当检测光程为 30 mm 时，本方法的检出限为 0.04 mg/L（以 N 计），测定范围为 0.16～10 mg/L。

（3）《水质　总氮的测定　流动注射-盐酸萘乙二胺分光光度法》（HJ 668—2013）

该标准适用于地表水、地下水、生活污水和工业废水中总氮的测定。当检测光程为 10 mm 时，本方法的检出限为 0.03 mg/L（以 N 计），测定范围为 0.12～10 mg/L。

6.3.2.7　总磷

（1）《水质　总磷的测定　钼酸铵分光光度法》（GB/T 11893—1989）

该标准适用于地面水、污水和工业废水。取 25 mL 试料，本方法的最低检出浓度为 0.01 mg/L，测定上限为 0.6 mg/L。

（2）《水质　磷酸盐和总磷的测定　连续流动-钼酸铵分光光度法》（HJ 670—2013）

该标准适用于地表水、地下水、生活污水和工业废水中磷酸盐和总磷的测定。当检测池光程为 50 mm 时，本方法测定总磷（以 P 计）的检出限为 0.01 mg/L，测定范围为 0.04～5.00 mg/L。

（3）《水质　总磷的测定　流动注射-钼酸铵分光光度法》（HJ 671—2013）

该标准适用于地表水、地下水、生活污水和工业废水中总磷的测定。当检测池光程为 10 mm 时，本方法的检出限为 0.005 mg/L（以 P 计），测定范围为 0.020～1.00 mg/L。

6.3.2.8　总有机碳

《水质　总有机碳的测定　燃烧氧化-非分散红外吸收法》（HJ 501—2009），适用于地表水、地下水、生活污水和工业废水中总有机碳（TOC）的测定。方法的检出限为 0.1 mg/L，测定下限为 0.5 mg/L。

6.3.2.9　石油类

《水质　石油类和动植物油类的测定　红外分光光度法》（HJ 637—2018），适用于工业废水和生活污水中石油类和动植物油类的测定。当取样体积为 500 mL，萃取液体积为 50 mL，使用 4 cm 石英比色皿时，方法的检出限为 0.06 mg/L，测定下限为 0.24 mg/L。

6.3.2.10　硫化物

（1）《水质　硫化物的测定　亚甲基蓝分光光度法》（HJ 1226—2021）

该标准适用于地面水，地下水、生活污水和工业废水中硫化物的测定。试料体积为 100 mL、使用光程为 1 cm 的比色皿时，方法的检出限为 0.005 mg/L，测定上限为 0.700 mg/L。对硫化物含量较高的水样，可适当减少取样量或将样品稀释后测定。

（2）《水质　硫化物的测定　碘量法》（HJ/T 60—2000）

该标准适用于测定水和废水中的硫化物。试样体积 200 mL，用 0.01 mol/L 硫代硫酸钠溶液滴定时，本方法适用于含硫化物在 0.40 mg/L 以上的水和废水测定。

（3）《水质硫化物的测定　气相分子吸收光谱法》（HJ/T 200—2005）

该标准适用于地表水、地下水、海水、饮用水、生活污水及工业废水中硫化物的测定。使用 202.6 nm 波长，方法的检出限为 0.005 mg/L，测定下限为 0.020 mg/L，测定上限为 10 mg/L。在 222.8 nm 波长处，测定上限为 500 mg/L。

（4）《水质　硫化物的测定　流动注射-亚甲基蓝分光光度法》（HJ 824—2017）

该标准适用于地表水、地下水、生活污水和工业废水中硫化物的测定。当检测光程为 10 mm 时，本标准的方法检出限为 0.004 mg/L，测定范围为 0.016～2.00 mg/L（均以 S^{2-}计）。

6.3.2.11　挥发酚

（1）《水质　挥发酚的测定　溴化容量法》（HJ 502—2009）

该标准适用于含高浓度挥发酚工业废水中挥发酚的测定。测定下限为 0.4 mg/L，测定上限为 45.0 mg/L。对于质量浓度高于标准测定上限的样品，可适当稀释后进行测定。

（2）《水质　挥发酚的测定　4-氨基安替比林分光光度法》（HJ 503—2009）

该标准适用地表水、地下水、饮用水、工业废水和生活污水中挥发酚的 4-氨基安替比林分光光度法。工业废水和生活污水宜用直接分光光度法测定，检出限为 0.01 mg/L，测定下限为 0.04 mg/L，测定上限为 2.50 mg/L。

（3）《水质　挥发酚的测定　流动注射-4-氨基安替比林分光光度法》（HJ 825—2017）

该标准适用于地表水、地下水、生活污水和工业废水中挥发酚的测定。当检测光程为 10 mm 时，本标准的方法检出限为 0.002 mg/L，测定范围为 0.008～0.200 mg/L。

6.3.2.12　总钒

（1）《水质　钒的测定　钽试剂（BPHA）萃取分光光度法》（GB/T 15503—1995）

该标准适用于水和废水中钒的测定。使用光程为 1 cm 的比色皿时，方法的检测限为 0.018 mg/L，测定上限为 10.0 mg/L。对钒含量大于上限的水样，分析前可将样品适当稀释。

（2）《水质 钒的测定 石墨炉原子吸收分光光度法》（HJ 673—2013）

该标准适用于地表水、地下水、生活污水及工业废水中钒的测定。方法的检出限为 0.003 mg/L，测定下限为 0.012 mg/L，测定上限为 0.200 mg/L。

（3）《水质 65 种元素的测定 电感耦合等离子体质谱法》（HJ 700—2014）

该标准适用于地表水、地下水、生活污水、低浓度工业废水中 65 种元素的测定。方法中钒的检出限为 0.08 μg/L，测定下限为 0.32 μg/L。

（4）《水质 32 种元素的测定 电感耦合等离子体发射光谱法》（HJ 776—2015）

该标准适用于地表水、地下水、生活污水及工业废水中 32 种元素可溶性元素及元素总量的测定。本标准中钒在水平观察方式下的方法检出限为 0.01 mg/L，测定下限为 0.06 mg/L；钒在垂直观察方式下的方法检出限为 0.01 mg/L，测定下限为 0.05 mg/L。

6.3.2.13 总氰化物

（1）《水质 氰化物的测定 容量法和分光光度法》（HJ 484—2009）

该标准适用于地表水、生活污水和工业废水中氰化物的测定。硝酸银滴定法的方法检出限为 0.004 mg/L，测定下限为 0.016 mg/L，测定上限为 100 mg/L。异烟酸-吡唑啉酮分光光度法的方法检出限为 0.004 mg/L，测定下限为 0.016 mg/L，测定上限为 0.25 mg/L。异烟酸-巴比妥酸分光光度法的方法检出限为 0.001 mg/L，测定下限为 0.004 mg/L，测定上限为 0.45 mg/L。吡啶-巴比妥酸分光光度法的方法检出限为 0.002 mg/L，测定下限为 0.008 mg/L，测定上限为 0.45 mg/L。

（2）《水质 氰化物的测定 流动注射-分光光度法》（HJ 823—2017）

该标准适用于地表水、地下水、生活污水和工业废水中氰化物的测定。当检测光程为 10 mm 时，异烟酸-巴比妥酸法测定水中氰化物检出限为 0.001 mg/L，测定范围为 0.004～0.10 mg/L；吡啶-巴比妥酸法测定水中氰化物的检出限为

0.002 mg/L，测定范围为 0.008～0.50 mg/L。

（3）《水质　氰化物等的测定　真空检测管-电子比色法》（HJ 659—2013）

该标准适用于地下水、地表水、生活污水和工业废水中氰化物、氟化物、硫化物、二价锰、六价铬、镍、氨氮、苯胺、硝酸盐氮、亚硝酸盐氮、磷酸盐以及化学需氧量等污染物的快速分析。其他污染物项目如果通过验证也可适用该标准。

6.3.2.14　总铅

（1）《水质　铅的测定　双硫腙分光光度法》（GB/T 7470—87）

该标准适用于天然水和废水中微量铅。测定铅浓度在 0.01～0.30 mg/L。铅浓度高于 0.30 mg/L，可对样品适当稀释后再进行测定。当使用光程为 10 mm 比色皿，试份体积为 100 mL，用 10 mL 双硫腙萃取时，最低检出浓度可达 0.010 mg/L。

（2）《水质　铜、锌、铅、镉的测定　原子吸收分光光度法》（GB/T 7475—87）

该标准适用于地下水、地面水和废水中铜、锌、铅、镉的测定。铅的浓度测定范围是 0.2～10 mg/L。螯合萃取法适用于地下水和清洁地面水中低浓度铜、铅、镉的测定。铅的浓度测定范围是 10～200 μg/L。

（3）《水质　65 种元素的测定　电感耦合等离子体质谱法》（HJ 700—2014）

该标准适用于地表水、地下水、生活污水、低浓度工业废水中 65 种元素的测定。方法中铅的检出限为 0.09 μg/L，测定下限为 0.36 μg/L。

（4）《水质　32 种元素的测定　电感耦合等离子体发射光谱法》（HJ 776—2015）

该标准适用于地表水、地下水、生活污水及工业废水中 32 种元素可溶性元素及元素总量的测定。该标准中铅在水平观察方式下的方法检出限为 0.1 mg/L，测定下限为 0.39 mg/L；铅在垂直观察方式下的方法检出限为 0.07 mg/L，测定下限为 0.29 mg/L。

6.3.2.15　总砷

（1）《水质　总砷的测定　二乙基二硫代氨基甲酸银分光光度法》（GB/T 7485—87）

该标准适用于水和废水中砷的测定。当试样取最大体积为 50 mL 时，用光程为 10 mm 比色皿，可检测含砷 0.007 mg/L，可测上限为 0.50 mg/L。

（2）《水质　汞、砷、硒、铋和锑的测定　原子荧光法》（HJ 694—2014）

该标准直接法适用地表水、地下水、生活污水和工业废水中汞、砷、硒、铋和锑的测定。砷的检出限是 0.3 μg/L，测定下限为 0.12 μg/L。

（3）《水质　65 种元素的测定　电感耦合等离子体质谱法》（HJ 700—2014）

该标准适用于地表水、地下水、生活污水、低浓度工业废水中 65 种元素的测定。方法中砷的检出限为 0.12 μg/L，测定下限为 0.48 μg/L。

（4）《水质　32 种元素的测定　电感耦合等离子体发射光谱法》（HJ 776—2015）

该标准适用于地表水、地下水、生活污水及工业废水中 32 种元素可溶性元素及元素总量的测定。该标准中砷在水平观察方式下的方法检出限为 0.2 mg/L，测定下限为 0.60 mg/L；砷在垂直观察方式下的方法检出限为 0.2 mg/L，测定下限为 0.81 mg/L。

6.3.2.16　总镍

（1）《水质　镍的测定　丁二酮肟分光光度法》（GB/T 11910—89）

该标准适用于受到镍污染的环境水和工业废水中镍的测定。当取试样体积为 10 mL 时，本方法可测定上限 10 mg/L，最低检出浓度为 0.25 mg/L。

（2）《水质　镍的测定　火焰原子吸收分光光度法》（GB/T 11912—89）

该标准适用工业废水和受到污染的环境水样中镍的测定，最低检出浓度为 0.05 mg/L。校准曲线的浓度范围是 0.2～5.0 mg/L。

（3）《水质　65 种元素的测定　电感耦合等离子体质谱法》（HJ 700—2014）

该标准适用于地表水、地下水、生活污水、低浓度工业废水中 65 种元素的测定。方法中镍的检出限为 0.06 μg/L，测定下限为 0.24 μg/L。

（4）《水质　32 种元素的测定　电感耦合等离子体发射光谱法》（HJ 776—2015）

该标准适用于地表水、地下水、生活污水及工业废水中 32 种元素可溶性元素及元素总量的测定。该标准中镍在水平观察方式下的方法检出限为 0.007 mg/L，测定下限为 0.03 mg/L；镍在垂直观察方式下的方法检出限为 0.02 mg/L，测定下限为 0.06 mg/L。

6.3.2.17 总汞

（1）《水质 总汞的测定 高锰酸钾-过硫酸钾消解法 双硫腙分光光度法》（GB/T 7469—87）

该标准适用于生活污水、工业废水和受汞污染的地面水中汞的测定。取 250 mL 水样测定，汞的最低检出浓度为 2 μg/L，测定上限为 40 μg/L。

（2）《水质 总汞的测定 冷原子吸收分光光度法》（HJ 597—2011）

该标准适用于地表水、地下水、生活污水和工业废水中总汞的测定。采用高锰酸钾-过硫酸钾消解法和溴酸钾-溴化钾消解法，当取样量为 100 mL 时，检出限为 0.02 μg/L，测定下限为 0.08 μg/L；当取样量为 200 mL 时，检出限为 0.01 μg/L，测定下限为 0.04 μg/L。采用微波消解法，当取样量为 25 mL 时，检出限为 0.06 μg/L，测定下限为 0.24 μg/L

（3）《水质 汞、砷、硒、铋和锑的测定 原子荧光法》（HJ 694—2014）

该标准直接法适用地表水、地下水、生活污水和工业废水中汞、砷、硒、铋和锑的测定。汞的检出限为 0.04 μg/L，测定下限为 0.16 μg/L。

6.3.2.18 烷基汞

（1）《水质 烷基汞的测定 气相色谱法》（GB/T 14204—93）

该标准适用于地面水及污水中烷基汞的测定。当水样取 1 L 时，甲基汞通常检测到 10 ng/L，乙基汞检测到 20 ng/L。

（2）《水质 烷基汞的测定 吹扫捕集/气相色谱-冷原子荧光光谱法》（HJ 977—2018）

该标准适用于地表水、地下水、生活污水、工业废水和海水中的烷基汞（甲基汞、乙基汞）的测定。当取样体积为 45 mL 时，甲基汞和乙基汞的方法检出限均为 0.02 ng/L，测定下限均为 0.08 ng/L。

6.3.2.19　氟化物

（1）《水质　氟化物的测定　离子选择电极法》（GB/T 7484—87）

该标准适用于地面水、地下水和工业废水中氟化物的测定。最低检测限为含氟化物（以 F^-计）0.05 mg/L，测定上限可达 1 900 mg/L。

（2）《水质　氟化物的测定　茜素磺酸锆目视比色法》（HJ 487—2009）

该标准适用于饮用水、地表水、地下水和工业废水中氟化物的测定。取 50 mL 试样，直接测定氟化物的浓度时，本方法检出限是 0.1 mg/L，测定下限为 0.4 mg/L，测定上限为 1.5 mg/L（高含量样品可经稀释后分析）。

（3）《水质　氟化物的测定　氟试剂分光光度法》（HJ 488—2009）

该标准适用于地面水、地下水和工业废水中氟化物（以 F^-计）的测定。试份体积为 25 mL，使用光程为 30 mm 的比色皿，本方法的最低检出浓度为含氟化物 0.05 mg/L，测定上限浓度为 1.80 mg/L。

6.3.2.20　总铜

（1）《水质　铜、锌、铅、镉的测定　原子吸收分光光度法》（GB/T 7475—87）

该标准直接法适用于地下水、地面水和废水中铜、锌、铅、镉的测定。铜的浓度测定范围是 0.05～5 mg/L。螯合萃取法适用于地下水和清洁地面水中低浓度铜、铅、镉的测定。铜的浓度测定范围是 1～50 μg/L。

（2）《水质　铜的测定　二乙基二硫代氨基甲酸钠分光光度法》（HJ 485—2009）

该标准适用于地表水、地下水、生活污水和工业废水中总铜和可溶性铜的测定。当使用 20 mm 比色皿，萃取用试样体积为 50 mL，方法的检出限为 0.010 mg/L，测定下限为 0.040 mg/L。当使用 10 mm 比色皿，萃取用试样体积为 10 mL，方法的测定上限为 6.00 mg/L。

（3）《水质　铜的测定　2,9-二甲基-1,10-菲啰啉分光光度法》（HJ 486—2009）

该标准直接光度法适用于较清洁的地表水和地下水中可溶性铜和总铜的测定。当使用 50 mm 比色皿，试料体积为 15 mL 时，水中铜的检出限为 0.03 mg/L，测定下限为 0.12 mg/L，测定上限为 1.3 mg/L。萃取光度法适用于地表水、地下水、生活污水和工业废水中可溶性铜和总铜的测定。当使用 50 mm 比色皿，试料体积为 50 mL 时，水中铜的检出限为 0.02 mg/L，测定下限为 0.08 mg/L，测定上限为 3.2 mg/L。

（4）《水质　65 种元素的测定　电感耦合等离子体质谱法》（HJ 700—2014）

该标准适用于地表水、地下水、生活污水、低浓度工业废水中 65 种元素的测定。方法中铜的检出限为 0.08 μg/L，测定下限为 0.32 μg/L。

（5）《水质　32 种元素的测定　电感耦合等离子体发射光谱法》（HJ 776—2015）

该标准适用于地表水、地下水、生活污水及工业废水中 32 种元素可溶性元素及元素总量的测定。该标准中铜在水平观察方式下的方法检出限为 0.04 mg/L，测定下限为 0.16 mg/L；铜在垂直观察方式下的方法检出限为 0.006 mg/L，测定下限为 0.02 mg/L。

6.3.2.21　总锌

（1）《水质　锌的测定　双硫腙分光光度法》（GB/T 7472—87）

该标准适用于天然水和某些废水中微量锌的测定。当使用光程长 20 mm 比色皿，试份体积为 100 mL，方法的检出限为 5 μg/L，测定浓度范围为 5～50 μg/L。

（2）《水质　铜、锌、铅、镉的测定　原子吸收分光光度法》（GB/T 7475—87）

该标准直接法适用于地下水、地面水和废水中铜、锌、铅、镉的测定。锌的浓度测定范围是 0.05～1 mg/L。

（3）《水质　65 种元素的测定　电感耦合等离子体质谱法》（HJ 700—2014）

该标准适用于地表水、地下水、生活污水、低浓度工业废水中 65 种元素的测定。方法中锌的检出限为 0.67 μg/L，测定下限为 2.68 μg/L。

（4）《水质　32 种元素的测定　电感耦合等离子体发射光谱法》（HJ 776—2015）

该标准适用于地表水、地下水、生活污水及工业废水中 32 种元素可溶性元素及元素总量的测定。该标准中锌在水平观察方式下的方法检出限为 0.009 mg/L，测定下限为 0.04 mg/L；锌在垂直观察方式下的方法检出限为 0.004 mg/L，测定下限为 0.02 mg/L。

6.3.2.22　总铁

（1）《水质　铁、锰的测定　火焰原子吸收分光光度法》（GB/T 11911—89）

该标准直接法适用于地面水、地下水和工业废水中铁、锰的测定。铁的检测限为 0.03 mg/L。

（2）《水质　65 种元素的测定　电感耦合等离子体质谱法》（HJ 700—2014）

该标准适用于地表水、地下水、生活污水、低浓度工业废水中 65 种元素的测定。方法中铁的检出限为 0.82 μg/L，测定下限为 3.28 μg/L。

（3）《水质　32 种元素的测定　电感耦合等离子体发射光谱法》（HJ 776—2015）

该标准适用于地表水、地下水、生活污水及工业废水中 32 种元素可溶性元素及元素总量的测定。该标准中铁在水平观察方式下的方法检出限为 0.01 mg/L，测定下限为 0.04 mg/L；铁在垂直观察方式下的方法检出限为 0.02 mg/L，测定下限为 0.07 mg/L。

6.3.2.23　总镉

（1）《水质　镉的测定　双硫腙分光光度法》（GB/T 7471—87）

该标准适用于天然水和某些废水中微量镉的测定。当使用 20 mm 比色皿，试份体积为 100 mL，方法的检出限为 1 μg/L，测定浓度范围为 1～50 μg/L。

（2）《水质　铜、锌、铅、镉的测定　原子吸收分光光度法》（GB/T 7475—87）

该标准直接法适用于地下水、地面水和废水中铜、锌、铅、镉的测定。镉的浓度测定范围是 0.05～1 mg/L。螯合萃取法适用于地下水和清洁地面水中低浓度铜、铅、镉的测定。镉的浓度测定范围是1～50 μg/L。

（3）《水质　65种元素的测定　电感耦合等离子体质谱法》（HJ 700—2014）

该标准适用于地表水、地下水、生活污水、低浓度工业废水中65种元素的测定。方法中镉的检出限为0.05 μg/L，测定下限为0.20 μg/L。

（4）《水质　32种元素的测定　电感耦合等离子体发射光谱法》（HJ 776—2015）

该标准适用于地表水、地下水、生活污水及工业废水中32种元素可溶性元素及元素总量的测定。该标准中镉在水平观察方式下的方法检出限为0.05 mg/L，测定下限为0.20 mg/L；镉在垂直观察方式下的方法检出限为0.005 mg/L，测定下限为0.02 mg/L。

6.3.2.24　总铬

（1）《水质　总铬的测定》（GB 7466—87）

该标准高锰酸钾氧化-二苯碳酰二肼分光光度法适用于地面水和工业废水中总铬的测定。当使用30 mm比色皿，试份体积为50 mL，方法的最小检出量为0.2 μg铬，最低检出浓度为0.004 mg/L，测定上限浓度为1.0 mg/L。该标准硫酸亚铁铵滴定法适用于水和废水中高浓度（大于1 mg/L）总铬的测定。

（2）《水质　65种元素的测定　电感耦合等离子体质谱法》（HJ 700—2014）

该标准适用于地表水、地下水、生活污水、低浓度工业废水中65种元素的测定。方法中铬的检出限为0.11 μg/L，测定下限为0.44 μg/L。

（3）《水质　铬的测定　火焰原子吸收分光光度法》（HJ 757—2015）

该标准适用于水和废水中高浓度可溶性铬和总铬的测定。当取样体积与试样制备后定容体积相同时，本方法测定铬的检出限为0.03 mg/L，测定下限为0.12 mg/L。

（4）《水质　32种元素的测定　电感耦合等离子体发射光谱法》（HJ 776—2015）

该标准适用于地表水、地下水、生活污水及工业废水中32种元素可溶性元素及元素总量的测定。该标准中铬在水平观察方式下的方法检出限为0.03 mg/L，测定下限为0.11 mg/L；铬在垂直观察方式下的方法检出限为0.03 mg/L，测定下限为0.12 mg/L。

6.3.2.25　六价铬

《水质　六价铬的测定　二苯碳酰二肼分光光度法》（GB 7467—87），适用于地面水和工业废水中六价铬的测定。试份体积为 50 mL，使用 30 mm 比色皿，方法的最小检出量为 0.2 μg 六价铬，最低检出浓度为 0.004 mg/L，使用 10 mm 比色皿，测定上限浓度为 1.0 mg/L。

6.3.2.26　苯系物

（1）《水质　苯系物的测定　顶空/气相色谱法》（HJ 1067—2019）

该标准适用于地表水、地下水、生活污水和工业废水中 8 种苯系物的测定。当取样体积为 10.0 mL 时，测定水中苯系物的方法检出限为 2～3 μg/L，测定下限为 8～12 μg/L。

（2）《水质　挥发性有机物的测定　吹扫捕集/气相色谱-质谱法》（HJ 639—2012）

该标准适用于海水、地下水、地表水、生活污水和工业废水中 57 种挥发性有机物的测定。当样品量为 5 mL 时，用全扫描方式测定，目标化合物的方法检出限为 0.6～5.0 μg/L，测定下限为 2.4～20.0 μg/L；用选择离子方式测定，目标化合物的方法检出限为 0.2～2.3 μg/L，测定下限为 0.8～9.2 μg/L。

（3）《水质　挥发性有机物的测定　吹扫捕集/气相色谱法》（HJ 686—2014）

该标准适用于地表水、地下水、生活污水、低浓度工业废水中 21 种挥发性有机物的测定。当样品量为 5 mL 时，目标化合物的方法检出限为 0.1～0.5 μg/L，测定下限为 1.4～2.0 μg/L。

（4）《水质　挥发性有机物的测定　顶空/气相色谱-质谱法》（HJ 810—2016）

该标准适用于地表水、地下水、生活污水、工业废水和海水中 55 种挥发性有机物的测定。当取样体积为 10.0 mL 时，用全扫描（Full Scan）模式测定，目标化合物的方法检出限为 2～10 μg/L，测定下限为 8～40 μg/L；用选择离子（SIM）

模式测定，目标化合物的方法检出限为0.4～1.7 μg/L，测定下限为1.6～6.8 μg/L。

6.3.2.27 苯并[a]芘

（1）《水质 苯并[a]芘的测定 乙酰化滤纸层析荧光分光光度法》（GB 11895—89）

该标准适用于饮用水、地面水、生活污水、工业废水。最低检出浓度为0.004 μg/L。

（2）《水质 多环芳烃的测定 液液萃取和固相萃取高效液相色谱法》（HJ 478—2009）

该标准适用于饮用水、地下水、地表水、海水、工业废水和生活污水中16种多环芳烃的测定。

液液萃取法适用于饮用水、地下水、地表水、工业废水和生活污水中多环芳烃的测定。当萃取样品体积为1 L时，方法的检出限为0.002～0.016 μg/L，测定下限为0.008～0.064 μg/L。萃取样品体积为2 L时，浓缩样品至0.1 mL，苯并[a]芘的检出限为0.000 4 μg/L，测定下限为0.001 6 μg/L。

固相萃取法适用于清洁水样中多环芳烃的测定。当富集样品的体积为10 L时，方法的检出限为0.000 4～0.001 6 μg/L，测定下限为0.001 6～0.006 4 μg/L。

6.3.2.28 多环芳烃

《水质 多环芳烃的测定 液液萃取和固相萃取高效液相色谱法》（HJ 478—2009），适用于饮用水、地下水、地表水、海水、工业废水和生活污水中16种多环芳烃的测定。

液液萃取法适用于饮用水、地下水、地表水、工业废水和生活污水中多环芳烃的测定。当萃取样品体积为1 L时，方法的检出限为0.002～0.016 μg/L，测定下限为0.008～0.064 μg/L。萃取样品体积为2 L时，浓缩样品至0.1 mL，苯并[a]芘的检出限为0.000 4 μg/L，测定下限为0.001 6 μg/L。

固相萃取法适用于清洁水样中多环芳烃的测定。当富集样品的体积为10 L

时，方法的检出限为 0.000 4～0.001 6 μg/L，测定下限为 0.001 6～0.006 4 μg/L。

6.3.2.29　多氯联苯

《水质　多氯联苯的测定　气相色谱-质谱法》（HJ 715—2014），适用于地表水、地下水、工业废水和生活污水中 18 种多氯联苯的测定。当取样量为 1 L 时，目标化合物的方法检出限为 1.4～2.2 ng/L，测定下限为 5.6～8.8 ng/L。

6.3.2.30　苯胺类

（1）《水质　苯胺类化合物的测定　N-（1-萘基）乙二胺偶氮分光光度法》（GB 11889—89）

该标准适用于地面水、燃料、制药等废水中芳香族伯胺类化合物的测定。当试料体积为 25 mL，比色皿光程为 10 mm，本方法的最低检出浓度为含苯胺 0.03 mg/L，测定上限浓度为 1.6 mg/L。

（2）《水质　17 种苯胺类化合物的测定　液相色谱-三重四极杆质谱法》（HJ 1048—2019）

该标准适用于地表水、地下水、生活污水和工业废水中邻苯二胺、苯胺、联苯胺、对甲苯胺、邻甲氧基苯胺、邻甲苯胺、4-硝基苯胺、2,4-二甲基苯胺、3-硝基苯胺、4-氯苯胺、2-硝基苯胺、3-氯苯胺、2-萘胺、2,6-二甲基苯胺、2-甲基-6-乙基苯胺、3,3-二氯联苯胺和 2,6-二乙基苯胺 17 种苯胺类化合物的测定。

当采用直接进样法，进样体积为 10 μL 时，17 种苯胺类化合物的方法检出限为 0.1～3 μg/L，测定下限为 0.4～12 μg/L；当采用固相萃取法，取样体积为 100 mL（富集 50 倍），进样体积为 10 μL 时，16 种苯胺类化合物的方法检出限为 0.007～0.1 μg/L，测定下限为 0.028～0.4 μg/L。

（3）《水质　苯胺类化合物的测定　气相色谱-质谱法》（HJ 822—2017）

该标准适用于地表水、地下水、海水、生活污水和工业废水中苯胺类化合物的测定。19 种苯胺类化合物包括苯胺、2-氯苯胺、3-氯苯胺、4-氯苯胺、4-溴苯胺、

2-硝基苯胺、2,4,6-三氯苯胺、3,4-二氯苯胺、3-硝基苯胺、2,4,5-三氯苯胺、4-氯-2-硝基苯胺、4-硝基苯胺、2-氯-4-硝基苯胺、2,6-二氯-4-硝基苯胺、2-溴-6-氯-4-硝基苯胺、2-氯-4,6-二硝基苯胺、2,6-二溴-4-硝基苯胺、2,4-二硝基苯胺、2-溴-4,6-二硝基苯胺。经验证后，其他苯胺类化合物也可用本方法。当取样量为 1 000 mL，浓缩体积为 1.0 mL 时，方法检出限为 0.05～0.09 μg/L，测定下限为 0.20～0.36 μg/L。

6.3.2.31 二噁英类

《水质　二噁英类的测定　同位素稀释高分辨气相色谱法》（HJ 77.1—2008）

该标准适用于原水、废水、饮用水与工业生产用水中二噁英类污染物的测定。方法检出限取决于所使用的分析仪器的灵敏度、样品中的二噁英类质量浓度以及干扰水平等多种因素。2,3,7,8-T_4CDD 仪器检出限应低于 0.1 pg，当取样量为 10 L 时，本方法对 2,3,7,8-T_4CDD 的最低检出限应低于 0.5 pg/L。

第7章　废水自动监测技术要点

近年来，为加强地区排污的监控力度和满足排污许可的要求，全国各级生态环境部门大力推进废水自动监测系统的建设。废水自动监测系统也称水污染源在线监测系统，通常由水污染源在线监测设备和水污染源在线监测站房组成。随着全国废水自动监测系统的逐年攀升，做好系统的建设、验收及运行维护管理工作成为影响数据质量的关键环节。本章基于《水污染源在线监测系统（COD_{Cr}、NH_3-N 等）安装技术规范》（HJ 353—2019）、《水污染源在线监测系统（COD_{Cr}、NH_3-N 等）验收技术规范》（HJ 354—2019）、《水污染源在线监测系统（COD_{Cr}、NH_3-N 等）运行技术规范》（HJ 355—2019）、《水污染源在线监测系统（COD_{Cr}、NH_3-N 等）数据有效性判别技术规范》（HJ 356—2019）等标准，对废水自动监测系统的建设、验收、运行维护应注意的技术要点进行了梳理。

7.1　废水自动监测系统组成

水污染源在线监测系统通常包括流量监测单元、水质自动采样单元、水污染源在线监测仪器、数据控制单元以及相应的建筑设施等。

（1）流量监测单元

流量监测单元通常包括明渠流量计或管道流量计。采用超声波明渠流量计测定流量，应按技术规范要求修建堰槽；管道流量计可选择电磁流量计。

（2）水质自动采样单元

水质自动采样单元通常是指采样管路、采样泵以及水质自动采样器。采样管路应根据废水水质选择优质的聚氯乙烯（PVC）、三丙聚丙烯（PPR）等不影响分析结果的硬管，配有必要的防冻和防腐设施。采样泵应根据水样流量、废水水质、水质自动采样器的水头损失及水位差合理选择采样泵。采样管路宜设置为明管，并标注水流方向。根据《水污染源在线监测系统（COD_{Cr}、NH_3-N 等）安装技术规范》（HJ 353—2019）的最新要求，水质自动采样单元应具有采集瞬时水样和混合水样，混匀及暂存水样、自动润洗及排空混匀桶，以及留样功能。

（3）水污染源在线监测仪器

水污染源在线监测仪器是指在现场用于监控、监测污染物排放的 COD_{Cr} 在线自动监测仪、pH 水质自动分析仪、氨氮水质自动分析仪、总磷水质自动分析仪、污水流量计、水质自动采样器和数据采集传输仪等仪器仪表。

COD_{Cr} 在线自动监测仪的测定方法多采用重铬酸钾法测定，对于高氯废水也可考虑采用总有机碳（TOC），但必须与重铬酸钾法做对照试验，得出相关系数，换算成重铬酸钾法监测数据输出。

pH 水质自动分析仪采用玻璃电极法测定。

氨氮水质自动分析仪的测定方法有纳氏试剂光度法、氨气敏电极法、水杨酸分光光度法等。

总磷水质自动分析仪的测定多采用钼酸铵分光光度法。

总氮水质自动分析仪的测定多采用连续流动-盐酸萘乙二胺分光光度法和碱性过硫酸钾消解紫外分光光度法。

数据采集设备主要是对各种监测设备测量的数据进行采集、存储及处理，并将有关的数据存储和输出。

数据传输设备将采集的各种监测数据传输至生态环境主管部门。目前，数据的传输有多种方式，包括 GPRS 方式、GSM 短消息方式、局域网方式等。

（4）数据控制单元以及相应的建筑设施

数据控制单元指实现控制整个水污染源在线监测系统内部仪器设备联动，自动完成水污染源在线监测仪器的数据采集、整理、输出及上传至监控中心平台，接受监控中心平台命令控制水污染源在线监测仪器运行等功能的单元。根据《水污染源在线监测系统（COD_{Cr}、NH_3-N 等）安装技术规范》（HJ 353—2019）的最新要求，数据控制单元可控制水质自动采样单元采样、送样及留样等操作。

（5）总体要求

排污单位在安装自动监测设备时，应当根据国家对每个监测设备的具体技术要求进行选型安装。选型安装在线监测仪器时，应根据污染物浓度和排放标准，选择检测范围与之匹配的在线监测仪器，监测仪器满足国家对应仪器的技术要求。如《化学需氧量（COD_{Cr}）水质在线自动监测仪技术要求及监测方法》（HJ 377—2019）、《氨氮水质在线自动监测仪技术要求及检测方法》（HJ 101—2019）、《总氮水质自动分析仪技术要求》（HJ/T 102—2003）、《总磷水质自动分析仪技术要求》（HJ/T 103—2003）、《pH 水质自动分析仪技术要求》（HJ/T 96—2003）等。选型安装数据传输设备时，应按照《污染物在线监控（监测）系统数据传输标准》（HJ 212—2017）和《污染源在线自动监控（监测）数据采集传输仪技术要求》（HJ 477—2009）规范要求设置，不得添加其他可能干扰监测数据存储、处理、传输的软件或设备。

在污染源自动监测设备建设、联网和管理过程中，如果当地管理部门有相关规定的，应同时参考地方的规定要求，如上海市环境保护局于 2017 年发布的《上海市固定污染源自动监测建设、联网、运维和管理有关规定》。

7.2　现场安装要求

废水自动监测系统现场安装主要涉及现场监测站房建设、排放口规范化整治、采样点位选取等内容，其中监测站房的建筑设计应作为在线监控的专室专用，远离腐蚀性气体的地点，并满足所处位置的气候、生态、地质、安全等要求，站房内应安装空调和冬季采暖设备，空调具有来电自启动功能，具备温湿度计；排放口应满足生态环境部门规定的排放口规范化设置要求；监测站房内、采样口等区域应安装视频监控设备；采样点位应避开有腐蚀性气体、较强的电磁干扰和振动的地方，应易于到达，且保证采样管路不超过 50 m，同时应有足够的工作空间和安全措施，便于采样和维护操作。具体要求详见第 5.2.4 节。

7.3 调试检测

废水污染源自动监测设备现场安装完成后，需进行调试、试运行，以验证设备是否能够符合连续稳定运行的技术要求。

7.3.1 调试

调试是指对流量计、水质自动采样器、水质自动分析仪运行进行校准、校验的初期检查，并按照标准规范要求编制调试报告。具体要求如下：

①明渠流量计应进行流量比对误差和液位比对误差测试。

②水质自动采样器应进行采样量误差和温度控制误差测试。

③水质自动分析仪应根据排污单位污染物排放浓度选择量程，并在该量程下进行 24 小时漂移、重复性、示值误差以及实际水样比对测试。

④各水污染源在线监测仪器指标符合相关技术要求的调试效果，总有机碳（TOC）水质自动分析仪参照化学需氧量（COD_{Cr}）水质自动分析仪执行。

7.3.2 试运行

设备调试完成后，进入试运行阶段，根据实际水污染源排放特点及建设情况，编制水污染源在线监测系统运行与维护方案以及相应的记录表格，最终编制试运行报告。具体要求如下：

①试运行期间应保持对水污染源在线监测系统连续供电，连续正常运行 30 天。

②可设定任一时间（时间间隔不小于 24 小时），由水污染源在线系统自动调节零点和校准量程值。

③因排放源故障或在线监测系统故障造成试运行中断，在排放源或在线监测系统恢复正常后，重新开始试运行。

④试运行期间数据传输率应不小于 90%。

⑤数据控制系统已经和水污染源在线监测仪器正确连接，并开始向监控中心平台发送数据。

7.4　验收要求

自动监测设备完成安装、调试及试运行并与生态环境主管部门联网后，同时符合下列要求后，建设方组织仪器供应商、管理部门等相关方实施技术验收工作，并编制在线验收报告。验收主要内容应包括建设验收、仪器设备验收、联网验收及运行与维护方案验收。验收前自动监测设备应满足以下条件：

①提供水污染源在线监测系统的选型、工程设计、施工、安装调试及性能等相关技术资料。

②水污染源在线监测系统已完成调试与试运行，并提交运行调试报告与试运行报告。

③提供流量计、标准计量堰（槽）的检定证书，水污染源在线监测仪器符合《水污染源在线监测系统（COD_{Cr}、NH_3-N 等）安装技术规范》（HJ 353—2019）中表 1 技术要求的证明材料。

④水污染源在线监测系统所采用基础通信网络和基础通信协议应符合《污染物在线监控（监测）系统数据传输标准》（HJ 212—2017）的相关要求，对通信规范的各项内容作出响应，并提供相关的自检报告，同时提供生态环境主管部门出具的联网证明。

⑤水质自动采样单元已稳定运行 30 天，可采集瞬时水样和具有代表性的混合

水样供水污染源在线监测仪器分析使用，可进行留样并报警。

⑥验收过程供电不间断。

⑦数据控制单元已稳定运行30天，向监控中心平台及时发送数据，其间设备运转率应大于90%，数据传输率应大于90%。

7.4.1 建设验收要求

建设验收主要是对污染源排放口、流量监测单元、监测站房、水质自动采样单元、数据控制单元进行验收，主要内容如下：

①污染源排放口应符合相关技术规范要求，具备便于水质自动采样单元和流量监测单元安装条件的采样口，并设置人工采样口。

②流量计安装处设置有对超声波探头检修和比对的工作平台，可方便实现对流量计的检修和比对工作。

③监测站房专室专用，新建监测站房面积应不小于15 m^2，站房高度不低于2.8 m。

④水质自动采样单元应实现采集瞬时水样和混合水样、混匀及暂存水样、自动润洗及排空混匀桶的功能；实现混合水样和瞬时水样的留样功能；实现pH水质自动分析仪、温度计原位测量或测量瞬时水样功能；化学需氧量（COD_{Cr}）、总有机碳（TOC）、氨氮（NH_3-N）、总磷（TP）、总氮（TN）水质自动分析仪实现测量混合水样功能。

⑤数据控制单元可协调统一运行水污染源在线监测系统，采集、储存、显示监测数据及运行日志，向监控中心平台上传污染源监测数据。

7.4.2 在线监测仪器验收要求

7.4.2.1 基本验收要求

①水污染源在线监测仪器验收包括对COD_{Cr}在线自动监测仪、TOC水质自动分析仪、pH水质自动分析仪、NH_3-N水质自动分析仪、TP水质自动分析仪、TN

水质自动分析仪、超声波明渠污水流量计、水质自动采样器等技术指标验收。

②性能验收内容包括液位比对误差、流量比对误差、采样量误差、温度控制误差、24 小时漂移、准确度以及实际水样比对测试。

7.4.2.2 性能验收

①COD_{Cr}在线自动监测仪、TOC 水质自动分析仪、pH 水质自动分析仪、NH_3-N 水质自动分析仪和 TP 水质自动分析仪、TN 水质自动分析仪验收应包括 24 小时漂移、准确度、实际水样比对。验收指标要求见《水污染源在线监测系统（COD_{Cr}、NH_3-N 等）验收技术规范》（HJ 354—2019）中表 2。

②超声波流量计验收应包括液位比对误差、流量比对误差。验收指标要求见《水污染源在线监测系统（COD_{Cr}、NH_3-N 等）验收技术规范》（HJ 354—2019）中表 2。

③水质自动采样器验收应包括采样量误差、温度控制误差。验收指标要求见《水污染源在线监测系统（COD_{Cr}、NH_3-N 等）验收技术规范》（HJ 354—2019）中表 2。

7.4.3 联网验收

联网验收由通信验收、数据传输正确性验收、联网稳定性验收、现场故障模拟恢复试验、生成统计报表等内容组成。

7.4.3.1 通信验收

通信验收包括通信稳定性、数据传输安全性、通信协议正确性 3 部分内容。

①通信稳定性：数据控制单元和监控中心平台之间通信稳定，不应出现经常性的通信连接中断、数据丢失、数据不完整等通信问题。数据控制单元在线率为 90%以上，正常情况下，掉线后应在 5 min 之内重新上线。数据采集传输仪每日掉线次数在 5 次以内。数据传输稳定性在 99%以上，当出现数据错误或丢失时，

启动纠错逻辑，要求数据采集传输仪重新发送数据。

②数据传输安全性：数据采集传输仪在需要时可按照《污染物在线监控（监测）系统数据传输标准》（HJ 212—2017）中规定的加密方法进行加密处理传输，保证数据传输的安全性。

③通信协议正确性：采用的通信协议应完全符合《污染物在线监控（监测）系统数据传输标准》（HJ 212—2017）的相关要求。

7.4.3.2 数据传输正确性验收

①系统稳定运行 30 天后，任取其中不少于连续 7 天的数据进行检查，要求监控中心平台接收的数据和数据控制单元采集和存储的数据完全一致。

②同时检查水污染源在线连续自动分析仪器存储的测定值、数据控制单元所采集并存储的数据和监控中心平台接收的数据，这 3 个环节的实时数据误差小于 1%。

7.4.3.3 联网稳定性验收

在连续一个月内，系统能稳定运行，不出现通信稳定性、通信协议正确性、数据传输正确性以外的其他联网问题。

7.4.3.4 其他要求

①验收过程中应进行现场故障模拟恢复试验，人为模拟现场断电、断水和断气等故障，在恢复供电等外部条件后，水污染源在线连续自动监测系统应能正常自启动和远程控制启动。在数据控制单元中保存故障前完整的分析结果，并在故障过程中不丢失。数据控制系统完整记录所有故障信息。

②在线监测系统能够按照规定自动生成日统计表、月统计表和年统计表。

7.4.4 运行与维护方案验收

运行与维护方案应包含水污染源在线监测系统情况说明、运行与维护作业指导书及记录表格，并形成书面文件进行有效管理。

①水污染源在线监测系统情况说明应至少包含以下内容：排污单位基本情况、水污染在线监测系统构成图、水质自动采样系统流路图、数据控制系统构成图、所安装的水污染源在线监测仪器方法原理、选定量程、主要参数、所用试剂，以及按照《水污染源在线监测系统（COD_{Cr}、NH_3-N 等）运行技术规范》（HJ 355—2019）中规定建立的各组成部分的维护要点及维护程序。

②运行与维护作业指导书应至少包含以下内容：水污染在线监测系统各组成部分的维护方法，所安装的水污染源在线监测仪器的操作方法、试剂配制方法、维护方法，流量监测单元、水样自动采集单元及数据控制单元维护方法。

③记录表格应满足运行与维护作业指导书中的设定要求。

7.4.5　验收报告要求

依据上述验收内容，编制验收报告［格式详见《水污染源在线监测系统（COD_{Cr}、NH_3-N 等）验收技术规范》（HJ 354—2019）附录 A］。验收报告后应附验收比对监测报告、联网证明和安装调试报告。验收报告内容全部合格或符合要求后，方可通过验收。

7.5　运行管理要求

污染源自动监测设备通过验收后，自动监测设备即被认定为已处于正常运行状态，设备运行维护单位应按照相关技术规范的要求做好日常运行管理。

7.5.1　总体要求

水污染源在线监测设备运维单位应根据相关技术规范及仪器使用说明书进行运行管理工作，并制定完善的水污染源自动监测设备运行维护管理制度，确定系统运行操作人员和管理维护人员的工作职责。运维人员应具备相关专业知识，通过相应的培训教育和能力确认/考核等活动，熟练掌握水污染源在线监测设备的原理、使用和维护方法。

设备验收完成后应对设备相关参数进行备案，备案参数应与设备参数保持一致，如需修改相关参数，应提交情况说明，重新进行备案。

7.5.2 运维单位

运维单位应在服务省市无不良运行维护记录，未出现过故意干扰在线监测仪器、在线监测数据弄虚作假的不良行为。运维单位应严格按照技术规范开展日常运行维护工作，建立完善的运行维护管理制度及档案资料备查，应备有所运行在线监测仪器的备用仪器，同时应配备相应仪器参比方法实际水样比对试验装置。能够提供驻地运行维护服务，在设备出现故障 12 小时内到达现场及时处理，能与在线监测仪器建设单位保持良好沟通，确保最短时间内修复故障。

7.5.3 管理制度

运维单位应建立水污染源自动监测设备运行维护管理制度，主要包括仪器设备运行与维护的作业指导书，日常巡检制度及巡检内容，定期维护制度及定期维护内容，定期校验和校准制度及内容，易损、易耗品的定期检查和更换制度，废药剂的收集处置制度，设备故障及应急处理制度，运行维护记录内容等一系列管理制度。

7.5.4 日常维护总体要求

运维单位应按照相关技术规范及仪器使用说明书建立日常巡检制度，开展日常巡检工作并做好记录。日常巡检内容主要包括每日通过远程检查或现场查看的方式检查仪器运行状态、数据传输系统以及视频监控系统是否正常，设备出现故障时应第一时间处理解决；除日常维护工作外，应按照相关要求和设备说明书完成每周、每月、每季度检查维护内容。每日数据传输情况、定期的设备检查及保养情况应记录并归档。每次进行备件或材料更换时，更换的备件或材料的品名、规格、数量等应记录并归档。如更换标准物质或标准样品，还需记录标准物质或标准样品的浓度、配制时间、更换时间、有效期等信息。对日常巡检或维护保养中发现的故障或问题，系统管理维护人员应及时处理并记录。

7.5.5 运行技术总体要求

运维单位应按照相关技术规范要求定期进行自动标样核查和自动校准，同时定期进行实际水样比对试验。

7.6 质量保证要求

7.6.1 总体要求

水污染源自动监测设备日常运行质量保证是保障设备正常稳定运行、持续提供有质量保证监测数据的必要手段。操作维护人员每日远程检查或现场查看检测设备运行状态，如发现异常，应立即前往；操作维护人员每周至少一次对设备进行现场维护，包括试剂添加、设备状态检查、采样系统维护、供电系统检查等；操作维护人员每月一次对现场设备进行保养，包括检查和保养易损耗件、测量部件和对设备外壳进行清洗；每季度检查及更换易损耗件，用专用容器回收仪器设备产生的废液；操作维护人员每月至少进行一次实际水样比对试验，定期对设备进行自动标样核查和自动校准。当设备出现因故障或维护原因不能正常运行时，应在24小时内报告当地生态环境主管部门。以月为周期，每月设备有效数据率不得小于90%，以保证监测数据的数量要求。

有效数据率=仪器实际获得的有效数据个数/应获得的有效数据个数×100%

7.6.2 日常检查维护

7.6.2.1 运行和日常维护

（1）日常检查内容

每日远程检查或现场查看仪器运行状态，检查数据传输系统及视频监控系统是否正常，如发现数据有持续异常情况，应立即前往站点检查。

（2）至少每7天对监测系统进行1次现场维护，现场维护内容

检查自来水供应、泵取水情况；检查内部管路是否通畅、仪器自动清洗装置运行是否正常；检查各自动分析仪的进样水管和排水管是否清洁，必要时进行清洗；定期清洗水泵和过滤网。

检查站房内电路系统、通信系统是否正常。

对于用电极法测量的仪器，检查标准溶液和电极填充液，进行电极探头的清洗。

若部分站点使用气体钢瓶，应检查载气气路系统是否密封、气压是否满足使用要求。

检查各仪器标准溶液和试剂是否在有效使用期内，按相关要求定期更换标准溶液和分析试剂。

观察数据采集传输仪运行情况，并检查连接处有无损坏，对数据进行抽样检查，对比自动分析仪、数据采集传输仪及监控中心平台接收到的数据是否一致。

检查水质自动采样系统管路是否清洁，采样泵、采样桶和留样系统是否正常工作，留样保存温度是否正常。

（3）每月现场维护内容

水质自动采样系统：根据情况更换蠕动泵管、清洗混合采样瓶等。

TOC水质自动分析仪：检查TOC-COD_{Cr}转换系数是否适用，必要时进行修正。检查TOC水质自动分析仪的泵、管、加热炉温度等，检查试剂余量（必要时添加或更换），检查卤素洗涤器、冷凝器水封容器、增湿器，必要时加蒸馏水。

COD_{Cr} 水质在线自动监测仪：检查内部试管是否污染，必要时进行清洗。

氨氮水质自动分析仪：检查气敏电极表面是否清洁，对仪器管路进行保养、清洁。

流量计：检查超声波流量计液位传感器高度是否发生变化，检查超声波探头与水面之间是否有干扰测量的物体，对堰体内影响流量计测定的干扰物进行清理；检查管道电磁流量计的检定证书是否在有效期内。

pH 水质自动分析仪：用酸液清洗 1 次电极，检查 pH 电极是否钝化，必要时进行校准或更换。

温度计：每月至少进行 1 次现场水温比对试验，必要时进行校准或更换。

每月的现场维护应包括对水污染源在线监测仪器进行 1 次保养，对仪器分析系统进行维护；对数据存储或控制系统工作状态进行 1 次检查；检查监测仪器接地情况；检查监测站房防雷措施；检查和保养仪器易损耗件，必要时更换；检查及清洗取样单元、消解单元、检测单元、计量单元等。

（4）每季度现场维护内容

检查及更换仪器易损耗件，检查关键零部件可靠性，如计量单元准确性、反应室密封性等，必要时进行更换。对于水污染源在线监测仪器所产生的废液应使用专用容器予以回收，交由有危险废物处理资质的单位处理，不得随意排放或流入污水排放口。

（5）其他预防性维护

保证监测站房的安全性，进出监测站房应进行登记，包括出入时间、人员、原因等，应设置视频监控系统。

保持监测站房的清洁，保持设备的清洁，保证监测站房内的温度、湿度满足仪器正常运行的需求。

保持各仪器管路通畅，出水正常，无漏液。

对电源控制器、空调、排风扇、供暖、消防设备等辅助设备要进行经常性检查。

此处未提及的维护内容，按相关仪器说明书的要求进行仪器维护保养、易耗品的定期更换工作。

7.6.2.2 维护记录

操作人员应详细了解水污染源在线监测系统的基本情况，填写相关记录表格。在对系统进行日常维护时，应做好巡检维护记录，巡检维护记录应包含日志检查、耗材检查、辅助设备检查、采样系统检查、水污染源在线监测仪器检查、数据采集传输系统检查等必检项目和记录，以及仪器使用说明书中规定的其他检查项目和仪器参数设置记录、标样核查及校准结果记录、检修记录、易耗品更换记录、标准样品更换记录和实际水样比对试验结果记录。

7.6.3 运行技术要求

运行技术要求包括自动标样核查和自动校准、实际水样比对试验。

7.6.3.1 自动标样核查和自动校准

选用浓度约为现场工作量程上限值0.5倍的标准样品定期进行自动标样核查。如果自动标样核查结果不满足《水污染源在线监测系统（COD_{Cr}、NH_3-N 等）运行技术规范》（HJ 355—2019）中表 1（以下简称表 1）的规定，则应对仪器进行自动校准。仪器自动校准完后应使用标准溶液进行验证（可使用自动标样核查代替该操作），验证结果应符合表 1 的规定，如不符合则应重新进行 1 次校准和验证，如 6 小时内仍不符合表 1 的规定，则应进入人工维护状态。

在线监测仪器自动校准及验证时间如果超过 6 小时则应采取人工监测的方法向相应生态环境主管部门报送数据，数据报送每天不少于 4 次，间隔不得超过 6 小时。

自动标样核查周期最长间隔不得超过 24 小时，校准周期最长间隔不得超过 7 天。

7.6.3.2 实际水样比对试验

除流量外，运行维护人员每月应对每个站点所有自动分析仪至少进行 1 次实际水样比对试验。对于超声波明渠流量计每季度至少用便携式明渠流量计比对装置进行 1 次比对试验，试验结果均应满足表 1 规定的要求。

（1）COD_{Cr}、TOC、NH_3-N、TP、TN 水质自动分析仪

每月至少进行 1 次实际水样比对试验，采用水质自动分析仪与国家环境监测分析方法标准分别对相同的水样进行分析，两者测量结果组成一个测定数据对，至少获得 3 个测定数据对，计算实际水样比对试验的绝对误差或相对误差。

当实际水样比对试验的结果不满足标准规定的性能指标要求时，应对仪器进行校准和标准溶液验证后再次进行实际水样比对试验。如第二次实际水样比对试验结果仍不符合性能指标要求时，仪器应进入维护状态，同时此次实际水样比对试验至上次仪器自动校准或自动标样核查期间所有的数据均判断为无效数据。

若仪器维护时间超过 6 小时，应采取人工监测的方法向相应生态环境主管部门报送数据，数据报送每天不少于 4 次，间隔不得超过 6 小时。

（2）pH 水质自动分析仪和温度计

每月至少进行 1 次实际水样比对试验，采用 pH 水质自动分析仪和温度计与国家环境监测分析方法标准分别对相同的水样进行分析，计算仪器测量值与国家环境监测分析方法标准测定值的绝对误差。

如果比对结果不符合标准规定的性能指标要求时，应对 pH 水质自动分析仪和温度计进行校准，校准完成后需再次进行比对，直至合格。

（3）超声波明渠流量计

每季度至少用便携式明渠流量计比对装置对现场安装使用的超声波明渠流量计进行 1 次比对试验（比对前应对便携式明渠流量计进行校准），如比对结果不符合标准规定的性能指标要求时，应对超声波明渠流量计进行校准，校准完成后需再次进行比对，直至合格。

①液位比对：分别用便携式明渠流量计比对装置（液位测量精度≤1 mm）和超声波明渠流量计测量同一水位观测断面处的液位值，进行比对试验，每 2 分钟读取一次数据，连续读取 6 次，计算每组数据的误差值，选取最大的一组误差值作为流量计的液位误差。

②流量比对：分别用便携式明渠流量计比对装置和超声波明渠流量计测量同一水位观测断面处的瞬时流量，进行比对试验，待数据稳定后，开始计时10分钟，分别读取明渠流量比对装置该时段内的累积流量和超声波明渠流量计该时段内的累积流量，最终计算出流量比对误差。

7.6.3.3 有效数据率

以月为周期，计算每个周期内水污染源在线监测仪实际获得的有效数据的个数占应获得的有效数据的个数的百分比不得小于90%，有效数据的判定参见《水污染源在线监测系统（COD_{Cr}、NH_3-N等）数据有效性判别技术规范》（HJ 356—2019）的相关规定。

7.6.4 检修和故障处理要求

污染源自动监测设备发生故障后，应该严格按照相关技术规范及管理要求进行设备检修，具体情况如下：

①水污染源在线监测系统需维修的，应在维修前报相应生态环境主管部门备案；需停运、拆除、更换、重新运行的，应经相应生态环境主管部门批准同意。

②因不可抗力和突发性原因致使水污染源在线监测系统停止运行或不能正常运行时，应当在24小时内报告相应生态环境主管部门并书面报告停运原因和设备情况。

③运行单位发现故障或接到故障通知，应在规定的时间内赶到现场处理并排除故障，无法及时处理的应安装备用仪器。

④水污染源在线监测仪器经过维修后，在正常使用和运行之前应确保其维修全部完成并通过校准和比对试验。若在线监测仪器进行了更换，在正常使用和运行之前，应该由运行单位组织对更换环保设备开展校验、比对和验收工作，并及时上报给县级以上生态环境主管部门。

⑤数据采集传输仪发生故障，应在相应生态环境主管部门规定的时间内修复或更换，并能保证已采集的数据不丢失。

⑥运行单位应备有足够的备品备件及备用仪器，对其使用情况进行定期清点，并根据实际需要进行增购。

⑦水污染源在线监测仪器因故障或维护等原因不能正常工作时，应及时向相应生态环境主管部门报告，必要时采取人工监测，监测周期间隔不大于 6 小时，数据报送每天不少于 4 次，监测技术要求参照《污水监测技术规范》（HJ 91.1—2019）执行。

7.6.5　运行比对监测要求

7.6.5.1　在线监测系统采样管理

比对监测时，应记录水污染源在线监测系统按照《水污染源在线监测系统（COD_{Cr}、NH_3-N 等）安装技术规范》（HJ 353—2019）进行采样的情况并在报告中说明。比对监测应及时正确地做好原始记录，并及时正确地粘贴样品标签，以免混淆。

7.6.5.2　仪器质量控制要求

比对监测时，应核查水污染源在线监测仪器参数设置情况，必要时进行标准溶液抽查，核查标准溶液是否符合相关规定的要求，在记录和报告中说明有关情况；比对监测所使用的标准样品和实际水样应符合现场安装仪器的量程；比对监测期间，不允许对在线监测仪器进行任何调试。

7.6.5.3　比对监测仪器性能要求

比对监测期间应对水污染源在线监测仪器进行比对试验，并符合表 1 的要求。

7.6.6　运行档案与记录

①水污染源在线监测系统运行的技术档案包括仪器的说明书、《水污染源在线监测系统（COD_{Cr}、NH_3-N 等）安装技术规范》（HJ 353—2019）要求的系统安装记录和《水污染源在线监测系统（COD_{Cr}、NH_3-N 等）验收技术规范》（HJ 354—2019）

要求的验收记录、仪器的检测报告以及各类运行记录表格。

②运行记录应清晰、完整，现场记录应在现场及时填写。可从记录中查阅和了解仪器设备的使用、维修和性能检验等全部历史资料，以对运行的各台仪器设备作出正确评价。与仪器相关的记录可放置在现场并妥善保存。

③运行记录表格主要包括水污染源在线监测系统基本情况、巡检维护记录表、水污染源在线监测仪器参数设置记录表、标样核查及校准结果记录表、检修记录表、易耗品更换记录表、标准样品更换记录表、实际水样比对试验结果记录表、水污染源在线监测系统运行比对监测报告、运行工作检查表等[表格样式详见《水污染源在线监测系统（COD_{Cr}、NH_3-N 等）运行技术规范》（HJ 355—2019）]，运行单位可根据实际需求及管理需要调整或增加不同的表格。

7.6.7 数据有效性判别流程

水污染源在线监测系统的运行状态分为正常采样监测时段和非正常采样监测时段。数据有效性判别流程见图 7-1。

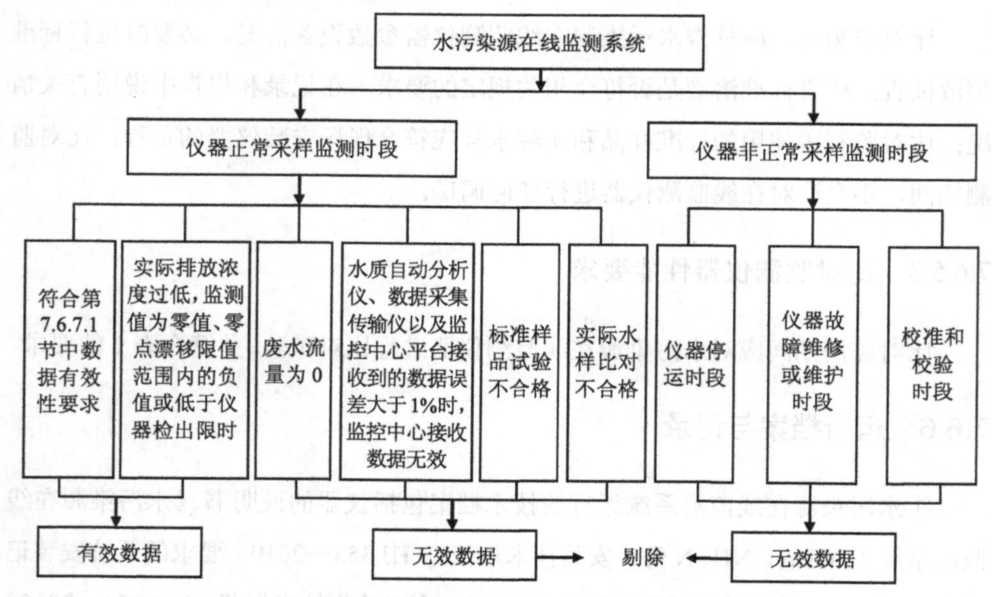

图 7-1 水污染源在线监测系统数据有效性判别流程

7.6.7.1　数据有效性判别指标

（1）实际水样比对试验误差

①COD_{Cr}、TOC、NH_3-N、TP、TN 水质自动分析仪的比对试验误差。对每个站点安装的 COD_{Cr}、TOC、NH_3-N、TP、TN 水质自动分析仪进行自动监测方法与《水污染源在线监测系统（COD_{Cr}、NH_3-N 等）数据有效性判别技术规范》（HJ 356—2019）中表 1 规定的国家环境监测分析方法标准的比对试验，两个测量结果组成一个测定数据对，至少获得 3 个测定数据对。比对过程中应尽可能保证比对样品均匀一致，实际水样比对试验结果应满足《水污染源在线监测系统（COD_{Cr}、NH_3-N 等）运行技术规范》（HJ 355—2019）中表 1 的要求。

②pH 水质自动分析仪与温度计的比对试验误差。对每个站点安装的 pH 水质自动分析仪、温度计进行自动监测方法与《水污染源在线监测系统（COD_{Cr}、NH_3-N 等）数据有效性判别技术规范》（HJ 356—2019）中表 1 规定的国家环境监测分析方法标准的比对试验，两个测量结果组成一个测定数据对，比对过程中应尽可能保证比对样品均匀一致，实际水样比对试验结果应满足《水污染源在线监测系统（COD_{Cr}、NH_3-N 等）运行技术规范》（HJ 355—2019）中表 1 的要求。

（2）标准样品试验误差

标准样品试验包括自动标样核查、标准溶液验证。对每个站点安装的 COD_{Cr}、TOC、NH_3-N、TP、TN 水质自动分析仪，采用有证标准样品作为质控考核样品，用浓度约为现场工作量程上限值 0.5 倍的标准样品进行自动标样核查试验，试验结果应满足《水污染源在线监测系统（COD_{Cr}、NH_3-N 等）运行技术规范》（HJ 355—2019）中表 1 的要求，否则应对仪器进行自动校准，仪器自动校准完成后应使用标准溶液进行验证（可使用自动标样核查代替该操作），验证结果应满足《水污染源在线监测系统（COD_{Cr}、NH_3-N 等）运行技术规范》（HJ 355—2019）中表 1 的要求。

（3）超声波明渠流量计比对试验误差

对每个站点安装的超声波明渠流量计进行自动监测方法与手工监测方法的比

对试验，比对试验的方法按照第7.6.3.2节的相关规定进行，比对试验结果应满足《水污染源在线监测系统（COD_{Cr}、NH_3-N 等）运行技术规范》（HJ 355—2019）中表1的要求。

7.6.7.2 数据有效性判别方法

（1）有效数据判别

①排污单位可以利用具备自动标记功能的自动监测设备在现场端进行自动标记，也可以授权有关责任人在自动监控系统企业服务端进行人工标记。鼓励排污单位优先进行自动标记，提高标记准确度，减少人工标记工作量。同一时段同时存在人工标记和自动标记时，以人工标记为准。排污单位完成标记即审核确认自动监测数据的有效性。

②自动标记即时生成，各项自动监测数据由自动监测设备同步按照相关标准规范分别计算。一般情况下，每日12时前完成前一日数据的人工标记，各项自动监测数据由自动监控系统企业服务端计算；如因通信中断数据未上传、系统升级维护等导致无法开展人工标记时，应当在数据上传后或标记功能恢复后24小时内完成人工标记。逾期不进行人工标记，视为对自动监测数据的有效性无异议。

③自动监测日均值数据有效性，依据自动监测小时均值数据标记情况进行自动判断。

④正常采样监测时段获取的监测数据，满足第7.6.7.1节的数据有效性判别标准，可判别为有效数据。

⑤监测值为零值、零点漂移限值范围内的负值或低于仪器检出限时，需要通过现场检查、实际水样比对试验、标准样品试验等质控手段来识别，对于因实际排放浓度过低而产生的上述数据，仍判断为有效数据。

⑥监测值如出现急剧升高、急剧下降或连续不变等情况，则需要通过现场检查、实际水样比对试验、标准样品试验等质控手段来识别，再做判别和处理。

⑦水污染源在线监测系统的运维记录中应当记载运行过程中报警、故障维修、

日常维护、校准等内容，运维记录可作为数据有效性判别的证据。

⑧水污染源在线监测系统应可调阅和查看详细的日志，日志记录可作为数据有效性判别的证据。

（2）无效数据判别

①自动监测数据不能真实、准确、完整反映污染物排放实际状况时，排污单位按要求如实标记的，视为自动监测数据无效。

②当流量为零时，在线监测系统输出的监测值为无效数据。

③水质自动分析仪、数据采集传输仪以及监控中心平台接收到的数据误差大于1%时，则监控中心平台接收到的数据为无效数据。

④发现标准样品试验不合格、实际水样比对试验不合格时，从此次不合格时刻至上次校准校验（自动校准、自动标样核查、实际水样比对试验中的任何一项）合格时刻期间的在线监测数据均判断为无效数据；从此次不合格时刻起至再次校准校验合格时刻期间的数据，作为非正常采样监测时段数据，判断为无效数据。

⑤水质自动分析仪停运期间、因故障维修或维护期间、有计划（质量保证和质量控制）地维护保养期间、校准和校验等非正常采样监测时间段内输出的监测值为无效数据，但对该时段数据做标记，作为监测仪器检查和校准的依据予以保留。

判断为无效的数据应注明原因，并保留原始记录。

7.6.7.3 有效均值的计算

（1）数据统计

正常采样监测时段获取的有效数据，应全部参与统计。监测值为零值、零点漂移限值范围内的负值或低于仪器检出限，并判断为有效数据时，应采用修正后的值参与统计。修正规则为 COD_{Cr} 修正值为 2 mg/L、NH_3-N 修正值为 0.01 mg/L、TP 修正值为 0.005 mg/L、TN 修正值为 0.025 mg/L。

（2）有效日均值

有效日均值是对应于以每日为一个监测周期内获得的某个污染物（COD_{Cr}、

NH_3-N、TP、TN）的所有有效监测数据的平均值，参与统计的有效监测数据数量应不少于当日应获得数据数量的75%。有效日均值是以流量为权的某个污染物的有效监测数据的加权平均值。

（3）有效月均值

有效月均值是对应于以每月为一个监测周期内获得的某个污染物（COD_{Cr}、NH_3-N、TP、TN）的所有有效日均值的算术平均值，参与统计的有效日均值数量应不少于当月应获得数据数量的75%。

7.6.7.4　无效数据的处理

正常采样监测时段，当COD_{Cr}、NH_3-N、TP和TN监测值判断为无效数据，且无法计算有效日均值时，其污染物日排放量可以用上次校准校验合格时刻前30个有效日排放量中的最大值进行替代，污染物浓度和流量不进行替代。非正常采样监测时段，当COD_{Cr}、NH_3-N、TP和TN监测值判断为无效数据，且无法计算有效日均值时，优先使用人工监测数据进行替代，每天获取的人工监测数据应不少于4次，替代数据包括污染物日均浓度、污染物日排放量。如无人工监测数据替代，其污染物日排放量可以用上次校准校验合格时刻前30个有效日排放量中的最大值进行替代，污染物浓度和流量不进行替代。流量为零时的无效数据不进行替代。

第 8 章　废气手工监测技术要点

与废水手工监测类似，废气手工监测也是一个全面性、系统性的工作。我国同样有一系列监测技术规范和方法标准用于指导和规范废气手工监测。本章立足现有的技术规范和标准，结合日常工作经验，分别针对有组织废气、无组织废气归纳总结了常见的方法和操作要求，以及方法使用过程中的重点注意事项。对于一些虽然适用，但不够便捷，目前实际应用很少的方法，本书中未列举。若排污单位根据实际情况，确实需要采用这类方法的，则应严格按照方法的适用条件和要求开展相关监测活动。

8.1　有组织废气监测

8.1.1　监测方式

有组织废气监测主要是针对排污单位通过排气筒排放的污染物排放浓度、排放速率、排气参数等开展的监测，主要的监测方式有现场测试和实验室分析两种。

①现场测试。

现场测试是指采用便携式仪器在污染源现场直接采集气态样品，通过预处理后进行即时分析，现场得到污染物的相关排放信息。目前，采用现场测试的主要指标包括二氧化硫、氮氧化物、颗粒物、硫化氢、排气参数（温度、氧含量、含湿量、流速）等，测试方法主要包括定电位电解法、非分散红外法、皮托管法、热电偶法、干湿球法等。

②实验室分析。

实验室分析是指采用特定仪器采集一定量的污染源废气并妥善保存带回实验室进行分析。目前我国多数污染物指标仍采用这种监测方式，主要的采样方式包括直接采样法（气袋、注射器、真空瓶等）和富集（浓缩）采样法（活性炭吸附、滤筒、滤膜捕集、吸收液吸收等），主要的分析方法包括重量法、色谱法、质谱法、分光光度法等。

8.1.2 实验室分析的现场采样

8.1.2.1 现场采样方式

（1）现场直接采样

现场直接采样包括注射器采样、气袋采样、采样管采样和真空瓶（管）采样。现场采样时，应按照《固定污染源排气中颗粒物测定与气态污染物采样方法》（GB/T 16157—1996）的规定配备相应的采样系统采样。

①注射器采样。

常用 100 mL 注射器采集样品。采样时，先用现场气体抽洗 2～3 次，然后抽取 100 mL，密封进气口，带回实验室分析。样品存放时间不宜过长，一般当天分析完。

气相色谱分析法常采用此法取样。取样后，应将注射器进气口朝下，垂直放置，以使注射器内压略大于外压，避光保存。

②气袋采样。

应选不吸附、不渗漏，也不与样气中污染组分发生化学反应的气袋，如聚四氟乙烯袋、聚乙烯袋、聚氯乙烯袋和聚酯袋等，还有用金属薄膜作衬里（如衬银、衬铝）的气袋。

采样时，先用待测废气冲洗 2～3 次，再充满样气，夹封进气口，带回实验室尽快分析。

③采样管采样。

采样时，打开两端旋塞，用抽气泵接在采样管的一端，迅速抽进比采样管容积大 6～10 倍的待测气体，使采样管中原有气体被完全置换出，关上旋塞，采样管体积即采气体积。

④真空瓶采样。

真空瓶是一种具有活塞的耐压玻璃瓶。采样前，先用抽真空装置把真空瓶内气体抽走，抽气减压到绝对压力为 1.33 kPa。采样时，打开旋塞采样，采完关闭旋塞，则采样体积即真空瓶体积。

（2）富集（浓缩）采样法

富集（浓缩）采样法主要包括溶液吸收法、填充柱阻留法和滤料阻留法等。

①溶液吸收法。

采样原理：采样时，用抽气装置将待测废气以一定流量抽入装有吸收液的吸收瓶，采集一段时间。采样结束后，送实验室进行测定。

常用吸收液：酸碱溶液、有机溶剂等。

吸收液选用应遵循的原则：

（a）反应快，溶解度大；

（b）稳定时间长；

（c）吸收后利于分析；

（d）毒性小，价格低，易于回收。

②填充柱阻留法。

采样原理：填充柱是用一根长 6～10 cm、内径 3～5 mm 的玻璃管或塑料管，内装颗粒状填充剂制成的。采样时，让样气以一定流速通过填充柱，待测组分因吸附、溶解或化学反应等作用被阻留在填充剂上，达到浓缩采样的目的。采样后，通过解吸或溶剂洗脱，使被测组分从填充剂上释放出来进行测定。

填充剂主要类型：

（a）吸附型：活性炭、硅胶、分子筛、高分子多孔微球等；

（b）分配型：涂高沸点有机溶剂的惰性多孔颗粒物；

（c）反应型：惰性多孔颗粒物、纤维状物表面能与被测组分发生化学反应。

③滤料阻留法。

采样原理：该方法是将过滤材料（滤筒、滤膜等）放在采样装置内，用抽气装置抽气，废气中的待测物质被阻留在过滤材料上，根据相应分析方法测定出待测物质的含量。

常用过滤材料：玻璃纤维滤筒、石英滤筒、刚玉滤筒、玻璃纤维滤膜、过氯乙烯滤膜、聚苯乙烯滤膜、微孔滤膜、核孔滤膜等。

8.1.2.2 现场采样技术要点

有组织废气排放监测时，采样点位布设、采样频次、时间、监测分析方法以及质量保证等均应符合《固定污染源排气中颗粒物测定与气态污染物采样方法》（GB/T 16157—1996）和《固定源废气监测技术规范》（HJ/T 397—2007）的规定。

（1）采样位置和采样点

①采样位置应避开对测试人员操作有危险的场所。

②采样位置应优先选择在垂直管段，避开烟道弯头和断面急剧变化的部位。采样位置应设置在距弯头、阀门、变径管下游方向不小于 6 倍直径处，以及距上述部件上游方向不小于 3 倍直径处。采样断面的气流速度最好在 5 m/s 以上。采样孔内径应不小于 80 mm，宜选用 90～120 mm 内径的采样孔。

③测试现场空间位置有限，很难满足上述要求时，可选择比较适宜的管段采样，但距采样断面与弯头等的距离至少是烟道直径的 1.5 倍，并应适当增加测点的数量和采样频次。

④对于气态污染物，由于混合比较均匀，其采样位置可不受上述规定限制，但应避开涡流区。

⑤采样平台应有足够的工作面积使工作人员安全、方便地操作。

平台面积应不小于 1.5 m^2，并设有 1.1 m 高的护栏和不低于 10 cm 的脚部挡板，采样平台的承重应不小于 200 kg/m^2，采样孔距平台面约为 1.2～1.3 m。当 CEMS 安装在矩形烟道时，若烟道截面的高度>4 m，则不宜在烟道顶层开设参比方法采样孔；若烟道截面的宽度>4 m，则应在烟道两侧开设参比方法采样孔，并设置多层采样平台。在 CEMS 监测断面下游应预留参比方法采样孔，采样孔位置和数目按照《固定污染源排气中颗粒物测定与气态污染物采样方法》（GB/T 16157—1996）的要求确定。现有污染源参比方法采样孔内径应≥80 mm，新建或改建污染源参比方法采样孔内径应≥90 mm。在互不影响测量的前提下，参比方法采样孔应尽可能靠近 CEMS 监测断面。当烟道为正压烟道或有毒气时，应采用带闸板阀的密封采样孔。

⑥颗粒物和废气流量测量时，根据采样位置尺寸进行多点分布采样测量，一般情况下排气参数（温度、含湿量、氧含量）和气态污染物在管道中心位置测定。

（2）排气参数的测定

①温度的测定：常用测定方法为热电偶法或电阻温度计法。一般情况下可在靠近烟道中心的一点测定，封闭测孔，待温度计读数稳定后读取数据。

②含湿量的测定：常用测定方法为干湿球法。在靠近烟道中心的一点测定，封闭测孔，使气体在一定的速度下流经干球、湿球温度计，根据干球、湿球温度计的读数和测点处排气的压力，计算出排气的水分含量。

③氧含量的测定：常用测定方法为电化学法或氧化锆氧分仪法。在靠近烟道中心的一点测定，封闭测孔，待氧含量读数稳定后读取数据。

④流速、流量的测定：常用测定方法为皮托管法。根据测得的某点处的动压、静压及温度、断面截面积等参数计算出排气流速和流量。

（3）采样频次和采样时间

采样频次和采样时间确定的主要依据：相关标准和规范的规定和要求；实施监测的目的和要求；被测污染源污染物排放特点、排放方式及排放规律，生产设施和治理设施的运行状况；被测污染源污染物排放浓度的高低和所采用的监测分析方法的检出限。

具体要求如下：

①相关标准中对采样频次和采样时间有规定的，按相关标准的规定执行。

②相关标准中没有明确规定的，排气筒中废气的采样以连续 1 小时的采样获取平均值，或在 1 小时内，以等时间间隔采集 3～4 个样品，并计算平均值。

③特殊情况下，若某排气筒的排放为间断性排放，排放时间小于 1 小时，应在排放时段内实行连续采样，或在排放时段内等间隔采集 2～4 个样品，并计算平均值；若某排气筒的排放为间断性排放，排放时间大于 1 小时，则应在排放时段内按②的要求采样。

（4）监测分析方法选择

选择监测分析方法时，应遵循以下原则：

①监测分析方法的选用应充分考虑相关排放标准的规定、被测污染源排放特点、污染物排放浓度的高低、所采用监测分析方法的检出限和干扰等因素。

②相关排放标准中有监测分析方法的规定时，应采用标准中规定的方法。

③对相关排放标准未规定监测分析方法的污染物项目，应选用国家环境保护标准、环境保护行业标准规定的方法。

④在某些项目的监测中，尚无方法标准的，可采用国际标准化组织（ISO）或其他国家的等效方法标准，但应经过验证合格，其检出限、准确度和精密度应能达到质控要求。

（5）质量保证要求

①属于国家强制检定目录内的工作计量器具，必须按期送计量部门检定，检定合格，取得检定证书后方可继续用于监测工作。

②排气温度、氧含量、含湿量、流速测定、烟气、烟尘测定等仪器应根据要求定期校准，对一些仪器使用的电化学传感器应根据使用情况及时更换。

③采样系统采样前应进行气密性检查，防止系统漏气。检查采样嘴、皮托管等是否变形或损坏。

④滤筒、滤料等外观无裂纹、空隙或破损，无挂毛或碎屑，能耐受一定的高温和机械强度。采样管、连接管、滤筒、滤料等不被腐蚀、不与待测组分发生化学反应。

⑤样品采集后注意样品的保存要求，应尽快送实验室分析。

8.1.3 指标测定

各监测指标除遵循第 8.1.1 节监测方式和第 8.1.2 节实验室分析的现场采样的相关要求外，还应遵循各自的具体要求。

8.1.3.1 二氧化硫

（1）常用方法

二氧化硫（SO_2）是有组织废气排放的主要常规污染物之一，目前主要的监测方法有定电位电解法、非分散红外吸收法和便携式紫外吸收法 3 种现场测试方法，标准监测方法详见表 8-1。

表 8-1 常用二氧化硫监测标准方法

序号	标准方法	原理及特点
1	《固定污染源废气 二氧化硫的测定 定电位电解法》（HJ 57—2017）	①废气被抽入主要由电解槽、电解液和电极组成的传感器中，二氧化硫通过渗透膜扩散到电极表面，发生氧化反应，产生的极限电流大小与二氧化硫浓度成正比。 ②需要配备除湿性能好的预处理器，以去除水分对监测的影响。 ③测定时，易受一氧化碳干扰
2	《固定污染源废气 二氧化硫的测定 非分散红外吸收法》（HJ 629—2011）	①二氧化硫气体在 6.82～9 μm 红外光谱波长具有选择性吸收。一束恒定波长为 7.3 μm 的红外光通过二氧化硫气体时，其光通量的衰减与二氧化硫的浓度符合朗伯-比尔定律定量。 ②需要配备除湿性能好的预处理器，以消除或减少排出水分对监测结果的影响
3	《固定污染源废气 二氧化硫的测定 便携式紫外吸收法》（HJ 1131—2020）	①二氧化硫对紫外光区内 190～230 μm 或 280～320 μm 特征波长光具有选择性吸收。根据朗伯-比尔定律定量测定废气中二氧化硫的浓度。 ②需要配备除湿性能好的预处理器，以消除或减少排出水分对监测结果的影响。 ③应通过高效过滤除尘等方法消除或减少废气中颗粒物对仪器的污染

序号	标准方法	原理及特点
4	《固定污染源废气　气态污染物（SO_2、NO、NO_2、CO、CO_2）的测定　便携式傅里叶变换红外光谱法》（HJ 1240—2021）	①在一定条件下，红外吸收光谱中目标化合物的特征吸收峰强度与其浓度遵循朗伯-比尔定律，根据吸收峰强度可对目标化合物进行定量分析。 ②需要配备除湿性能好的预处理器，以消除或减少排出水分对监测结果的影响。 ③应通过高效过滤除尘等方法消除或减少废气中颗粒物对仪器的污染

8.1.3.2　氮氧化物

（1）常用方法

有组织废气中的氮氧化物（NO_x）包括以一氧化氮（NO）和二氧化氮（NO_2）两种形式存在的氮氧化物，因此对有组织废气中氮氧化物监测的实际上是通过对一氧化氮和二氧化氮的监测实现的。有组织废气中氮氧化物监测标准方法的原理及特点见表 8-2。

表 8-2　常用氮氧化物监测标准方法

序号	标准方法	原理及特点
1	《固定污染源废气　氮氧化物的测定　定电位电解法》（HJ 693—2014）	①废气被抽入主要由电解槽、电解液和电极组成的传感器中，一氧化氮或二氧化氮通过渗透膜扩散到电极表面，发生氧化还原反应，产生的极限电流大小与一氧化氮或二氧化氮浓度成正比。 ②两个不同的传感器分别测定一氧化氮（以 NO_2 计）和二氧化氮，两者测定之和为氮氧化物（以 NO_2 计）
2	《固定污染源废气　氮氧化物的测定　非分散红外吸收法》（HJ 692—2014）	①利用 NO 对红外光谱区，特别是 5.3 um 波长光的选择性吸收，由朗伯-比尔定律定量 NO 和废气中 NO_2 通过转换器还原为 NO 后的浓度。 ②一般先将废气通入转换器，将废气中的二氧化氮还原为一氧化氮，再将废气通入非分散红外吸收法仪器进行监测。此时，由二氧化氮转化而来的一氧化氮，将和废气中原有的一氧化氮一起经过分析测试，测得结果为总的氮氧化物（以 NO_2 计）

序号	标准方法	原理及特点
3	《固定污染源废气　氮氧化物的测定　便携式紫外吸收法》（HJ 1132—2020）	①一氧化氮对紫外光区内 200～235 nm 特征波长光，二氧化氮对紫外光区内 220～250 nm 或 350～500 nm 特征波长光具有选择性吸收。根据朗伯-比尔定律定量测定废气中一氧化氮和二氧化氮的浓度。 ②需要配备除湿性能好的预处理器，以消除或减少排出水分对监测结果的影响。 ③应通过高效过滤除尘等方法消除或减少废气中颗粒物对仪器的污染
4	《固定污染源废气　气态污染物（SO_2、NO、NO_2、CO、CO_2）的测定　便携式傅里叶变换红外光谱法》（HJ 1240—2021）	①在一定条件下，红外吸收光谱中目标化合物的特征吸收峰强度与其浓度遵循朗伯-比尔定律，根据吸收峰强度可对目标化合物进行定量分析。 ②需要配备除湿性能好的预处理器，以消除或减少排出水分对监测结果的影响。 ③应通过高效过滤除尘等方法消除或减少废气中颗粒物对仪器的污染

从表 8-2 中可以看出，常用的有组织废气中氮氧化物监测方法主要包括定电位电解法、非分散红外吸收法和便携式紫外吸收法 3 种现场测试方法，这 3 种方法实现氮氧化物测定的过程方式是有所不同的，但最终监测结果均以 NO_2 计。

8.1.3.3　颗粒物

（1）常用方法

颗粒物的监测一般使用重量法，采用现场采样+实验室分析的监测方式，利用等速采样原理，抽取一定量的含颗粒物的废气，根据所捕集到的颗粒物质量和同时抽取的废气体积，计算出废气中颗粒物的浓度。

目前颗粒物监测方法标准主要有《固定污染源排气中颗粒物测定与气态污染物采样方法》（GB/T 16157—1996）、《固定污染源废气　低浓度颗粒物的测定 重量法》（HJ 836—2017）。根据原环境保护部的相关规定，在测定有组织废气中颗粒物浓度时，应遵循表 8-3 中的规定选择合适的监测方法标准。

表 8-3 常用颗粒物监测标准方法的适用范围

序号	废气中颗粒物浓度范围	适用的标准方法
1	≤20 mg/m^3	《固定污染源废气 低浓度颗粒物的测定 重量法》（HJ 836—2017）
2	＞20 mg/m^3，且≤50 mg/m^3	《固定污染源废气 低浓度颗粒物的测定 重量法》（HJ 836—2017）、《固定污染源排气中颗粒物测定与气态污染物采样方法》（GB/T 16157—1996），均适用
3	＞50 mg/m^3	《固定污染源排气中颗粒物测定与气态污染物采样方法》（GB/T 16157—1996）

依据《固定污染源排气中颗粒物测定与气态污染物采样方法》（GB/T 16157—1996）进行颗粒物监测时，仅将滤筒作为样品，进行采样前后的分析称量；依据《固定污染源废气 低浓度颗粒物的测定 重量法》（HJ 836—2017）进行低浓度颗粒物监测时，需要将装有滤膜的采样头作为样品，进行采样前后的整体称量。

8.1.3.4 氨

废气中氨排放监测时，主要依据《环境空气和废气 氨的测定 纳氏试剂分光光度法》（HJ 533—2009）。采用气泡吸收管+小流量采样器进行现场吸收液采集样品，之后送实验室采用纳氏试剂分光光度法进行分析测定。

8.1.3.5 非甲烷总烃

《固定污染源废气 总烃、甲烷和非甲烷总烃的测定 气相色谱法》（HJ 38—2017）

本标准适用于固定污染源有组织排放废气中的总烃、甲烷和非甲烷总烃的测定。当进样体积为 1.0 mL 时，本方法测定总烃、甲烷的检出限均为 0.06 mg/m^3（以甲烷计），测定下限均为 0.24 mg/m^3（以甲烷计）；非甲烷总烃的检出限为 0.07 mg/m^3（以碳计），测定下限为 0.28 mg/m^3（以碳计）。

8.1.3.6　氯化氢

（1）《环境空气和废气　氯化氢的测定　离子色谱法》（HJ 549—2016）

本标准适用于环境空气和废气中氯化氢的测定。

对于固定污染源废气，当采样体积为10 L（标准状态），定容体积为50.0 mL时，方法检出限为0.2 mg/m^3，测定下限为0.80 mg/m^3。

（2）《固定污染源废气　氯化氢的测定　硝酸银容量法》（HJ 548—2016）

本标准适用于固定污染源废气中氯化氢的测定。

当采样体积为15 L（标准状态），方法检出限为2 mg/m^3，测定下限为8.0 mg/m^3。

（3）《固定污染源排气中氯化氢的测定　硫氰酸汞分光光度法》（HJ/T 27—1999）

本标准适用于固定污染源有组织排放和无组织排放的氯化氢测定。

在无组织排放样品分析中，当采气体积为60 L时，氯化氢的检出限为0.05 mg/m^3，定量测定的浓度为 0.16～0.80 mg/m^3，在有组织排放样品分析中，当采气体积为10 L时，氯化氢的检出限为0.9 mg/m^3，定量测定的浓度为3.0～24 mg/m^3。

在本标准规定的显色条件下，当采气体积为 100 L 时，氟化氢（HF）浓度高于0.2 mg/m^3，硫化氢（H_2S）浓度高于 0.1 mg/m^3，以及氰化氢（HCN）浓度高于 0.1 mg/m^{3}时，将对氯化氢的测定产生干扰。

8.1.3.7　硫化氢

《空气质量　硫化氢、甲硫醇、甲硫醚和二甲二硫的测定　气相色谱法》（GB/T 14678—93）适用于恶臭污染源排气和环境空气中硫化氢、甲硫醇、甲硫醚和二甲二硫的同时测定。气相色谱仪的火焰光度检测器（GC-FPD）对4种成分的检出限为0.2×10^{-9}～1.0×10^{-9} g，当气体样品中四种成分浓度高于1.0 mg/m^{3}时，可取 1～2 mL 气体样品直接注入气相色谱仪分析。对 1 L 气体样品进行浓缩，4 种成分的方法检出限分别为0.2×10^{-3}～1.0×10^{-3} mg/m^3。

8.1.3.8　二噁英类

《环境空气和废气　二噁英类的测定　同位素稀释高分辨气相色谱－高分辨质谱法》（HJ 77.2—2008）适用于环境空气中二噁英类污染物的采样、样品处理及其定性和定量分析。本标准适用于固定源排放废气中二噁英类污染物的采样、样品处理及其定性和定量分析，方法检出限取决于所使用的分析仪器的灵敏度、样品中的二噁英类质量浓度以及干扰水平等多种因素，2,3,7,8-T4CDD 仪器检出限应低于 0.1 pg，当废气采样量为 4 m^3（标准状态）时，本方法对 2,3,7,8-T4CDD 的最低检出限应低于 1 pg/m^3；当环境空气采样量为 1 000 m^3（标准状态）时，本方法对 2,3,7,8-T4CDD 的最低检出限应低于 0.005 pg/m^3。

8.1.3.9　苯、甲苯、二甲苯

《固定污染源废气　挥发性有机物的测定　固相吸附-热脱附/气相色谱-质谱法》（HJ 734—2014）适用于固定污染源废气中 24 种挥发性有机物的测定，24 种挥发性有机物包括丙酮、异丙醇、正己烷、乙酸乙酯、苯、六甲基二硅氧烷、3-戊酮、正庚烷、甲苯、环戊酮、乳酸乙酯、乙酸丁酯、丙二醇单甲醚乙酸酯、乙苯、对/间二甲苯、2-庚酮、苯乙烯、邻二甲苯、苯甲醚、苯甲醛、1-癸烯、2-壬酮、1-十二烯，其他挥发性有机物经过验证后也可使用本方法。

当采样体积为 300 mL 时，苯的方法检出限为 0.004 mg/m^3，测定下限为 0.016 mg/m^3；甲苯的方法检出限为 0.004 mg/m^3，测定下限为 0.016 mg/m^3；对/间-二甲苯的方法检出限为 0.009 mg/m^3，测定下限为 0.036 mg/m^3。

8.1.3.10　硫酸雾

《固定污染源废气　硫酸雾的测定　离子色谱法》（HJ 544—2016）适用于固定污染源废气中硫酸雾的测定。

测定有组织排放废气，当采样体积为 0.40 m^3（标准状态），定容体积为 100 mL，

进样体积为 25 μL 时，方法检出限为 0.2 mg/m^3，测定下限为 0.80 mg/m^3。测定无组织排放废气，当采样体积为 3.0 m^3（标准状态），定容体积为 50.0 mL，进样体积为 25 μL 时，方法检出限为 0.005 mg/m^3，测定下限为 0.020 mg/m^3。

8.1.3.11　酚类

《固定污染源排气中酚类化合物的测定　4-氨基安替比林分光光度法》（HJ/T 32—1999）适用于固定污染源有组织排放和无组织排放的酚类化合物测定。

在有组织排放样品分析中，当采样体积为 10 L、吸收液体积为 50 mL，用蒸馏-直接比色法测定酚类化合物的检出限为 0.3 mg/m^3，定量测定的浓度为 1.0～80 mg/m^3。

8.1.3.12　氰化氢

《固定污染源排气中氰化氢的测定　异烟酸-吡唑啉酮分光光度法》（HJ/T 28—1999）适用于固定污染源有组织排放和无组织排放的氰化氢测定。

在有组织排气样品分析中，当采样体积为 5 L 时，方法的检出限为 0.09 mg/m^3，定量测定浓度为 0.29～8.8 mg/m^3。

8.1.3.13　油雾

《固定污染源废气　油烟和油雾的测定　红外分光光度法》（HJ 1077—2019）适用于固定污染源废气中油烟和油雾的测定。

当采样体积为 250 L（标准状态），萃取液体积为 25 mL，使用 4 cm 石英比色皿时，本方法油烟和油雾的检出限均为 0.1 mg/m^3，测定下限均为 0.4 mg/m^3。

8.1.3.14　硝酸雾

《固定污染源废气　硝酸雾的测定　离子色谱法》（征求意见稿）适用于固定污染源废气和无组织排放监控点空气中硝酸雾的测定。当固定污染源废气采样体积为

0.4 m^3，将滤膜制备成 50 mL 试样，进样体积为 25 μL 时，方法检出限为 0.05 mg/m^3，测定下限为 0.20 mg/m^3；当无组织排放监控点空气采样体积为 6 m^3，将滤膜制备成 50 mL 试样，进样体积为 25 μL 时，方法检出限为 0.004 mg/m^3，测定下限为 0.016 mg/m^3。

8.1.3.15 铬酸雾

《固定污染源排气中铬酸雾的测定 二苯基碳酰二肼分光光度法》（HJ/T 29—1999）适用于固定污染源有组织排放和无组织排放的铬酸雾测定。

在无组织排放样品分析中，当采样体积为 60 L 时，方法的检出限为 5×10^{-4} mg/m，方法的定量测定浓度范围为 18×10^{-3}～30.3 mg/m^3；在有组织排放样品分析中，当采样体积为 30 L 时，方法的检出限为 5×10^{-3} mg/m^3，方法的定量测定浓度为 18×10^{-2}～12 mg/m^3。

8.1.3.16 碱雾

《固定污染源废气 碱雾的测定 电感耦合等离子体发射光谱法》（HJ 1007—2018）适用于钢铁行业固定污染源废气中碱雾的测定。

当采样体积为 200 L（标干体积）时，方法检出限为 0.2 mg/m^3，测定下限为 0.8 mg/m^3。

8.2 无组织废气监测

8.2.1 监测方式

无组织废气监测是指排污单位对没有经过排气筒无规则排放的废气，或者废气虽经排气筒排放但排气筒高度没有达到有组织排放要求的低矮排气筒排放的废气污染物浓度进行监测。

无组织废气排放监测的主要方式为现场采样+实验室分析，与有组织废气的方式相同，就是指采用特定仪器采集一定量的无组织废气并妥善保存带回实验室进行分析。主要采样方式包括现场直接采样法（注射器、气袋、采样管、真空瓶等）和富集（浓缩）采样法（活性炭吸附、滤筒、滤膜捕集、吸收液吸收等），主要分析方法包括重量法、色谱法、质谱法、分光光度法等。

8.2.2 现场采样

8.2.2.1 现场采样技术要点

无组织废气排放监测的主要参考标准为《大气污染物无组织排放监测技术导则》(HJ/T 55—2000)、《大气污染物综合排放标准》(GB 16297—1996）和排污单位具体执行的行业标准。

（1）控制无组织排放的基本方式

按照《大气污染物综合排放标准》(GB 16297—1996）的规定，我国以控制无组织排放所造成的后果来对无组织排放实行监督和限制。采用的基本方式是规定设立监控点（监测点）和规定监控点的污染物浓度限值。在设置监测点时，有的污染物除要求在下风向设置监控点外，还要在上风向设置对照点，监控浓度限值为监控点与参照点的浓度差值。有的污染物要求只在周界外浓度最高点设置监控点。

（2）设置监控点的位置和数目

根据《大气污染物综合排放标准》(GB 16297—1996）的规定，二氧化硫、氮氧化物、颗粒物和氟化物的监控点设在无组织排放源下风向 2～50 m 的浓度最高点，相对应的参照点设在排放源上风向 2～50 m 内；其余物质的监控点设在单位周界外 10 m 范围内的浓度最高点。按规定监控点最多可设 4 个，参照点只设 1 个。

（3）采样频次的要求

按照《大气污染物无组织排放监测技术导则》(HJ/T 55—2000）规定对无组织排放实行监测时，实行连续 1 小时的采样，或者实行在 1 小时内以等时间间隔采集4个样品计平均值。在进行实际监测时，为了捕捉到监控点最高浓度的时段，实际安排的采样时间可超过1小时。

（4）工况的要求

由于大气污染物排放标准对无组织排放实行限制的原则是在最大负荷下生产和排放，以及在最不利于污染物扩散稀释的条件下，无组织排放监控值不应超过排放标准所规定的限值。因此，监测人员应在不违反上述原则的前提下，选择尽可能高的生产负荷及不利于污染物扩散稀释的条件进行监测。

针对以上基本要求，如果排污单位执行的行业排放标准中对无组织排放有明确要求的，按照行业标准执行。

8.2.2.2 监测前准备工作

（1）单位基本情况调查

①主要原、辅材料和主、副产品，相应用量和产量、来源及运输方式等，重点了解用量大和可产生大气污染的材料和产品，列表说明，并予以必要的注释。

②注意车间和其他主要建筑物的位置和尺寸，有组织排放和无组织排放口位置及其主要参数，排放污染物的种类和排放速率；单位周界围墙的高度和性质（封闭式或通风式）；单位区域内的主要地形变化等。对单位周界外的主要环境敏感点（影响气流运动的建筑物和地形分布、有无排放被测污染物的污染源存在）进行调查，并标于单位平面布置图中。

③了解环境保护影响评价、工程建设设计、实际建设的污染治理设施的种类、原理、设计参数、数量以及目前的运行情况等。

（2）无组织排放源基本情况调查

除调查排放污染物的种类和排放速率（估计值）外，还应重点调查被监测无组织排放源的形状、尺寸、高度及其处于建筑群的具体位置等。

（3）仪器设备准备

按照被测物质的对应标准分析方法中有关无组织排放监测的采样部分所规定

仪器设备和试剂做好准备。所用仪器应通过计量监督部门的性能检定合格，并在使用前做必要调试和检查。采样时应注意检查电路系统、气路部分，校正流量计。

（4）监测条件

监测时，被测无组织排放源的排放负荷应处于相对较高，或者处于正常生产和排放状态。主导风向（平均风速）利于监控点的设置，并可使监控点和被测无组织排放源之间的距离尽可能缩小。通常情况下，选择冬季微风的日期，避开阳光辐射较强烈的中午时段进行监测是比较适宜的。

8.2.3　指标测定

各监测指标除遵循本章第 8.2.1 节监测方式和第 8.2.2 节现场采样的相关要求外，还应遵循各自的具体要求。根据石油炼制、石油化学行业涉及的无组织废气监测指标，实验室常用分析方法、所需设备见表 8-4。企业开展自行监测时，所采用的方法和使用的设备不限于表 8-4 中所列内容，若有其他适用的方法，也可以使用，但应按照《总则》及相关要求开展方法的验证。

表 8-4　无组织废气监测项目、标准方法及所需设备

监测项目	标准方法	所需设备
颗粒物	《环境空气颗粒物（$PM_{2.5}$）手工监测方法（重量法）技术规范》（HJ 656—2013）	$PM_{2.5}$ 采样器；流量校准器；温度计；气压计；湿度计；滤膜；滤膜保存盒；分析天平精度 0.1 mg；恒温恒湿设备；一般实验室常用仪器
	《环境空气　总悬浮颗粒物的测定　重量法》（HJ 1263—2022）	采样器；流量计；U 形管压差计；滤膜；滤膜保存盒；分析天平；恒温恒湿设备；一般实验室常用仪器
非甲烷总烃	《环境空气和废气　总烃、甲烷和非甲烷总烃便携式监测仪技术要求及检测方法》（HJ 1012—2018）	便携式总烃、甲烷和非甲烷总烃监测仪；一般实验室常用仪器
	《环境空气　总烃、甲烷和非甲烷总烃的测定　直接进样-气相色谱法》（HJ 604—2017）	采样容器；真空气体采样箱；样品保存箱；气相色谱仪；一般实验室常用仪器

监测项目	标准方法	所需设备
氯化氢	《环境空气和废气　氯化氢的测定　离子色谱法》（HJ 549—2016）	空气采样器；烟气采样器；烟尘采样器；聚四氟乙烯滤膜或石英滤膜；冰水浴；冲击式吸收瓶；离子色谱仪；乙酸纤维微孔滤膜；一次性注射器；一般实验室常用仪器
硫化氢	《空气质量　硫化氢、甲硫醇、甲硫醚和二甲二硫的测定　气相色谱法》（GB/T 14678—93）	气相色谱仪；采样装置；浓缩装置；解吸装置；一般实验室常用仪器
臭气	《空气质量　恶臭的测定　三点比较式臭袋法》（GB/T 14675—93）	标准臭液和无臭液；无臭纸；无臭空气净化装置；聚酯无臭袋；真空处理装置；注射器；一般实验室常用仪器
氨	《空气质量　氨的测定　离子选择电极法》（GB/T 14669—93）	氨敏感膜电极；pH 计，精确到 0.2 mV；磁力搅拌棒；大气采样器；一般实验室常用仪器
	《环境空气　氨、甲胺、二甲胺和三甲胺的测定　离子色谱法》（HJ 1076—2019）	空气采样器：0～1 L/min；离子色谱仪，电导检测器；具塞比色管：10 mL；多孔玻板吸收管；一般实验室常用仪器
	《环境空气和废气　氨的测定　纳氏试剂分光光度法》（HJ 533—2009）	空气采样器：0～1 L/min；具塞比色管：10 mL；玻板吸收瓶或大气冲击式吸收瓶；分光光度计；聚四氟乙烯管内径 6～7 mm；干燥管；一般实验室常用仪器
	《环境空气　氨的测定　次氯酸钠-水杨酸分光光度法》（HJ 534—2009）	空气采样泵：1～10 L/min；大型气泡吸收管；具塞比色管：10 mL；分光光度计；干燥管；一般实验室常用仪器
苯、甲苯、二甲苯	《环境空气　苯系物的测定　活性炭吸附/二硫化碳解吸-气相色谱法》（HJ 584—2010）	气相色谱仪（FID）；无油采样泵：0～1.5 L/min；活性炭采样管；温度计：精度 0.1℃；气压计：精度 0.01 kPa；微量注射器；移液管；磨口具塞试管：5 mL；一般实验室常用仪器
	《环境空气　苯系物的测定　固体吸附/热脱附-气相色谱法》（HJ 583—2010）	气相色谱仪（FID）；无油采样泵：0～1.5 L/min；Twnax 采样管；热脱附装置；老化装置；温度计：精度 0.1℃；气压计：精度 0.01 kPa；微量注射器；移液管；一般实验室常用仪器
	《环境空气　挥发性有机物的测定罐采样/气相色谱-质谱法》（HJ 759—2015）	气相色谱-质谱仪；气体冷肼浓缩仪；浓缩自动进样器；罐清洗装置；气体稀释装置；采样罐；液氮罐；流量控制器；校准流量计；真空压力表；过滤器；一般实验室常用仪器
	《环境空气　挥发性有机物的测定　吸附管采样-热脱附/气相色谱-质谱法》（HJ 644—2013）	气相色谱-质谱仪；热脱附装置；老化装置；校准流量计；微量注射器；一般实验室常用仪器

监测项目	标准方法	所需设备
苯并[a]芘	《环境空气 苯并[a]芘的测定 高效液相色谱法》（HJ 956—2018）	高效液相色谱仪：具有荧光检测器和梯度洗脱功能；采样器；提取设备；浓缩设备；净化装置；一般实验室常用仪器
	《环境空气和废气 气相和颗粒物中多环芳烃的测定 高效液相色谱法》（HJ 647—2013）	高效液相色谱仪：具有荧光检测器或紫外检测器和梯度洗脱功能；采样器；索式提取设备；浓缩设备；固相萃取净化装置；玻璃层析柱；恒温水浴；微量注射器；气密性注射器；一般实验室常用仪器
	《环境空气和废气 气相和颗粒物中多环芳烃的测定 气相色谱-质谱法》（HJ 646—2013）	气相色谱-质谱仪；采样器；索式提取设备；浓缩设备；固相萃取净化装置；玻璃层析柱；恒温水浴；微量注射器；气密性注射器；一般实验室常用仪器
挥发性有机物	《环境空气 挥发性有机物的测定罐采样/气相色谱-质谱法》（HJ 759—2015）	气相色谱-质谱仪；气体冷肼浓缩仪；浓缩自动进样器；罐清洗装置；气体稀释装置；采样罐；液氮罐；流量控制器；校准流量计；真空压力表；过滤器；一般实验室常用仪器
	《环境空气 挥发性有机物的测定 吸附管采样-热脱附/气相色谱-质谱法》（HJ 644—2013）	气相色谱-质谱仪；热脱附装置；老化装置；校准流量计；微量注射器；一般实验室常用仪器
	《泄漏和敞开液面排放的挥发性有机物检测技术导则》（HJ 733—2014）	便携式挥发性有机物检测仪；红外热成像仪；傅里叶红外成像光谱仪；泄漏超声探测仪；一般实验室常用仪器

8.2.3.1 恶臭

恶臭污染物是指一切刺激嗅觉器官引起人们不愉快及损害生活环境的异味气体。

（1）常用方法

无组织废气监测时，臭气浓度监测主要依据的方法标准有《恶臭污染物排放标准》（GB 14554—93）和《恶臭污染环境监测技术规范》（HJ 905—2017），臭气浓度的分析方法采用《空气质量 恶臭的测定 三点比较式臭袋法》（GB/T 14675—93）。

（2）监测点位

恶臭的无组织排放采样点一般设置在厂界，在工厂厂界的下风向或有臭气方位的边界线上。在实际监测过程中，可以参照《大气污染物无组织排放监测技术导则》（HJ/T 55—2000）的规定，在厂界（距离臭气无组织排放源较近处）下风向设置，一般设置 3 个点位，根据风向变化情况可适当增加或减少监测点位。当围墙通透性很好时，可紧靠围墙外侧设监控点；当围墙的通透性不好时，也可紧靠围墙设置监控点，但采气口要高出围墙 20～30 cm；当围墙通透性不好，又不便于把采气口抬高时，为避开围墙造成的涡流区，应将监控点设于距离围墙 1.5～2.0 倍围墙高度，且距地面 1.5 m 的地方。具体设置时，应避免周边环境的影响，包括花丛树木、污水沟渠、垃圾收集点等。

现场监测时，无组织排放源与下风向周界之间存在若干阻挡气流运动的建筑、树木等物质，使气流形成涡流，污染物迁移变化比较复杂。因此，监测人员要根据具体的地形、气象条件研究和分析，发挥创造性，综合确定采样点位，以保证获取污染物最大排放浓度值。

（3）监测指标

《恶臭污染物排放标准》（GB 14554—93）中给出 9 种污染物限值，污染物分别是氨、三甲胺、硫化氢、甲硫醇、甲硫醚、二甲二硫、二硫化碳、苯乙烯和臭气浓度。在开展恶臭无组织监测时，一般监测臭气浓度指标，如技术规范、监测指南或环境管理有特殊要求的，再增加具体特征污染物指标的监测。

（4）分析方法

恶臭无组织采样方法参照《大气污染物无组织排放监测技术导则》（HJ/T 55—2000），恶臭浓度及污染物监测方法见表 8-5。

表 8-5　恶臭浓度及污染物监测方法

序号	控制项目	测定方法
1	氨	《环境空气和废气　氨的测定　纳氏试剂分光光度法》（HJ 533—2009）
		《环境空气　氨的测定　次氯酸钠-水杨酸分光光度法》（HJ 534—2009）
2	三甲胺	《环境空气　氨、甲胺、二甲胺和三甲胺的测定　离子色谱法》（HJ 1076—2019）
3	硫化氢	《空气质量　硫化氢、甲硫醇、甲硫醚和二甲二硫的测定　气相色谱法》（GB/T 14678—93）
4	甲硫醇	《环境空气　挥发性有机物的测定罐采样/气相色谱-质谱法》（HJ 759—2015）
		《空气质量　硫化氢、甲硫醇、甲硫醚和二甲二硫的测定　气相色谱法》（GB/T 14678—93）
5	甲硫醚	《环境空气　挥发性有机物的测定罐采样/气相色谱-质谱法》（HJ 759—2015）
		《空气质量　硫化氢、甲硫醇、甲硫醚和二甲二硫的测定　气相色谱法》（GB/T 14678—93）
6	二甲二硫	《空气质量　硫化氢、甲硫醇、甲硫醚和二甲二硫的测定　气相色谱法》（GB/T 14678—93）
7	二硫化碳	《环境空气　挥发性有机物的测定罐采样/气相色谱-质谱法》（HJ 759—2015）
		《空气质量　二硫化碳的测定　二乙胺分光光度法》（GB/T 14680—93）
8	苯乙烯	《环境空气　挥发性有机物的测定罐采样/气相色谱-质谱法》（HJ 759—2015）
		《环境空气　苯系物的测定　固体吸附/热脱附-气相色谱法》（HJ 583—2010）
9	臭气浓度	《空气质量　恶臭的测定　三点比较式臭袋法》（GB/T 14675—93）

8.2.3.2　颗粒物

《环境空气　总悬浮颗粒物的测定　重量法》（HJ 1263—2022）规定了测定环境空气中总悬浮颗粒物的重量法。该标准适用于使用大流量或中流量采样器进行环境空气中总悬浮颗粒物浓度的手工测定，同时适用于无组织排放监控点空气中总悬浮颗粒物浓度的手工测定。当使用大流量采样器和万分之一天平，采样体积为 1 512 m^3 时，方法检出限为 7 $\mu g/m^3$。当使用中流量采样器和十万分之一天平，采样体积为 144 m^3 时，方法检出限为 7 $\mu g/m^3$。

8.2.3.3　非甲烷总烃

《环境空气　总烃、甲烷和非甲烷总烃的测定　直接进样-气相色谱法》

（HJ 604—2017）适用于环境空气中总烃、甲烷和非甲烷总烃的测定，也适用于污染源无组织排放监控点空气中总烃、甲烷和非甲烷总烃的测定。

当进样体积为 1.0 mL 时，本标准测定总烃、甲烷的检出限均为 0.06 mg/m^3（以甲烷计），测定下限均为 0.24 mg/m^3（以甲烷计）；非甲烷总烃的检出限为 0.07 mg/m^3（以碳计），测定下限为 0.28 mg/m^3（以碳计）。

8.2.3.4 硫化氢

《空气质量 硫化氢、甲硫醇、甲硫醚和二甲二硫的测定 气相色谱法》（GB/T 14678—93）适用于恶臭污染源排气和环境空气中硫化氢、甲硫醇、甲硫醚和二甲二硫的同时测定。气相色谱仪的火焰光度检测器（GC-FPD）对 4 种成分的检出限为 0.2×10^{-9}～1.0×10^{-9} g，当气体样品中 4 种成分浓度高于 1.0 mg/m^3 时，可取 1～2 mL 气体样品直接注入气相色谱仪分析。对 1 L 气体样品进行浓缩，4 种成分的方法检出限分别为 0.2×10^{-3}～1.0×10^{-3} mg/m^3。

8.2.3.5 苯、甲苯、二甲苯

（1）《环境空气 苯系物的测定 活性炭吸附/二硫化碳解吸-气相色谱法》（HJ 584—2010）

该标准适用于环境空气和室内空气中苯、甲苯、乙苯、邻二甲苯、间二甲苯、对二甲苯、异丙苯和苯乙烯的测定。该标准也适用于常温下低湿度废气中苯系物的测定。

当采样体积为 10 L 时，苯、甲苯、乙苯、邻二甲苯、间二甲苯、对二甲苯、异丙苯和苯乙烯的方法检出限均为 1.5×10^{-3} mg/m^3。测定下限均为 60×10^{-3} mg/m^3。

（2）《环境空气 苯系物的测定 固体吸附/热脱附-气相色谱法》（HJ 583—2010）

该标准适用于环境空气及室内空气中苯、甲苯、乙苯、邻二甲苯、间二甲苯、对二甲苯、异丙苯和苯乙烯的测定，也适用于常温下低浓度废气中苯系物的测定。当采样体积为 1 L 时，使用毛细血管柱时苯、甲苯、乙苯、邻二甲苯、间二甲苯、对

二甲苯、异丙苯和苯乙烯的方法检出限为 5.0×10^{-4} mg/m³，测定下限为 2.0×10^{-3} mg/m³。

（3）《环境空气　65 种挥发性有机物的测定　罐采样/气相色谱-质谱法》（HJ 759—2023）

该标准适用于环境空气中丙烯等 67 种挥发性有机物的测定。其他挥发性有机物如果通过方法适用性验证，也可采用该标准测定。

当取样量为 400 mL 时，全扫描模式下，苯、甲苯、间/对-二甲苯、邻-二甲苯本方法的检出限分别为 0.3 μg/m³、0.5 μg/m³、0.6 μg/m³、0.6 μg/m³；测定下限分别为 1.2 μg/m³、2.0 μg/m³、2.4 μg/m³、2.4 μg/m³。

（4）《环境空气　挥发性有机物的测定　吸附管采样-热脱附/气相色谱-质谱法》（HJ 644—2013）

该标准适用于环境空气中 35 种挥发性有机物的测定。若通过验证该标准也可适用于其他非极性或弱极性挥发性有机物的测定。

当采样体积为 2 L 时，苯、甲苯、间/对-二甲苯、邻-二甲苯本方法的检出限分别为 0.4 μg/m³、0.4 μg/m³、0.6 μg/m³、0.6 μg/m³；测定下限分别为 1.6 μg/m³、1.6 μg/m³、2.4 μg/m³、2.4 μg/m³。

8.2.3.6　苯并[a]芘

（1）《环境空气　苯并[a]芘的测定　高效液相色谱法》（HJ 956—2018）

该标准适用于环境空气和无组织排放监控点空气颗粒物（$PM_{2.5}$、PM_{10}、TSP 等）中苯并[a]芘的测定。

用二氯甲烷提取，定容体积为 1.0 mL 时，方法检出量为 0.008 μg，方法测定量下限为 0.032 μg；用 5.0 mL 乙腈提取时，方法检出量为 0.040 μg，方法测定量下限为 0.160 μg。

当采样体积为 144 m³（标准状态下），用二氯甲烷提取，定容体积为 1.0 mL 时，方法的检出限为 0.1 ng/m³，测定下限为 0.4 ng/m³；当采样体积为 6 m³（标准状态下），用二氯甲烷提取，定容体积为 1.0 mL 时，方法的检出限为 1.3 ng/m³，测定下限为 5.2 ng/m^3。

当采样体积为 1512 m^3（标准状态下），取十分之一滤膜，用二氯甲烷提取，定容体积为 1.0 mL 时，方法的检出限为 0.1 ng/m^3，测定下限为 0.4 ng/m^3；用 5.0 mL 乙腈提取时，方法的检出限为 0.3 ng/m^3，测定下限为 1.2 ng/m^3。

（2）《环境空气和废气　气相和颗粒物中多环芳烃的测定　高效液相色谱法》（HJ 647—2013）

该标准适用于环境空气、固定污染源排气和无组织排放空气中气相和颗粒物中 16 种多环芳烃的测定。16 种多环芳烃（PAHs）包括萘、苊烯、苊、芴、菲、蒽、荧蒽、芘、苯并[a]蒽、䓛、苯并[b]荧蒽、苯并[k]荧蒽、苯并[a]芘、茚并[1,2,3-c,d]芘、二苯并[a,h]蒽、苯并[g,h,i]苝。若通过验证该标准也适用于其他多环芳烃的测定。

当以 100 L/min 采集环境空气 24 h 时，苯并[a]芘的检出限为 0.14 ng/m^3，测定下限为 0.56 ng/m^3。

（3）《环境空气和废气 气相和颗粒物中多环芳烃的测定 气相色谱-质谱法》（HJ 646—2013）

该标准适用于环境空气、固定污染源排气和无组织排放空气中气相和颗粒物中 16 种多环芳烃（PAHs）的测定。16 种多环芳烃包括萘、苊烯、苊、芴、菲、蒽、荧蒽、芘、苯并[a]蒽、䓛、苯并[b]荧蒽、苯并[k]荧蒽、苯并[a]芘、茚并[1,2,3-c,d]芘、二苯并[a,h]蒽、苯并[g,h,i]苝。若通过验证该标准也适用于其他多环芳烃的测定。

当以 100 L/min 采集环境空气 24 h 时，采用全扫描方式测定，苯并[a]芘的检出限为 0.000 9 μg/m^3，测定下限为 0.003 6 μg/m^3；当以 225 L/min 采集环境空气 24 小时时，采用全扫描方式测定，苯并[a]芘的检出限为 0.000 4 μg/m^3，测定下限为 0.001 6 μg/m^3。

8.2.3.7　挥发性有机物

（1）《环境空气　65 种挥发性有机物的测定　罐采样/气相色谱-质谱法》（HJ 759—2023）适用于环境空气中丙烯等 67 种挥发性有机物的测定。其他挥发性有机物如果通过方法适用性验证，也可采用该标准测定。

当取样量为 400 mL 时，全扫描模式下，本方法的检出限为 0.2～2 μg/m^3，测定下限为 0.8～8.0 μg/m^3。

（2）《环境空气 挥发性有机物的测定　吸附管采样-热脱附/气相色谱-质谱法》（HJ 644—2013）适用于环境空气中 35 种挥发性有机物的测定。若通过验证本标准也可适用于其他非极性或弱极性挥发性有机物的测定。当采样体积为 2 L 时，本标准的方法检出限为 0.3～1.0 μg/m^3，测定下限为 1.2～4.0 μg/m^3。

（3）《泄漏和敞开液面排放的挥发性有机物检测技术导则》（HJ 733—2014）规定了源自设备泄漏和敞开液面排放的挥发性有机物的检测技术要求。规定了对设备泄漏和敞开液面等无组织排放源的挥发性有机物的检测方法、仪器设备要求、质量保证与控制等。该导则不适用直接测定泄漏和敞开液面排放源的挥发性有机物质量排放速率。

（4）配置采样探头，采样探头前端的外径应保证能进入各类设备狭小缝隙进行检测，一般不超过 7 mm。

（5）仪器必须具有防爆安全性并通过防爆安全检验认证。

8.2.3.8　苯可溶物

《固定污染源废气　苯可溶物的测定 索氏提取-重量法》（HJ 690—2014）适用于焦炉炉顶无组织排放的颗粒物中苯可溶物的测定。其他固定污染源苯可溶物的测定可参照该标准。

当采样体积为 24 m^3 时，方法检出限为 0.02 mg/m^3。

8.2.3.9　硫酸雾

相关要求同第 8.1.3.10 节。

8.2.3.10　硝酸雾

相关要求同第 8.1.3.14 节。

8.2.3.11 其他污染物

（1）监控点布设方法

根据《大气污染物综合排放标准》（GB 16297—1996）规定，监控点布设方法有两种。

①在排放源上、下风向分别设置参照点和监控点的方法：对于 1997 年 1 月 1 日之前设立的污染源，监测二氧化硫、氮氧化物、颗粒物和氟化物污染物无组织排放时，在排放源的上风向设参照点，下风向设监控点，监控点设于排放源下风向的浓度最高点，不受单位周界的限制。

②在单位周界外设置监控点的方法：对于 1997 年 1 月 1 日之后设立的污染源，监测其污染物无组织排放时，监控点设置在单位周界外污染物浓度最高点处，监控点设置方法参照《大气污染物无组织排放监测技术导则》（HJ/T 55—2000）中第 9.1 条。对于 1997 年 1 月 1 日之前设立的污染源，监测除二氧化硫、氮氧化物、颗粒物和氟化物外的污染物无组织排放时，也采用此方法布设监控点。

设置参照点的原则要求：参照点应不受或尽可能少受被测无组织排放源的影响，参照点要力求避开其近处的其他无组织排放源和有组织排放源的影响，尤其要注意避开那些可能对参照点造成明显影响而同时对监控点无明显影响的排放源；参照点的设置，要以能够代表监控点的污染物本底浓度为原则。具体设置方法参见《大气污染物无组织排放监测技术导则》（HJ/T 55—2000）中第 9.2.1 条。

设置监控点的原则要求：监控点应设置于无组织排放下风向，距排放源 2～50 m 内的浓度最高点。设置监控点不需要回避其他源的影响。具体设置方法参见《大气污染物无组织排放监测技术导则》（HJ/T 55—2000）中第 9.2.2 条。

③复杂情况下的监控点设置：在特别复杂的情况下，不可能单独运用上述各点的内容来设置监控点，需对情况作仔细分析，综合运用《大气污染物综合排放标准》（GB 16297—1996）和《大气污染物无组织排放监测技术导则》（HJ/T 55—2000）的有关条款设置监控点。同时，也不大可能对污染物的运动和分布做确切的描述

和得出确切的结论，此时监测人员应尽可能利用现场可利用的条件，如利用无组织排放废气的颜色、嗅味、烟雾分布、地形特点等，甚至采用人造烟源或其他情况，借以分析污染物的运动和可能的浓度最高点，并据此设置监控点。

（2）样品采集

①有与大气污染物排放标准相配套的国家标准分析方法的污染物项目，应按照配套标准分析方法中适用于无组织排放采样的方法执行。

②尚缺少配套标准分析方法的污染物项目，应按照环境空气监测方法中的采样要求进行采样。

③无组织排放监测的采样频次，参见第 8.2.2.1（3）。

（3）分析方法

①有与大气污染物排放标准相配套的国家标准分析方法的污染物项目，应按照配套标准分析方法（其中适用于无组织排放部分）执行；

②个别没有配套标准分析方法的污染物项目，应按照适用于环境空气监测的标准分析方法执行。

（4）计值方法

①在污染源单位周界外设监控点的监测结果，以最多 4 个监控点中的测定浓度最高点的测值作为无组织排放监控浓度值。注意：浓度最高点的测值应是 1 小时连续采样或由等时间间隔采集的 4 个样品所得的 1 小时平均值。

②在无组织排放源上、下风向分别设置参照点和监控点的监测结果，以最多 4 个监控点中的浓度最高点测值扣除参照点测值所得的差值，作为无组织排放监控浓度值。注意：监控点和参照点测值是指 1 小时连续采样或由等时间间隔采集的 4 个样品所得的 1 小时平均值。

第 9 章　废气自动监测技术要点

废气自动监测系统因其实时、自动等功能，在环境管理中发挥着越来越大的作用。如何确保废气自动监测数据能够有效应用，这就要求排污单位加强废气自动监测系统的运维和管理，使其能够稳定、良好的运行。本章基于《固定污染源烟气（SO_2、NO_x、颗粒物）排放连续监测技术规范》（HJ 75—2017）、《固定污染源烟气（SO_2、NO_x、颗粒物）排放连续监测系统技术要求及检测方法》（HJ 76—2017）等标准，对废气自动监测系统的建设、验收、运行维护应注意的技术要点进行梳理。

9.1 废气自动监测系统组成及性能要求

9.1.1　基本概念

废气自动监测系统通常是指烟气排放连续监测系统（Continuous Emission Monitoring System，CEMS），该系统能够实现对固定污染源排放的颗粒物和（或）气态污染物的排放浓度和排放量进行连续、实时的自动监测。废气自动监测管理是指对系统中包含的所有设备进行规范安装、调试、验收、运行维护等工作，从而实现对自动监测数据的质量保证与质量控制的技术工作。

9.1.2 CEMS 组成和功能要求

一套完整的 CEMS 主要包括颗粒物监测单元、气态污染物监测单元、烟气参数监测单元、数据采集与传输单元以及相应的建筑设施等。

颗粒物监测单元：主要对排放烟气中的颗粒物浓度进行测量。

气态污染物监测单元：主要对排放烟气中 SO_2、NO_x、CO、HCl 等气态形式存在的污染物进行监测。

烟气参数监测单元：主要对排放烟气的温度、压力、湿度、含氧量等参数进行监测，用于污染物排放量的计算，以及将污染物的实测浓度折算成标准干烟气状态下或排放标准中规定的过剩空气系数下的浓度。

数据采集与传输单元：主要完成对测量数据的采集、存储、统计功能，并按相关标准要求的格式将数据传输到环境监管部门。

对于配有锅炉的钢铁工业及炼焦化学工业排污单位，废气自动监测主要污染物包括颗粒物、SO_2、NO_x等。在选择 CEMS 时，应要求具备测量烟气中颗粒物、SO_2、NO_x 浓度和烟气参数（温度、压力、流速或流量、湿度、含氧量等），同时计算出烟气中污染物的排放速率和排放量，显示（可支持打印）和记录各种数据和参数，形成相关图表，并通过数据、图文等方式传输至管理部门等功能。

对于氮氧化物监测单元，NO_2 可以直接测量，也可通过转化炉转化为 NO 后一并测量，但不允许只监测烟气中的 NO。NO_2 转换为 NO 的效率不小于 95%。

排污单位在进行自动监控系统安装选型时，应当根据国家对每个监测设备的具体技术要求进行选型安装。选型安装在线监测仪器时，应根据污染物浓度和排放标准，选择检测范围与之匹配的在线监测仪器，监测仪器满足国家对仪器的技术要求。如二氧化硫、氮氧化物、颗粒物应符合《固定污染源烟气（SO_2、NO_x、颗粒物）排放连续监测技术规范》（HJ 75—2017）和《固定污染源烟气（SO_2、NO_x、颗粒物）排放连续监测系统技术要求及检测方法》（HJ 76—2017）等相关规范要求。选型安装数据传输设备时，应按照《污染物在线监控（监测）系统数据传输标准》（HJ 212—2017）和《污染源在线自动监控（监测）数据采集传输仪技术要求》（HJ 477—2009）规范要求设置，不得添加其他可能干扰监测数据存储、处理、传输的软件或设备。

在污染源自动监测设备建设、联网和管理过程中，当地生态环境主管部门有相关规定的，应同时参考地方的规定要求。

9.2 CEMS 现场安装要求

CEMS 的现场安装主要涉及现场监测站房、废气排放口、自动监控点位设置及监测断面等内容。现场监测站房必须能满足仪器设备功能需求且专室专用，保障供电、给排水、温湿度控制、网络传输等必需的运行条件，配备安装必要的电源、通信网络、温湿度控制、视频监视和安全防护设施；排放口应设置符合《环境保护图形标志——排放口（源）》（GB 15562.1—1995）要求的环境保护图形标志牌。排放口的设置应按照原环境保护部和地方生态环境主管部门的相关要求，进行规范化设置；自动监控点位的选取应尽可能选取固定污染源烟气排放状况有代表性的点位。具体要求见第 5.3 节的相关部分内容。

9.3 CEMS 技术指标调试检测

CEMS 在现场安装运行以后，在接收验收前，应对其进行技术性能指标和联网情况的调试检测。

9.3.1 CEMS 技术指标调试检测

CEMS 调试检测的技术指标包括：

①颗粒物 CEMS 零点漂移、量程漂移；

②颗粒物 CEMS 线性相关系数、置信区间、允许区间；

③气态污染物 CEMS 和氧气 CMS 零点漂移、量程漂移；

④气态污染物 CEMS 和氧气 CMS 示值误差；

⑤气态污染物 CEMS 和氧气 CMS 系统响应时间；

⑥气态污染物 CEMS 和氧气 CMS 准确度；

⑦流速 CMS 速度场系数；

⑧流速 CMS 速度场系数精密度；

⑨温度 CMS 准确度；

⑩湿度 CMS 准确度。

9.3.2 联网调试检测

安装调试完成后 15 天内，按《污染物在线监控（监测）系统数据传输标准》（HJ 212—2017）技术要求与生态环境主管部门联网。

9.4 CEMS 验收要求

技术验收包括 CEMS 技术指标验收和联网验收。

CEMS 在完成安装、调试检测并与生态环境主管部门联网后，同时符合下列要求后，可组织实施技术验收工作。

①CEMS 的安装位置及手工采样位置应符合第 5.3 节的相关部分内容的要求。

②数据采集和传输以及通信协议均应符合《污染物在线监控（监测）系统数据传输标准》（HJ 212—2017）的要求，并提供一个月内数据采集和传输自检报告，报告应对数据传输标准的各项内容作出响应。

③根据本章第 9.3.1 的要求进行 72 小时的调试检测，并提供调试检测合格报告及调试检测结果数据。

④调试检测后至少稳定运行 7 天。

9.4.1 CEMS技术指标验收

9.4.1.1 验收要求

CEMS技术指标验收包括颗粒物CEMS、气态污染物CEMS、烟气参数CMS技术指标验收。符合下列要求后，即可进行技术指标验收。

①现场验收期间，生产设备应正常且稳定运行，可通过调节固定污染源烟气净化设备达到某一排放状况，该状况在测试期间保持稳定。

②日常运行中更换CEMS分析仪表或变动CEMS取样点位时，应进行再次验收。

③现场验收时必须采用有证标准物质或标准样品，较低浓度的标准气体可以使用高浓度的标准气体采用等比例稀释方法获得，等比例稀释装置的精密度在1%以内。标准气体要求贮存在铝或不锈钢瓶中，不确定度不超过±2%。

④对于光学法颗粒物CEMS，校准时须对实际测量光路进行全光路校准，确保发射光先经过出射镜片，再经过实际测量光路，到校准镜片后，再经过入射镜片到达接收单元，不得只对激光发射器和接收器进行校准。对于抽取式气态污染物CEMS，当对全系统进行零点校准、量程校准、示值误差和系统响应时间的检测时，零气和标准气体应通过预设管线输送至采样探头处，经由样品传输管线回到站房，经过全套预处理设施后进入气体分析仪。

⑤验收前检查直接抽取式气态污染物采样伴热管的设置，设置的加热温度≥120℃，并高于烟气露点温度10℃以上，实际温度能够在机柜或系统软件中查询。冷干法CEMS冷凝器的设置和实际控制温度应保持在2～6℃。

9.4.1.2 验收内容

颗粒物CEMS技术指标验收包括颗粒物的零点漂移、量程漂移和准确度验收。气态污染物CEMS和氧气CMS技术指标验收包括零点漂移、量程漂移、示值误差、系统响应时间和准确度验收。

现场验收时，先做示值误差和系统响应时间的验收测试，不符合技术要求的，可不再继续开展其余项目验收。

通入零气和标气时，均应通过 CEMS 系统，不得直接通入气体分析仪。

示值误差、系统响应时间、零点漂移和量程漂移验收技术指标需满足表 9-1 的要求。

表 9-1 示值误差、系统响应时间、零点漂移和量程漂移验收技术要求

检测项目			技术要求
气态污染物 CEMS	二氧化硫	示值误差	当满量程≥100 μmol/mol（286 mg/m³）时，示值误差不超过±5%（相对于标准气体标称值）； 当满量程＜100 μmol/mol（286 mg/m³）时，示值误差不超过±2.5%（相对于仪表满量程值）
		系统响应时间	≤200 s
		零点漂移、量程漂移	不超过±2.5%
	氮氧化物	示值误差	当满量程≥200 μmol/mol（410 mg/m³）时，示值误差不超过±5%（相对于标准气体标称值）； 当满量程＜200 μmol/mol（410 mg/m³）时，示值误差不超过±2.5%（相对于仪表满量程值）
		系统响应时间	≤200 s
		零点漂移、量程漂移	不超过±2.5%
氧气 CMS	氧气	示值误差	±5%（相对于标准气体标称值）
		系统响应时间	≤200 s
		零点漂移、量程漂移	不超过±2.5%
颗粒物 CEMS	颗粒物	零点漂移、量程漂移	不超过±2.0%

注：氮氧化物以 NO_2 计。

准确度验收技术指标需满足表 9-2 的要求。

表 9-2 准确度验收技术要求

检测项目			技术要求
气态污染物 CEMS	二氧化硫	准确度	排放浓度≥250 μmol/mol（715 mg/m^3）时，相对准确度≤15%
			50 μmol/mol（143 mg/m^3）≤排放浓度＜250 μmol/mol（715 mg/m^3）时，绝对误差不超过±20 μmol/mol（57 mg/m^3）
			20 μmol/mol（57 mg/m^3）≤排放浓度＜50 μmol/mol（143 mg/m^3）时，相对误差不超过±30%
			排放浓度＜20 μmol/mol（57 mg/m^3）时，绝对误差不超过±6 μmol/mol（17 mg/m^3）
	氮氧化物	准确度	排放浓度≥250 μmol/mol（513 mg/m^3）时，相对准确度≤15%
			50 μmol/mol（103 mg/m^3）≤排放浓度＜250 μmol/mol（513 mg/m^3）时，绝对误差不超过±20 μmol/mol（41 mg/m^3）
			20 μmol/mol（41 mg/m^3）≤排放浓度＜50 μmol/mol（103 mg/m^3）时，相对误差不超过±30%
			排放浓度＜20 μmol/mol（41 mg/m^3）时，绝对误差不超过±6 μmol/mol（12 mg/m^3）
	其他气态污染物	准确度	相对准确度≤15%
氧气 CMS	氧气	准确度	＞5.0%时，相对准确度≤15%
			≤5.0%时，绝对误差不超过±1.0%
颗粒物 CEMS	颗粒物	准确度	排放浓度＞200 mg/m^{3}时，相对误差不超过±15%
			100 mg/m^3＜排放浓度≤200 mg/m^{3}时，相对误差不超过±20%
			50 mg/m^3＜排放浓度≤100 mg/m^{3}时，相对误差不超过±25%
			20 mg/m^3＜排放浓度≤50 mg/m^{3}时，相对误差不超过±30%
			10 mg/m^3＜排放浓度≤20 mg/m^{3}时，绝对误差不超过±6 mg/m^3
			排放浓度≤10 mg/m^3，绝对误差不超过±5 mg/m^3
流速 CMS	流速	准确度	流速＞10 m/s时，相对误差不超过±10%
			流速≤10 m/s时，相对误差不超过±12%
温度 CMS	温度	准确度	绝对误差不超过±3℃
湿度 CMS	湿度	准确度	烟气湿度＞5.0%时，相对误差不超过±25%
			烟气湿度≤5.0%时，绝对误差不超过±1.5%

注：氮氧化物以 NO_2 计，以上各参数区间划分以参比方法测量结果为准。

9.4.2 联网验收

联网验收由通信及数据传输验收、现场数据比对验收和联网稳定性验收三部分组成。

9.4.2.1 通信及数据传输验收

按照《污染物在线监控（监测）系统数据传输标准》（HJ 212—2017）的规定检查通信协议的正确性。数据采集和处理子系统与监控中心之间的通信应稳定，不出现经常性的通信连接中断、报文丢失、报文不完整等通信问题。为保证监测数据在公共数据网上传输的安全性，所采用的数据采集和处理子系统应进行加密传输。监测数据在向监控系统传输的过程中，应由数据采集和处理子系统直接传输。

9.4.2.2 现场数据比对验收

数据采集和处理子系统稳定运行一个星期后，对数据进行抽样检查，对比上位机接收到的数据和现场机存储的数据是否一致，精确至1位小数。

9.4.2.3 联网稳定性验收

在连续一个月内，子系统能稳定运行，不出现通信稳定性、通信协议正确性、数据传输正确性以外的其他联网问题。

9.4.2.4 联网验收技术指标要求

联网验收技术指标要求见表9-3。

表 9-3 联网验收技术指标要求

验收检测项目	技术指标要求
通信稳定性	①现场机在线率为 95%以上； ②正常情况下，掉线后，应在 5 min 之内重新上线； ③单台数据采集传输仪每日掉线次数在 3 次以内； ④报文传输稳定性在 99%以上，当出现报文错误或丢失时，启动纠错逻辑，要求数据采集传输仪重新发送报文
数据传输安全性	①对所传输的数据应按照《污染物在线监控（监测）系统数据传输标准》（HJ 212—2017）中规定的加密方法进行加密处理传输，保证数据传输的安全性； ②服务器端对请求连接的客户端进行身份验证
通信协议正确性	现场机和上位机的通信协议应符合《污染物在线监控（监测）系统数据传输标准》（HJ 212—2017）的规定，正确率为 100%
数据传输正确性	系统稳定运行一个星期后，对一个星期的数据进行检查，对比接收的数据和现场的数据一致，精确至 1 位小数，抽查数据正确率为 100%
联网稳定性	系统稳定运行一个月，不出现通信稳定性、通信协议正确性、数据传输正确性以外的其他联网问题

9.5 CEMS 日常运行管理要求

9.5.1 总体要求

CEMS 运维单位应根据 CEMS 使用说明书和本节要求编制仪器运行管理规程，确定系统运行操作人员和管理维护人员的工作职责。运维人员应当熟练掌握烟气排放连续监测仪器设备的原理、使用和维护方法。CEMS 日常运行管理应包括日常巡检、日常维护保养及 CEMS 的校准和检验。

9.5.2 日常巡检

CEMS 运维单位应根据本节要求和仪器使用说明中的相关要求制定巡检规程，并严格按照规程开展日常巡检工作并做好记录。日常巡检记录应包括检查项目、检查日期、被检项目的运行状态等内容，每次巡检应记录并归档。CEMS 日常巡检时间间隔不超过 7 天。

日常巡检可参照《固定污染源烟气（SO_2、NO_x、颗粒物）排放连续监测技术规范》（HJ 75—2017）附录 G 中的表 G.1～表 G.3 表格形式记录。

9.5.3　日常维护保养

运维单位应根据 CEMS 说明书的要求对 CEMS 系统保养内容、保养周期或耗材更换周期等作出明确规定，每次保养情况应记录并归档。每次进行备件或材料更换时，更换的备件或材料的品名、规格、数量等应记录并归档。如更换有证标准物质或标准样品，还需记录新标准物质或标准样品的来源、有效期和浓度等信息。对日常巡检或维护保养中发现的故障或问题，运维人员应及时处理并记录。

CEMS 日常运行管理参照《固定污染源烟气（SO_2、NO_x、颗粒物）排放连续监测技术规范》（HJ 75—2017）附录 G 中的表格格式记录。

9.5.4　CEMS 的校准和检验

运维单位应根据第 9.6 节规定的方法和质量保证规定的周期制定 CEMS 系统的日常校准和校验操作规程。校准和校验记录应及时归档。

9.6　CEMS 日常运行质量保证要求

9.6.1　总体要求

CEMS 日常运行质量保证是保障 CEMS 正常稳定运行、持续提供有质量保证监测数据的必要手段。当 CEMS 不能满足技术指标而失控时，应及时采取纠正措施，并应缩短下一次校准、维护和校验的间隔时间。

9.6.2 定期校准

CEMS运行过程中的定期校准是质量保证中的一项重要工作，定期校准应做到：

①具有自动校准功能的颗粒物CEMS和气态污染物CEMS每24小时至少自动校准一次仪器零点和量程，同时测试并记录零点漂移和量程漂移。

②无自动校准功能的颗粒物CEMS每15天至少校准一次仪器的零点和量程，同时测试并记录零点漂移和量程漂移。

③无自动校准功能的直接测量法气态污染物CEMS每15天至少校准一次仪器的零点和量程，同时测试并记录零点漂移和量程漂移。

④无自动校准功能的抽取式气态污染物CEMS每7天至少校准一次仪器零点和量程，同时测试并记录零点漂移和量程漂移。

⑤抽取式气态污染物CEMS每3个月至少进行一次全系统的校准，要求零气和标准气体从监测站房发出，经采样探头末端与样品气体通过的路径（应包括采样管路、过滤器、洗涤器、调节器、分析仪表等）一致，进行零点和量程漂移、示值误差和系统响应时间的检测。

⑥具有自动校准功能的流速CMS每24小时至少进行一次零点校准，无自动校准功能的流速CMS每30天至少进行一次零点校准。

⑦校准技术指标应满足表9-4要求。定期校准记录按《固定污染源烟气（SO_2、NO_x、颗粒物）排放连续监测技术规范》（HJ 75—2017）附录G中的表G.4表格形式记录。

表9-4 CEMS定期校准校验技术指标要求及数据失控时段的判别

<table>
<tr><th>项目</th><th>CEMS类型</th><th>校准功能</th><th>校准周期</th><th>技术指标</th><th>技术指标要求</th><th>失控指标</th><th>最少样品数/对</th></tr>
<tr><td rowspan="4">定期校准</td><td rowspan="4">颗粒物CEMS</td><td rowspan="2">自动</td><td rowspan="2">24小时</td><td>零点漂移</td><td>不超过±2.0%</td><td>超过±8.0%</td><td rowspan="4">—</td></tr>
<tr><td>量程漂移</td><td>不超过±2.0%</td><td>超过±8.0%</td></tr>
<tr><td rowspan="2">手动</td><td rowspan="2">15天</td><td>零点漂移</td><td>不超过±2.0%</td><td>超过±8.0%</td></tr>
<tr><td>量程漂移</td><td>不超过±2.0%</td><td>超过±8.0%</td></tr>
</table>

项目	CEMS 类型		校准功能	校准周期	技术指标	技术指标要求	失控指标	最少样品数/对
定期校准	气态污染物 CEMS	抽取测量或直接测量	自动	24 小时	零点漂移	不超过±2.5%	超过±5.0%	—
					量程漂移	不超过±2.5%	超过±10.0%	
		抽取测量	手动	7 天	零点漂移	不超过±2.5%	超过±5.0%	
					量程漂移	不超过±2.5%	超过±10.0%	
		直接测量	手动	15 天	零点漂移	不超过±2.5%	超过±5.0%	
					量程漂移	不超过±2.5%	超过±10.0%	
	流速 CMS		自动	24 小时	零点漂移或绝对误差	零点漂移不超过±3.0%或绝对误差不超过±0.9 m/s	零点漂移超过±8.0%且绝对误差超过±1.8 m/s	—
			手动	30 天	零点漂移或绝对误差	零点漂移不超过±3.0%或绝对误差不超过±0.9 m/s	零点漂移超过±8.0%且绝对误差超过±1.8 m/s	—
定期校验	颗粒物 CEMS			3 个月或 6 个月	准确度	满足《固定污染源烟气（SO_2、NO_x、颗粒物）排放连续监测技术规范》（HJ 75—2017）中 9.3.8 规定范围	超过《固定污染源烟气（SO_2、NO_x、颗粒物）排放连续监测技术规范》（HJ 75—2017）中 9.3.8 规定范围	5
	气态污染物 CEMS							9
	流速 CMS							5

9.6.3　定期维护

CEMS 运行过程中的定期维护是日常巡检的一项重要工作，维护频次按照《固定污染源烟气（SO_2、NO_x、颗粒物）排放连续监测技术规范》（HJ 75—2017）中附表 G.1～G.3 说明的进行，定期维护应做到：

①污染源停运到开始生产前应及时到现场清洁光学镜面。

②定期清洗隔离烟气与光学探头的玻璃视窗，检查仪器光路的准直情况；定期对清吹空气保护装置进行维护，检查空气压缩机或鼓风机、软管、过滤器等部件。

③定期检查气态污染物 CEMS 的过滤器、采样探头和管路的结灰和冷凝水情况、气体冷却部件、转换器、泵膜老化状态。

④定期检查流速探头的积灰和腐蚀情况、反吹泵和管路的工作状态。

⑤定期维护记录按《固定污染源烟气（SO_2、NO_x、颗粒物）排放连续监测技术规范》（HJ 75—2017）附录 G 中的表 G.1～表 G.3 表格形式记录。

9.6.4 定期校验

CEMS 投入使用后，燃料、除尘效率的变化、水分的影响、安装点的振动等都会对测量结果的准确性产生影响。定期校验应做到：

①有自动校准功能的测试单元每 6 个月至少做一次校验，没有自动校准功能的测试单元每3个月至少做一次校验；校验用参比方法和CEMS同时段数据进行比对，按《固定污染源烟气（SO_2、NO_x、颗粒物）排放连续监测技术规范》（HJ 75—2017）进行。

②校验结果应符合表 9-4 的要求，不符合时，则应扩展为对颗粒物 CEMS 的相关系数的校正或/和评估气态污染物 CEMS 的准确度或/和流速 CMS 的速度场系数（或相关性）的校正，直到 CEMS 达到表 9-2 的要求，方法见 HJ 75—2017 附录 A。

③定期校验记录按《固定污染源烟气（SO_2、NO_x、颗粒物）排放连续监测技术规范》（HJ 75—2017）附录 G 中的表 G.5 表格形式记录。

9.6.5 常见故障的分析及排除

当 CEMS 发生故障时，系统管理维护人员应及时处理并记录。设备维修记录见《固定污染源烟气（SO_2、NO_x、颗粒物）排放连续监测技术规范》（HJ 75—2017）附录 G 中的表 G.6。维修处理过程中，要注意以下几点：

①CEMS 需要停用、拆除或者更换的，应当事先报经主管部门批准。

②运维单位发现故障或接到故障通知，应在 4 小时内赶到现场处理。

③对于一些容易诊断的故障，如电磁阀控制失灵、膜裂损、气路堵塞、数据采集仪死机等，可携带工具或者备件到现场进行针对性维修，此类故障维修时间不应超过 8 小时。

④仪器经过维修后，在正常使用和运行之前应确保维修内容全部完成，性能通过检测程序，按第 9.6.2 节对仪器进行校准检查。若监测仪器进行了更换，在正常使用和运行之前应对系统进行重新调试和验收。

⑤若数据存储/控制仪发生故障，应在 12 小时内修复或更换，并保证已采集的数据不丢失。

⑥监测设备因故障不能正常采集、传输数据时，应及时向主管部门报告，缺失数据按第 9.7.2 节处理。

9.6.6　定期校准校验技术指标要求及数据失控时段的判别与修约

CEMS 在定期校准、校验期间的技术指标要求及数据失控时段的判别标准见表 9-4。

当发现任一参数不满足技术指标要求时，应及时按照本规范及仪器说明书等的相关要求，采取校准、调试乃至更换设备重新验收等纠正措施直至满足技术指标要求。当发现任一参数数据失控时，应记录失控时段（从发现失控数据起到满足技术指标要求后停止的时间段）及失控参数，并进行数据修约。

9.7　数据审核和处理

9.7.1　数据审核与标记

固定污染源生产状况下，经验收合格的 CEMS 正常运行时段为 CEMS 数据有效时间段。CEMS 非正常运行时段（如 CEMS 故障期间、维修期间、超过第 9.6.2 节规定的期限未校准时段、失控时段以及有计划的维护保养、校准等时段）均为 CEMS 数据无效时段。

污染源计划停运在一个季度以内的，不得停运 CEMS，日常巡检和维护要求仍按照第 9.5 节和第 9.6 节规定执行；计划停运超过一个季度的，可停运 CEMS，但应报当地生态环境主管部门备案。污染源启运前，应提前启运 CEMS 系统，并进行校准，在污染源启运后的两周内进行校验，满足表 9-4 技术指标要求的，视为启运期间自动监测数据有效。

排污单位可以利用具备自动标记功能的自动监测设备在自动监测设备现场端进行自动标记，也可以授权有关责任人在自动监控系统企业服务端进行人工标记。鼓励排污单位优先进行自动标记，提高标记准确度，减少人工标记工作量。同一时段同时存在人工标记和自动标记时，以人工标记为准。排污单位完成标记即为审核确认自动监测数据的有效性。

自动标记即时生成，各项自动监测数据由自动监测设备同步按照相关标准规范分别计算。一般情况下，每日 12 时前完成前一日数据的人工标记，各项自动监测数据由自动监控系统企业服务端计算；如因通信中断数据未上传、系统升级维护等导致无法人工标记时，应当在数据上传后或标记功能恢复后 24 小时内完成人工标记。逾期不进行人工标记，视为对自动监测数据的有效性无异议。

自动监测小时均值数据的有效性依据自动监测分钟数据标记情况进行自动判断。1 小时内“CEMS 维护”标记少于或等于 15 分钟，且不影响小时均值有效性时，可不再对小时均值数据进行标记。自动监测日均值数据有效性，依据自动监测小时均值数据标记情况进行自动判断。

9.7.2 数据无效时间段数据处理

CEMS 故障、维修、超规定期限未校准及有计划的维护保养、校准等时段均为 CEMS 数据无效时间段。CEMS 故障、维修、维护保养、校准及其他异常导时段的污染物排放量修约按表 9-5 处理；也可以用参比方法监测的数据替代，频次不低于一天一次，直至 CEMS 技术指标调试到符合表 9-1 和表 9-2 时为止。如使用参比方法监测的数据替代，则监测过程应按照《固定污染源排气中颗粒物测定与气态污染物采样方法》（GB/T 16157—1996）、《固定污染源废气　低浓度颗粒物的测定　重量法》（HJ 836—2017）和《固定源废气监测技术规范》（HJ/T 397—2007）

等要求进行，替代数据包括污染物浓度、烟气参数和污染物排放量。

超规定期限未校准的时段视为数据失控时段，失控时段的污染物排放量按照表9-6进行修约，污染物浓度和烟气参数不修约。

表9-5　维护期间和其他异常导致的数据无效时段的处理方法

季度有效数据捕集率α	连续无效小时数N/h	修约参数	选取值
$\alpha \geqslant 90\%$	$N \leqslant 24$	二氧化硫、氮氧化物、颗粒物的排放量	失效前180个有效小时排放量最大值
	$N > 24$		失效前720个有效小时排放量最大值
$75\% \leqslant \alpha < 90\%$	—		失效前2 160个有效小时排放量最大值

表9-6　失控时段的数据处理方法

季度有效数据捕集率α	连续失控小时数N/h	修约参数	选取值
$\alpha \geqslant 90\%$	$N \leqslant 24$	二氧化硫、氮氧化物、颗粒物的排放量	上次校准前180个有效小时排放量最大值
	$N > 24$		上次校准前720个有效小时排放量最大值
$75\% \leqslant \alpha < 90\%$	—		上次校准前2 160个有效小时排放量最大值

9.7.3　数据记录与报表

9.7.3.1　记录

按《固定污染源烟气（SO_2、NO_x、颗粒物）排放连续监测技术规范》（HJ 75—2017）附录D的表格形式记录监测结果。

9.7.3.2　报表

按《固定污染源烟气（SO_2、NO_x、颗粒物）排放连续监测技术规范》（HJ 75—2017）附录D（表D.9、表D.10、表D.11、表D.12）的表格形式定期将CEMS监测数据上报，报表中应给出最大值、最小值、平均值、累计排放量以及参与统计的样本数。

第 10 章　厂界环境噪声及周边环境影响监测

厂界环境噪声和周边环境质量监测应按照相关的标准和规范开展。对于厂界噪声而言，重点是监测点位的布设，应能够反映厂内噪声源对厂外，尤其是对厂外居民区等敏感点的影响。对周边环境质量监测，不同的钢铁工业及炼焦化学工业排污单位对地表水、地下水、近岸海域海水和周边土壤有不同程度的影响，方案的制定应依据相关标准规范和管理要求。若无明确要求的，钢铁工业及炼焦化学工业排污单位可结合本单位实际排污情况，选择有必要开展监测的对象，结合本单位实际排污环境，适当选择应监测的对象，确保监测项目、监测点位的代表性和监测采样的规范性。本章围绕厂界环境噪声、地表水、地下水近岸海域海水和土壤监测的关键点进行介绍和说明。

10.1　厂界环境噪声监测

10.1.1　环境噪声的含义

《中华人民共和国噪声污染防治法》第二条规定："本法所称环境噪声污染，是指超过噪声排放标准或者未依法采取防控措施产生噪声，并干扰他人正常生活、工作和学习的现象。"所以在测量厂界环境噪声时应重点关注：①噪声排放是否超过标准规定的排放限值；②是否干扰他人正常生活、工作和学习。

10.1.2　厂界环境噪声布点原则

《工业企业厂界环境噪声排放标准》（GB 12348—2008）中规定厂界环境噪声监测点的选择应根据排污单位声源、周围噪声敏感建筑物的布局以及毗邻的区域类别，在排污单位厂界布设多个点位，包括距噪声敏感建筑物较近的以及受被测声源影响大的位置。《总则》则更具体地指出了厂界环境噪声监测点位设置应遵循的原则：①根据厂内主要噪声源距厂界位置布点；②根据厂界周围敏感目标布点；③“厂中厂”是否需要监测根据内部和外围排污单位协商确定；④面临海洋、大江、大河的厂界原则上不布点；⑤厂界紧邻交通干线不布点；⑥厂界紧邻另一个排污单位的，在邻近另一个排污单位侧是否布点由两个排污单位协商确定。

厂界一侧长度在100 m以下，原则上可布设1个监测点位；300 m以下的可布设点位2～3个；300 m以上的可布设点位4～6个。通常所说的厂界，是指由法律文书（如土地使用证、土地所有证、租赁合同等）中所确定的业主所拥有的使用权（或所有权）的场所或建筑边界，各种产生噪声的固定设备的厂界为其实际占地边界。

设置测量点时，一般情况下，应选在排污单位厂界外1 m、高度1.2 m以上；当厂界有围墙且周围有受影响的噪声敏感建筑物时，测点应选在厂界外1 m、高于围墙0.5 m以上的位置；当厂界无法测量到声源的实际排放状况时（如声源位于高空、厂界设有声屏障等），应在厂界外高于围墙0.5 m处设置测点，同时在受影响的噪声敏感建筑物的户外1 m处另设测点，建筑物高于3层时，可考虑分层布点；当厂界与噪声敏感建筑物距离小于1 m时，厂界环境噪声应在噪声敏感建筑物室内测量，室内测量点位设在距任何反射面0.5 m以上、距地面1.2 m高度处，在受噪声影响方向的窗户开启状态下测量；固定设备结构传声至噪声敏感建筑物室内，在噪声敏感建筑物室内测量时，测点应距任何反射面0.5 m以上，距地面1.2 m、距外窗1 m以上，窗户关闭状态下测量，具体要求参照《环境噪声监测技术规范　结构传播固定设备室内噪声》（HJ 707—2014）。

10.1.3 环境噪声测量仪器

测量厂界环境噪声使用的测量仪器为积分平均声级计或环境噪声自动监测仪，其性能应不低于《电声学　声级计　第 1 部分：规范》（GB/T 3785.1—2023）中对 2 型仪器的要求。测量 35 dB（A）以下的噪声时应使用 1 型声级计，且测量范围应满足所测量噪声的需要。校准所用仪器应符合《电声学　声校准器》（GB/T 15173—2010）对 1 级或 2 级声校准器的要求。当需要进行噪声的频谱分析时，仪器性能应符合《电声学　倍频程和分数倍频程滤波器》（GB/T 3241—2010）中对滤波器的要求。

测量仪器和校准仪器应定期检定是否合格，并在有效使用期限内使用；每次测量前后必须在测量现场进行声学校准，其前后校准示值偏差不得大于 0.5 dB（A），否则测量结果无效。测量时传声器加防风罩。测量仪器时间计权特性设为“F”档，采样时间间隔不大于 1 秒。

10.1.4 环境噪声监测注意事项

测量应在无雨雪、无雷电天气，风速为 5 m/s 以下时进行。不得不在特殊气象条件下测量时，应采取必要措施保证测量准确性，同时注明当时所采取的措施及气象情况。测量应在被测声源正常工作时间进行，同时注明当时的工况。

分别在昼间、夜间两个时段测量。夜间有频发、偶发噪声影响时同时测量最大声级。被测声源是稳态噪声，采用 1 分钟的等效声级。被测声源是非稳态噪声，测量被测声源有代表性时段的等效声级，必要时测量被测声源整个正常工作时段的等效声级。噪声超标时，必须测量背景值，背景噪声的测量及修正应按照《环境噪声监测技术规范　噪声测量值修正》（HJ 706—2014）来进行。

10.1.5 监测结果评价

各个测点的测量结果应单独评价。同一测点每天的测量结果按昼间、夜间进行评价。最大声级直接评价。当厂界与噪声敏感建筑物距离小于 1 m，厂界环境噪声在噪声敏感建筑物室内测量时，应将相应的噪声标准限制降 10 dB（A）作为评价依据。

10.2 地表水监测

本节仅针对监测断面设置和现场采样进行介绍，样品保存、运输以及实验室分析部分参考第 6 章内容。

10.2.1 监测断面设置

排污单位厂界周边的地表水环境质量影响监测点位应参照排污单位环境影响评价文件及其批复和其他环境管理要求设置。如环境影响评价文件及其批复和其他文件中均未作出要求，排污单位需要开展周边环境质量影响监测的，环境质量影响监测点位设置的原则和方法参照《建设项目环境影响评价技术导则　总纲》（HJ 2.1—2016）、《环境影响评价技术导则　地表水环境》（HJ 2.3—2018）和《地表水环境质量监测技术规范》（HJ 91.2—2022）等的相关规定执行。

《环境影响评价技术导则　地表水环境》（HJ 2.3—2018）规定环境影响评价中，应提出地表水环境质量监测计划，包括监测断面或点位位置（经纬度）、监测因子、监测频次、监测数据采集与处理、分析方法等。地表水环境质量监测断面或点位设置需与水环境现状监测、水环境影响预测的断面或点位相协调，并应强化其代表性、合理性。

10.2.1.1 河流监测断面设置

根据《环境影响评价技术导则　地表水环境》（HJ 2.3—2018）、《地表水环境质量监测技术规范》（HJ 91.2—2022）规定，应布设对照断面和控制断面。对照断面宜布置在排放口上游 500 m 以内。控制断面应根据受纳水域水环境质量控制管理要求设置。控制断面可结合水环境功能区或水功能区、水环境控制单元区划情况，直接采用国家及地方确定的水质控制断面。评价范围内不同水质类别区、水环境功能区或水功能区、水环境敏感区及需要进行水质预测的水域，应布设水质监测断面。评价范围以外的调查或预测范围，可以根据预测工作需要增设相应的水质监测断面。水质取样断面上取样垂线的布设按照《地表水环境质量监测技术规范》（HJ 91.2—2022）的规定执行。

10.2.1.2 湖库监测点位设置

根据《环境影响评价技术导则　地表水环境》（HJ 2.3—2018），水质取样垂线的设置可采用以排放口为中心，沿放射线布设或网格布设的方法，按照下列原则及方法设置：一级评价[①]在评价范围内布设的水质取样垂线数宜不少于 20 条；二级评价[①]在评价范围内布设的水质取样线宜不少于 16 条。评价范围内不同水质类别区、水环境功能区或水功能区、水环境敏感区、排放口和需要进行水质预测的水域，应布设取样垂线。水质取样垂线上取样点的布设按照《地表水环境质量监测技术规范》（HJ 91.2—2022）的规定执行。

10.2.2 水样采集

10.2.2.1 基本要求

（1）河流

对开阔河流采样时，应包括下列几个基本点：用水地点的采样；污水流入河流后，对充分混合的地点及流入前的地点采样；支流合流后，对充分混合的地点及混合前的主流与支流地点的采样；主流分流后地点的选择；根据其他需要设定的采样地点。各采样点原则上应在河流横向及垂向的不同位置采集样品。采样时间一般选择在采样前至少连续两天晴天、水质较稳定的时间。

① 《环境影响评价技术导则　地表水环境》（HJ 2.3—2018）。

（2）水库和湖泊

水库和湖泊的采样，由于采样地点和温度的分层现象可引起很大的水质差异，在调查水质状况时，应考虑到成层期与循环期的水质明显不同。了解循环期水质，可布设和采集表层水样；了解成层期水质，应按照深度布设及分层采样。

10.2.2.2 水样采集要点内容

（1）采样器材

采样器材包括采样器、静置容器、样品瓶、水样保存剂和其他辅助设备。采样器材的材质和结构、水样保存等应符合标准分析方法要求，如标准分析方法中无要求则按《水质 样品的保存和管理技术规定》（HJ 493—2009）规定执行。采样器包括表层采样器、深层采样器、自动采样器、石油类采样器等。水样容器包括聚乙烯瓶（桶）、硬质玻璃瓶和聚四氟乙烯瓶。聚乙烯瓶一般用于大多数无机物的样品，硬质玻璃瓶用于有机物和生物样品，玻璃或聚四氟乙烯瓶用于微量有机污染物（挥发性有机物）样品。

采样器材主要有采样器和水样容器。采样器包括聚乙烯塑料桶、单层采水瓶、直立式采水器、自动采样器。水样容器包括聚乙烯瓶（桶）、硬质玻璃瓶和聚四氟乙烯瓶。聚乙烯瓶一般用于大多数无机物的样品，硬质玻璃瓶用于有机物和生物样品，玻璃或聚四氟乙烯瓶用于微量有机污染物（挥发性有机物）样品。

（2）采样量

在地表水质监测中通常采集瞬时水样。采样量参照规范要求，即考虑重复测定和质量控制的需要的量，并留有余地。

（3）采样方法

可以采用船只采样、桥上采样、涉水采样等方式采集水样。使用船只采样时，采样船应位于采样点的下游，逆流采集水样，避免搅动底部沉积物。采样人员应尽量在船只前部采样，尽量使采样器远离船体。在桥上采样时，采样人员应能准确控制采样点位置，确定合适的汲水场合，采用合适的方式采样，如可用系着绳子的水桶投入水中汲水，要注意不能混入漂浮于水面上的物质。涉水采样时，采样人员应站在采样点下游，逆流采集水样，避免搅动底部沉积物。

一般情况，不允许采集岸边水样，监测断面目视范围内无水或仅有不连贯的积水时，可不采集水样，但要做好现场情况记录。

（4）水样保存

在水样采入或装入容器中后，应按规范要求加入保存剂。

（5）油类采样

采样前先破坏可能存在的油膜，用直立式采水器把玻璃容器安装在采水器的支架中，将其放到水面以下 300 mm 处，边采水边向上提升，在到达水面时剩余适当空间（避开油膜）。

10.2.2.3 注意事项

地表水水样的采集需按照《地表水监测技术规范》（HJ 91.2—2022）要求进行。需要注意《地表水环境质量标准》（GB 3838—2002）中规定的部分项目，除标准分析方法有特殊要求的监测项目外，均要求水样采集后自然沉降 30 分钟。

水样采集过程中还应注意以下方面：

①采样时不可搅动水底的沉积物。除标准分析方法有特殊要求的监测项目外，采集到的水样倒入静置容器中，自然沉降 30 分钟。

②使用虹吸装置取上层不含沉降性固体的水样，虹吸装置进水尖嘴应保持插至水样表层 50 mm 以下位置。

③采样时应保证采样点的位置准确，必要时用定位仪（GPS）定位。

④采样结束前，核对采样方案、记录和水样是否正确，否则补采，认真填写采样记录表。

⑤石油类、五日生化需氧量、溶解氧（DO）、硫化物、粪大肠菌群、悬浮物、叶绿素 a 或标准分析方法有特殊要求的项目要单独采样。

⑥测定油类水样，应在水面至水深 30 cm 内采集柱状水样，并单独采集，全

部用于测定，样品瓶不得用采集水样荡洗。

⑦测定溶解氧、生化需氧量、硫化物和有机物等项目时，水样必须注满容器，上部不留空间，并用水封口。

10.3　近岸海域海水影响监测

10.3.1　监测点位设置

排污单位厂界周边的海水环境质量影响监测点位应参照排污单位环境影响评价文件及其批复和其他环境管理要求设置。

如环境影响评价文件及其批复和其他文件中均未作出要求，排污单位需要开展周边环境质量影响监测的，环境质量影响监测点位设置的原则和方法参照《建设项目环境影响评价技术导则　总纲》（HJ 2.1—2016）、《环境影响评价技术导则　地表水环境》（HJ 2.3—2018）、《近岸海域环境监测技术规范　第八部分　直排海污染源及对近岸海域水环境影响监测》（HJ 442.8—2020）、《近岸海域环境监测点位布设技术规范》（HJ 730—2014）等执行。

根据《环境影响评价技术导则　地表水环境》（HJ 2.3—2018），一级评价可布设 5～7 个取样断面，二级评价可布设 3～5 个取样断面。根据垂向水质分布特点，参照《海洋调查规范》（GB/T 12763—2007）、《近岸海域环境监测技术规范　第八部分　直排海污染源及对近岸海域水环境影响监测》（HJ 442.8—2020）、《近岸海域环境监测点位布设技术规范》（HJ 730—2014）执行。排放口位于感潮河段内的，其上游设置的水质取样断面，应根据时间情况参照河流决定，其下游断面的布设与近岸海域相同。

10.3.2 水样采集基本要求

10.3.2.1 采样前环境情况检查

每次采样前均应仔细检查装置的性能及采样点周围的状况。

（1）岸上采样

如果水是流动的，采样人员站在岸边，必须面对水流动方向操作。若底部沉积物受到扰动，则不能继续取样。

（2）船上采样

由于船体本身就是一个重要污染源，船上采样要始终采取适当措施防止船上各种污染源可能带来的影响。采痕量金属水样应尽量避免使用铁质或其他金属制成的小船，采用逆风逆流采样，一般应在船头取样，将来自船体的各种沾污控制在一个尽量低的水平上。当船体到达采样点位后，应该根据风向和流向，立即将采样船周围海面划分为船体沾污区、风成沾污区和采样区三部分，在采样区采样。或者待发动机关闭后，当船体仍在缓慢前进时，将抛浮式采水器从船头部位尽力向前方抛出，或者使用小船离开大船一定距离后采样；采样人员应坚持向风操作，采样器不能直接接触船体任何部位，裸手不能接触采样器排水口，采样器内的水样先放掉一部分后再取样；采样深度的选择是采样的重要部分，通常要特别注意避开微表层采集表层水样，也不要在悬浮沉积物富集的底层水附近采集底层水样；采样时应避免剧烈搅动水体，如发现底层水浑浊，应停止采样；当水体表面漂浮杂质时，应防止其进入采样器，否则重新采样；采集多层次深水水域的样品，按从浅到深的顺序采集；因采水器容积有限不能一次完成时，可进行多次采样，将各次采集的水样集装在大容器中，分样前应充分摇匀。混匀样品的方法不适于溶解氧、BOD_5、油类、细菌学指标、硫化物及其他有特殊要求的项目；测溶解氧、BOD_5、pH 等项目的水样，采样时需充满，避免残留空气对测项的干扰；其他测项，装水样至少留出容器体积 10%的空间，以便样品分析前充分摇匀；取样时，应沿样品瓶内壁注入，除溶解氧等特殊要求外放水管不要插入液面下装样；除现场测定项目外，样品采集后应按要求进行现场加保存剂，并颠倒数次使保存剂在样品中均匀分散；水样取好后，仔细塞好瓶塞，不能有漏水现象。如将水样转送他处或不能立刻分析时，应用石蜡或水漆封口。对不同水深，采样层次按照《近岸海域环境监测技术规范　第八部分　直排海污染源及对近岸海域水环境影响监测》（HJ 442.8—2020）确定。

10.3.2.2　现场采样注意事项

项目负责人或技术负责人同船长协调海上作业与船舶航行的关系，在保证安全的前提下，航行应满足监测作业的需要。

按监测方案要求，获取样品和资料。

水样分装顺序的基本原则是：不过滤的样品先分装，需过滤的样品后分装；一般按悬浮物和溶解氧（生化需氧量）→pH→营养盐→重金属→化学需氧量→叶绿素 a→浮游植物（水采样）的顺序进行；如化学需氧量和重金属汞需测试非过滤态，则按悬浮物和溶解氧（生化需氧量）→化学需氧量→汞→pH→盐度→营养盐→其他重金属→叶绿素 a→浮游植物（水采样）的顺序进行。

在规定时间内完成应在海上现场测试的样品，同时做好非现场检测样品的预处理。

采样事项：船到达点位前 20 分钟，停止排污和冲洗甲板，关闭厕所通海管路，直至监测作业结束；严禁用手沾污所采样品，防止样品瓶塞（盖）沾污；观测和采样结束，应立即检查有无遗漏，然后方可通知船方启航；在大雨等特殊气象条件下应停止海上采样工作；遇有赤潮和溢油等情况，应按应急监测规定要求进行跟踪监测。

10.4 地下水监测

10.4.1 监测点位布设

环境管理要求或钢铁工业及炼焦化学工业排污单位的环境影响评价文件及其批复［仅限2015年1月1日（含）后取得环境影响评价批复的］对厂界周边的地下水环境质量监测有明确要求的，按要求执行。如环境影响评价文件及其批复和其他文件中均未作出要求，排污单位认为有必要开展周边环境质量影响监测的，地下水环境质量影响监测点位设置的原则和方法参照《环境影响评价技术导则 地下水环境》（HJ 610—2016）、《地下水环境监测技术规范》（HJ 164—2020）等执行。如环境影响评价文件及其批复和其他文件中均未作出要求，排污单位需要开展周边环境质量影响监测的，地下水环境质量影响监测点位设置的原则和方法参照《环境影响评价技术导则 地下水环境》（HJ 610—2016）、《地下水环境监测技术规范》（HJ 164—2020）等执行。

参考《环境影响评价技术导则 地下水环境》（HJ 610—2016），根据排污单位类别及地下水环境敏感程度，划分排污单位对地下水环境影响的等级见表10-1，进而确定地下水监测点（井）的数量及分布。

表10-1 排污单位周边地下水环境影响等级分级

敏感程度②	项目类别①		
	Ⅰ类项目	Ⅱ类项目	Ⅲ类项目
敏感	一级	一级	二级
较敏感	一级	二级	三级
不敏感	二级	三级	三级

注：①参见《环境影响评价技术导则 地下水环境》（HJ 610—2016）附录A；

②参见《环境影响评价技术导则 地下水环境》（HJ 610—2016）表1。

地下水水质监测点布设的具体要求：

①监测点布设应尽可能靠近建设项目场地或主体工程，监测点数应根据评价工作等级和水文地质条件确定。

②一级评价项目潜水含水层的水质监测点应不少于 7 个，可能受建设项目影响且具有饮用水开发利用价值的含水层 3～5 个。原则上建设项目场地上游和两侧的地下水水质监测点均不得少于 1 个，建设项目场地及其下游影响区的地下水水质监测点不得少于 3 个。

③二级评价项目潜水含水层的水质监测点应不少于 5 个，可能受建设项目影响且具有饮用水开发利用价值的含水层 2～4 个。原则上建设项目场地上游和两侧的地下水水质监测点均不得少于 1 个，建设项目场地及其下游影响区的地下水水质监测点不得少于 2 个。

④三级评价项目潜水含水层水质监测点应不少于 3 个，可能受建设项目影响且具有饮用水开发利用价值的含水层 1～2 个。原则上建设项目场地上游及下游影响区的地下水水质监测点各不得少于 1 个。

10.4.2　监测井的建设与管理

开展周边地下水环境质量影响监测时，排污单位可选择符合点位布设要求、常年使用的现有井（如经常使用的民用井）作为监测井，在无合适现有井时，可设置专门的监测井。多数情况下地下水可能存在污染的部分集中在接近地表的潜水中，排污单位应根据所在地及周边水文地质条件确定地下水埋藏深度，进而确定地下水监测井井深或取水层位置。

地下水监测井的建设与管理，应符合《地下水环境监测技术规范》（HJ 164—2020）中有关规定。

地下水样品的现场采集、保存、实验室分析及质量控制的具体操作过程，应符合《地下水环境监测技术规范》（HJ 164—2020）中有关规定。

10.5 土壤监测

环境管理要求或钢铁工业及炼焦化学工业排污单位的环境影响评价文件及其批复［仅限2015年1月1日（含）后取得环境影响评价批复的］对厂界周边土壤环境质量监测有明确要求的，按要求执行。如环境影响评价文件及其批复和其他文件中均未作出要求，排污单位认为有必要开展周边环境质量影响监测的，土壤环境质量影响监测点位设置的原则和方法参照《环境影响评价技术导则 土壤环境（试行）》（HJ 964—2018）、《土壤环境监测技术规范》（HJ/T 166—2004）等执行。

参照《环境影响评价技术导则 土壤环境（试行）》（HJ 964—2018）中有关污染影响型建设项目的要求，根据排污单位类别、占地面积大小及土壤环境的敏感程度，确定监测点位布设的范围、数量及采样深度。

首先根据表10-2的规定，确定排污单位对周边土壤环境影响的等级，在确定排污单位土壤环境影响的等级后，可根据表10-3的规定确定监测点布设的范围及点位数量。

表10-2 排污单位周边土壤环境影响等级分级

建设项目类别①	Ⅰ类项目			Ⅱ类项目			Ⅲ类项目		
敏感程度③	占地面积②								
	大	中	小	大	中	小	大	中	小
敏感	一级	一级	一级	二级	二级	二级	三级	三级	三级
较敏感	一级	一级	二级	二级	二级	三级	三级	三级	—
不敏感	一级	二级	二级	二级	三级	三级	三级	—	—

注：①参见《环境影响评价技术导则 土壤环境（试行）》（HJ 964—2018）中附录A；

②排污单位占地面积分为大型（≥50 hm^2）、中型（5～50 hm^2）、小型（≤5 hm^2）；

③参见《环境影响评价技术导则 土壤环境（试行）》（HJ 964—2018）中表3。

表 10-3　排污单位周边土壤环境质量影响监测点位布设范围及数量

土壤环境影响等级	周边土壤环境监测点的布设范围①	点位数量
一级	1 km	4 个表层点②
二级	0.2 km	2 个表层点②
三级	0.05 km	—③

注：①涉及大气沉降途径影响的，可根据主导风向下风向最大浓度落地点适当调整监测点位布设范围；
②表层点一般在 0～0.2 m 采样；
③影响等级为三级的排污单位，除有特殊要求的，一般可不考虑布设周边土壤环境监测点。

土壤样品的现场采集、样品流转、制备、保存、实验室分析及质量控制的具体过程应符合《土壤环境监测技术规范》（HJ/T 166—2004）中的相关技术规定。

10.6　环境空气监测

10.6.1　监测点位布设

环境管理要求或钢铁工业及炼焦化学工业排污单位的环境影响评价文件及其批复［仅限 2015 年 1 月 1 日（含）后取得环境影响评价批复的］对厂区周边环境空气质量监测有明确要求的，按要求执行。如环境影响评价文件及其批复和其他文件中均未作出要求，排污单位认为有必要开展周边环境质量影响监测的，环境空气质量影响监测点位设置的原则和方法参照《环境空气质量监测点位布设技术规范（试行）》（HJ 664—2013）执行。

监测点位布设时，根据监测目的和任务要求来确定具有代表性的监测点位。对于为监测固定污染源对当地环境空气质量影响而设置的监测点，代表范围一般为半径 100～500 m，如果考虑较高的点源对地面浓度影响时，半径也可以扩大到 500～4 000 m。

污染监控点应依据排放源的强度和主要污染项目布设，设置在源的主导风向和第二主导风向的下风向最大落地浓度区内，以捕捉到最大污染特征为原则进行布设。

监测点采样口周围水平面应保证有270°以上的捕集空间，不能有阻碍空气流动的高大建筑、树木或其他障碍物；如果采样口一侧靠近建筑，采样口周围水平面应有180°以上的自由空间。从采样口到附近最高障碍物之间的水平距离，应为该障碍物与采样口高度差的两倍以上，或从采样口到建筑物顶部与地平线的夹角小于30°。

10.6.2 现场采样和注意事项

钢铁工业及炼焦化学工业排污单位厂界周边的环境空气现场采样主要参照《环境空气质量手工监测技术规范》（HJ 194—2017）和具体的监测指标采用的分析方法来确定现场采样方法、采样时间和频率。现场采样的主要方法有溶液吸收采样、吸附管采样、滤膜采样、滤膜-吸附剂联用采样和直接采样等方法，根据不同监测指标的分析方法来确定其采样方法。

溶液吸收采样时，采样前注意检查管路是否清洁，进行系统的气密性检查；采样前后流量误差应小于5%；采样时注意吸收管进气方向不要接反，防止倒吸；采样过程中有避光、温度控制等要求的项目按照相关监测方法标准执行，及时记录采样起止时间、流量、温度、压力等参数；采样结束后，需要避光、冷藏、低温保存的按照相关标准要求采取相应措施妥善保存，尽快送到实验室，并在有效期内完成分析；运输过程中避免样品受到撞击或剧烈振动而损坏；按照相关监测标准要求采集足够数量的全程序空白样品。

吸附管采样时，采样前进行系统的气密性检查；采样前后流量误差应小于5%；采样过程中有避光、温度控制等要求的项目按照相关监测方法标准执行，及时记录采样起止时间、流量、温度、压力等参数；采样结束后，需要避光、冷藏、低温保存的按照相关标准要求采取相应措施妥善保存，尽快送到实验室，并在有效期内完成分析；运输过程中避免样品受到撞击或剧烈振动而损坏；按照相关监测标准要求采集足够数量的全程序空白样品。

滤膜采样时，采样前清洗切割器，保证切割器清洁；检查采样滤膜的材质、本底、均匀性、稳定性是否符合所采项目监测方法标准要求，滤膜边缘是否平滑，薄厚是否均匀，且无毛刺、无污染、无碎屑、无针孔、无折痕、无损坏；检查采样器的流量、温度、压力是否在误差允许范围内；采样结束后，用镊子轻轻夹住滤膜边缘，取下样品滤膜，并检查是否有破裂或滤膜上尘积面的边缘轮廓是否清晰、完整；采样前后流量误差应小于5%；样品采集后，立即装盒（袋）密封，尽快送至实验室分析；运输过程中，应避免剧烈振动，对于需要平放的滤膜，保持滤膜采集面向上。

第 11 章　监测质量保证与质量控制体系

监测质量保证与质量控制是提高监测数据质量的重要保障，是监测过程的重中之重，同时也涉及监测过程各方面内容。本章立足现有经验，对污染源监测应关注的重点内容、质控要点进行梳理，提供了经验性的参考，但仍难以做到面面俱到。排污单位或社会化检测机构在开展污染源监测过程中，可参考本章的内容，结合自身实际情况，制定切实有效的监测质量保证与质量控制方案，提高监测数据质量。

11.1　基本概念

监测质量保证和质量控制是环境监测过程中的两个重要概念。《环境监测质量管理技术导则》（HJ 630—2011）中这样定义："质量保证是指为了提供足够的信任表明实体能够满足质量要求，而在质量体系中实施并根据需要证实的全部有计划和有系统的活动。质量控制是指为达到质量要求所采取的作业技术或活动。"

采取质量保证的目的是获取他人对质量的信任，是为使他人确信某实体提供的数据、产品或者服务等能满足质量要求而实施的，并根据需要进行证实的全部有计划、有系统的活动。质量控制则是通过监视质量形成过程，消除生产数据、产品或者提供服务的所有阶段中可能引起不合格或不满意效果的因素，使其达到质量要求而采用的各种作业技术和活动。

环境监测的质量保证与质量控制，是依靠系统的文件规定来实施的内部的技术和管理手段。它们既是生产出符合国家质量要求的检测数据的技术管理制度和活动，也是一种“证据”，即向任务委托方、环境管理机构和公众等表明该检测数据是在严格的质量管理中完成的，具有足够的管理和技术上的保证手段，数据是准确可信的。

11.2 质量体系

证明数据质量可靠性的技术管理制度与活动可以千差万别，但是也有其共同点。为了实现质量保证和质量控制的目的，往往需要建立一套并保证有效运行的质量体系。它应覆盖环境检测活动所涉及的全部场所、所有环节，以使检测机构的质量管理工作程序化、文件化、制度化和规范化。

建立一个良好运行的质量体系，对于专业的向政府、企事业单位或者个人提供排污情况监测数据的社会化检测机构，按照《检验检测机构资质认定管理办法》（质检总局令　第 163 号）、《检验检测机构资质认定评审准则》和《检验检测机构资质认定评审准则及释义》的要求建立并运行质量体系是必要的。若检测实验室仅为排污单位内部提供数据，质量管理活动的目的则是为本单位管理层、环境管理机构和公众提供证据，证明数据准确可信，质量手册不是必需的，但有利于检测实验室数据质量得到保证的一些程序性规定和记录是必要的（如实验室具体分析工作的实施流程、数据质量相关的管理流程等的详细规定，具体方法或设备使用的指导性详细说明，数据生产过程和监督数据生产需使用的各种记录表格等）。

建立质量体系不等于需要通过资质认定。质量体系的繁简程度与检测实验室的规模、业务范围、服务对象等密切相关，有时还需要根据业务委托方的要求修改完善质量体系。质量体系一般包括质量手册、程序文件、作业指导书和记录。有效的质量控制体系应满足“对检测工作进行全面规范，且保证全过程留痕”的基本要求。

11.2.1 质量手册

质量手册是检测实验室质量体系运行的纲领性文件，阐明检测实验室的质量目标，描述检测实验室全部检测质量活动的要素，规定检测质量活动相关人员的责任、权限和相互之间的关系，明确质量手册的使用、修改和控制的规定等。质量手册至少应包括批准页、自我声明、授权书、检测实验室概述、检测质量目标、组织机构、检测人员、设施和环境、仪器设备和标准物质，以及检测实验室为保证数据质量所做的一系列规定等。

（1）批准页

批准页的主要内容是说明编制质量体系的目的以及质量手册的内容，并由最高管理者批准实施。

（2）自我声明

检测实验室关于独立承担法律责任、遵守《中华人民共和国计量法》和监测技术标准规范等相关法律法规、客观出具数据等的承诺。

（3）授权书

检测实验室有多种情形需要授权，包括但不仅限于在最高管理者外出期间，授权给其他人员替其行使职权；最高管理者授权人员担任质量负责人、技术负责人等关键岗位；授权检测实验室的大型贵重仪器的人员使用等。

（4）检测实验室概述

简要介绍检测实验室的地理位置、人员构成、设备配置概况、隶属关系等基本信息。

（5）检测质量目标

检测质量目标即定量描述检测工作所达到的质量。

（6）组织机构

明确检测实验室与检测工作相关的外部管理机构的关系，与本单位中其他部门的关系，完成检测任务相关部门之间的工作关系等，通常以组织机构框图的方式表明。与检测任务相关的各部门的职责应予以明确和细化。例如，可规定检测质量管理部具有下列职责：①牵头制订检测质量管理年度计划并监督实施，编制质量管理年度总结；②负责组织质量管理体系建设、运行管理，包括质量体系文件编制、宣贯、修订、内部审核、管理评审、质量督查、检测报告抽查、实验室和现场监督检查、质量保证和质量控制等工作；③负责组织人员开展内部持证上岗考核相关工作；④负责组织参加外部机构组织的能力验证、能力考核、比对抽测等各项考核工作；⑤负责组织仪器设备检定/校准工作，包括编制检定/校准计划、组织实施和确认；⑥负责标准物质管理工作，包括建立标准物质清册、管理标准物质样品库、标准样品的验收、入库、建档及期间核查等。

（7）检测人员

检测人员包括检测岗位划分和检测人员管理两部分内容。

检测岗位划分指检测实验室将检测相关工作分为若干具体的检测工序，并明确各检测工序的职责。以检测实验室为例，岗位划分可描述为质量负责人、技术负责人、报告签发人、采样岗位、分析岗位、质量监督人、档案管理人等。可以由同一个人兼任不同的岗位，也可以专职从事某一个岗位，但报告编制、审核和签发应由3个不同的人员承担，不能由一个人兼任其中的两个及以上职责。

检测人员管理部分则规定从事采样、分析等检测相关工作的人员应接受的教育、培训、应掌握的技能和应履行的职责等。以分析岗位为例，人员管理可描述为以下几个方面：

①分析人员必须经过培训，熟练掌握与本人承担分析项目有关的标准监测方法或技术规范及有关法规，且具备对检验检测结果做出评价的判断能力，经内部考核合格后持证上岗。

②熟练掌握所用分析仪器设备的基本原理、技术性能，以及仪器校准、调试、维护和常见故障的排除技术。

③熟悉并遵守质量手册的规定，严格按监测标准、规范或作业指导书开展监测分析工作，熟悉记录的控制与管理程序，按时完成任务，保证监测数据准确可靠。

④认真做好样品分析前的各项准备工作，分析样品的交接工作以及样品分析工作，确保按业务通知单或监测方案要求完成样品分析。

⑤分析人员必须确保分析选用的分析方法现行有效，分析依据正确。

⑥负责所使用仪器设备日常维护、使用和期间核查，编制/修订其操作规程、维护规程、期间核查规程和自校规程，并在计量检定/校准有效期内使用。负责做好使用、维护和其间核查记录。

⑦确保分析质控措施和质控结果符合有关监测标准或技术规范及相关规定的要求。

⑧当分析仪器设备、分析环境条件或被测样品不符合监测技术标准或技术规范要求时，监测分析人员有权暂停工作，并及时向上级报告。

⑨认真做好分析原始记录并签字，要求字迹清楚、内容完整、编号无误。

⑩分析人员对分析数据的准确性和真实性负责。

⑪校对上级安排的其他检测人员的分析原始记录。

检测实验室建立人员配备情况一览表（表 11-1），有助于提高人员管理效率。

表 11-1　检测人员（样表）

序号	姓名	性别	出生年月	文化程度	职务/职称	所学专业	从事本技术领域年限	所在岗位	持证项目情况	备注
1	张三	男	1988 年 8 月	本科	工程师	分析化学	5	分析岗	水和废水：化学需氧量、氨氮	质量负责人
……	……	……	……	……	……	……	……	……	……	……

（8）设施和环境

检测实验室的设施和环境条件指检测实验室配备必要的设施硬件，并建立制度保证监测工作环境适应监测工作需求。检测实验室的设施通常包括空调、除湿机、干湿度温度计、通风橱、纯水机、冷藏柜、超声波清洗仪、电子恒温恒湿箱、灭火器等检测辅助设备。至少应明确以下规定：

①防止交叉污染的规定。例如，规定监测区域应有明显标识；严格控制进入和使用影响检测质量的实验区域；对相互有影响的活动区域进行有效隔离，防止交叉污染。比较典型的交叉污染例子有：挥发酚项目的检测分析会对在同一实验室进行的氨氮检测分析造成交叉污染的影响；在分析总砷、总铅、总汞、总镉等

项目时，如果不同的样品间浓度差异较大，规定高、低浓度的采样瓶和分析器皿分别用专用酸槽浸泡洗涤，以免交叉污染。必要时，用优级纯酸稀释后浸泡超低浓度样品所用器皿等。

②对可能影响检测结果质量的环境条件，规定检测人员进行监控和记录，保证其符合相关技术要求。例如，万分之一以上精度的电子天平正常工作对环境温度、湿度有控制要求，检测实验室应有监控设施，并有记录表格记录环境条件。

③规定有效控制危害人员安全和人体健康的潜在因素。例如配备通风橱、消防器材等必要的防护和处置措施。

④对化学品、废弃物、火、电、气和高空作业等安全相关因素作出规定等。

（9）仪器设备和标准物质

检测用仪器设备和标准物质是保障检测数据量值溯源的关键载体。检测实验室应配备满足检测方法规定的原理、技术性能要求的设备，应对仪器设备的购置、使用、标识、维护、停用、租借等管理作出明确规定，保证仪器设备得到合理配置、正确使用和妥善维护，提高检测数据的准确可靠性。例如，对于设备的配备可规定：

①根据检测项目和工作量的需要及相关技术规范的要求，合理配备采样、样品制备、样品测试、数据处理和维持环境条件所要求的所有仪器设备种类和数量，并对仪器技术性能进行科学的分析评价和确认。

②如果需要借用外单位的仪器设备，必须严格按本单位仪器设备的管理受到有效控制。建立仪器设备配备情况一览表，往往有助于提高设备管理效率，仪器设备配备情况参考样表见表 11-2。

表 11-2　仪器设备配备情况（样表）

序号	设备名称	设备型号	出厂编号	检定/校准方式	检定/校准周期	仪器摆放位置
1	电子天平	TE212 L	####	检定	一年	205 室
……	……	……	……	……	……	……

此外，应根据检测项目开展情况配备标准物质，并做好标准物质管理。配备的标准物质应该是有证标准物质，保证标准物质在其证书规定的保存条件下贮存，建立标准物质台账，记录标准物质名称、购买时间、购买数量、领用人、领用时间和领用量等信息。

（10）其他

为保证建立的质量管理体系覆盖检测的各个方面、环节、所有场所，且能持续有效地指导实施质量管理活动，还应对以下质量管理活动作出原则性的规定：

①质量体系在哪些情形下，由谁提出、谁批准同意修改等。

②如何正确使用管理质量体系各类管理和技术文件，即如何编制、审批、发放、修改、收回、标识、存档或销毁等处理各种文件。

③如何购买对监测质量有影响的服务（如委托有资质的机构检定仪器即购买服务），以及如何购买、验收和存储设备、试剂、消耗材料。

④检测工作中出现的与相关规定不符合的事项，应如何采取措施。

⑤质量管理、实际样品检测等工作中相关记录的格式模板应如何编制，以及实际工作过程中如何填写、更改、收集、存档和处置记录。

⑥如何定期组织单位内部熟悉检测质量管理相关规定的人员，对相关规定的执行情况进行内部审核。

⑦管理层如何就内部审核或者日常检测工作中发现的相关问题，定期研究解决。

⑧检测工作中，如何选用、证实/确认检测方法。

⑨如何对现场检测、样品采集、运输、贮存、接收、流转、分析、监测报告编制与签发等检测工作全过程的各个环节都采取有效的质量控制措施，以保证监测工作质量。

⑩如何编制监测报告格式模板，实际检测工作中如何编写、校核、审核、修改和签发检测报告等。

11.2.2　程序文件

程序文件是规定质量活动方法和要求的文件，是质量手册的支持性文件，主要目的是对产生检测数据的各个环节、各个影响因素和各项工作全面规范。程序文件包括人员、设备、试剂、耗材、标准物质、检测方法、设施和环境、记录和数据录入发布等各关键因素，明确详细地规定某一项与检测相关的工作，还包括执行人员是谁、经过什么环节、留下哪些记录，以实现在高时效地完成工作的同时保证数据质量。

编写程序文件时，应明确每个程序的控制目的、适用范围、职责分配、活动过程规定和相关质量技术要求，从而使程序文件具有可操作性。例如，制定检测工作程序，对检测任务的下达、检测方案的制定、采样器皿和试剂的准备、样品采集和现场检测、实验室内样品分析，以及测试原始积累的填写等诸多环节，规定分别由谁来实施以及实施过程中应该填写哪些记录，以保证工作有序开展。

档案管理也是一项涉及较多环节的工作，涉及档案产生后的暂存、收集、交接、保管和借阅查询使用等一系列环节，在各个细节又需要保证档案的完整性，制定一个档案管理程序就显得比较重要了。这个程序可以规定档案产生人员如何暂存档案，暂存的时限是多长，档案收集由谁来负责，交给档案收集人员时应履行的手续，档案集中后由谁来负责建立编号，如何保存，借阅查阅时应履行的手续等。

又如检测方案的制定，方案制定人员需要弄清楚的文件有环评报告中的监测章节内容、生态环境部门做出的环评批复、执行的排放标准，许可证管理的相关要求，行业涉及的自行监测指南等。在明确管理要求后所制定的检测方案，宜请熟悉环境管理、环境监测、生产工艺和治理工艺的专业人员对方案进行审核把关，既有利于保证检测内容和频次等满足管理要求，又可避免不必要的人力、物力浪费。

一般来说，检测实验室需制定的程序性规定应包括人员培训程序、检测工作程序、设备管理程序、标准物质管理程序、档案管理程序、质量管理程序、服务和供应品的采购和管理程序、内务和安全管理程序、记录控制与管理程序等。

11.2.3 作业指导书

作业指导书是指特定岗位工作或活动应达到的要求和遵循的方法。对于下列情形往往需要检测机构制定作业指导书：

①标准检测方法中规定可采取等效措施，而检测机构又的确采取了等效措施。

②使用非母语的检测方法。

③操作步骤复杂的设备。

作业指导书应写得尽可能具体，且语言简洁不产生歧义，以保证各项操作的可重复性。

11.2.4 记录

记录包括质量记录和技术记录。质量记录是质量体系活动产生的记录，如内审记录、质量监督记录等；技术记录是各项监测工作所产生的记录，如《pH 分析原始记录表》《废水流量监测记录（流速仪法）》。记录是保证从检测方案的制定开始，到样品采集、样品运输和保存、样品分析、数据计算、报告编制、数据发布的各个环节留下关键信息的凭证，是证明数据生产过程满足技术标准和规范要求的基础。检测实验室的记录既要简洁易懂，也要信息量足够让检测工作重现。这就要求认真学习国家的法律法规等管理规定和技术标准规范，把握必须记录备查的关键信息，在设计记录表格样式的时候予以考虑。例如对于样品采集，除采样时间、地点、人员等基础信息外，还应包括检测项目、样品表观（定性描述颜色、悬浮物含量）、样品气味、保存剂的添加情况等信息。对于具体的某一项污染物的分析，需记录分析方法名称及代码、分析时间、分析仪器的名称型号、标准/校准曲线的信息、取样量、样品前处理情况、样品测试的信号值、计算公式、计算结果以及质控样品分析的结果等。

11.3 自行监测质控要点

自行监测的质量控制，既要考虑人员、设备、监测方法、试剂耗材等关键因素，也要重视设施环境等影响因素。每一项检测任务都应有足够证据表明其数据质量可信，在制定该项检测任务实施方案的同时，制定一个质控方案，或者在实施方案中有质量控制的专门章节，明确该项工作应针对性地采取哪些措施来保证数据质量。自行监测工作中，监测方案应包含自行监测点位，项目和频次，采样、制样和分析执行的技术规范等信息，并通过生态环境部门审查；日常监测工作中，需要落实负责现场监测和采样、制样和分析样品、报告编制工作的具体人员，以及应采取的质控措施。应采取的质控措施可以是一个专门的方案，规定承担采样、制样和分析样品的人员应该具有的技能（如经过适当的培训后持有上岗证），各环节的执行人员应该落实哪些措施来自证所开展工作的质量，质量控制人员应该如何查证各环节执行人员工作的有效性等。通常来说，质控方案就是保证数据质量所需要满足的人员、设备、监测方法、试剂耗材和环境设施等的共性要求。

11.3.1　人员

人员技能水平是自行监测质量的决定性因素，因此检测机构制定的规章制度性文件中，要明确规定不同岗位人员应具有的技术能力。例如应该具有的教育背景、工作经历、胜任该工作应接受的再教育培训，并以考核方式确认是否具有胜任岗位的技能。对于人员适岗的再教育培训，如掌握行业相关的政策法规、标准方法、操作技能等，由检测机构内部组织或者参加外部培训均可。适岗技能考核确认的方式也是多样化的，如笔试或者提问、操作演示、实样测试、盲样考核等。无论采用哪种培训、考核方式，均应有记录来证实工作过程。例如，内部培训，应至少有培训教材、培训签到表；外部培训有会议通知、培训考核结果证明材料等。需注意对于口头提问和操作演示等考核方式，也应有记录。例如，口头提问，记录信息至少包括考核者姓名、提问内容、被考核者姓名、回答要点，以及对于考核结果的评价；操作演示的考核记录至少包括考核者姓名、要求考核演示的内容、被考核者姓名、演示情况的概述以及评价结论。在具体执行过程中，切忌人员技能培训走过场，杜绝出现徒有各种培训考核记录但人员技能依然不高的窘境。例如，某厂自行监测厂界噪声的原始记录中，背景值仅为 30 dB（A），暴露出监测人员对仪器性能和环境噪声缺乏基本的认知。

11.3.2 仪器设备

监测设备是决定数据质量的另一关键因素。2015 年 1 月 1 日起开始施行的《中华人民共和国环境保护法》第二章第十七条明确规定："监测机构应当使用符合国家标准的监测设备，遵守监测规范。"所谓符合国家标准，首先，应根据排放标准规定的监测方法选用监测设备，也就是仪器的测定原理、检测范围、测定精密度、准确度以及稳定性等满足方法的要求；其次，设备应根据国家计量的相关要求和仪器性能情况确定检定/校准，列入《中华人民共和国强制检定的工作计量器具目录》或有检定规程的仪器应送有资质的单位进行检定，如烟尘监测仪、天平、砝码、烟气采样器、大气采样器、pH 计、分光光度计、声级计、压力表等。属于非强制检定的仪器与设备可以送有资质的计量检定机构进行校准，无法送去检定或者送去校准的仪器设备，应由仪器使用单位自行溯源，即自己制定校准规范，对部分计量性能或参数进行检测，以确认仪器性能准确可靠。

对于投入使用的仪器，要确保其得到规范使用。应明确规定如何使用、维护、维修和性能确认仪器设备。例如，编写仪器设备操作规程（仪器操作说明书）和维护规程（仪器维护说明书），以保证使用人员能够正确使用和维护仪器。与采样和监测结果的准确性和有效性相关的仪器设备，在投入使用前，必须进行量值溯源，即用前述的检定/校准或者自校手段确认仪器性能。对于送到有资质的检定或者校准单位的仪器，收到设备的检定或者校准证书后，应查看检定/校准单位实施的检定/校准内容是否符合实际的检测工作要求。例如，配备有多个传感器的仪器，检测工作需要使用的传感器是否都得到了检定；对于有多个量程的仪器，其检定或者校准范围是否满足日常工作需求。对于仪器的检定/校准或者自校，并不是一劳永逸的，应根据国家的检定/校准规程或者使用说明书要求，周期性地定期实施检定/校准或者自校，保持仪器在检定/校准或者自校有效期内使用，且每次监测前，都要使用分析标准溶液、标准气体等方式确认仪器量值，在证实其量值持续符合相应技术要求后使用。例如定电位电解法规定烟气中二氧化硫、氮氧化物，每次测量前必须用标气进行校准，示值误差≤±5%方可使用。此外，应规定仪器设备的唯一性标识、状态标识，避免误用。仪器设备的唯一性标识既可以是仪器的出厂编码，也可以是检测单位按自行制定的规则编写的代码。

仪器的相关记录应妥善保存。建议给检测仪器建立一仪一档。档案的目录包括仪器说明书、仪器验收技术报告、仪器的检定/校准证书或者自校原始记录和报告、仪器的使用日志、维护记录、维修记录等，建议这些档案一年归一次档，以免遗失。应特别注意及时如实填写仪器使用日志，切忌事后补记，否则不实的仪器使用记录会影响数据是否真实的判断。比较常见的明显与事实不符的记录有：同一台现场检测仪器在同一时间，出现在相距几百千米的两个不同检测任务中；仪器使用日志中记录的分析样品量远大于该仪器最大日分析能力等。应建立制度规范，明确在必须对原始记录修改时应如何修改，避免原始记录被误改。

11.3.3　记录

规范使用监测方法，优先使用被检测对象适用的污染物排放标准中规定的监测方法。若有新发布的标准方法替代排放标准中指定的监测方法，应采用新标准。若新发布的监测方法与排放标准指定的方法不同，但适用范围相同的，也可使用。例如《固定污染源废气　氮氧化物的测定　非分散红外吸收法 》(HJ 692—2014)、《固定污染源废气　氮氧化物的测定 定电位电解法》(HJ 693—2014）的适用范围明确为“固定污染源废气”，因此两项方法均适用于火电厂废气中氮氧化物的监测。

正确使用监测方法。污染源排放情况监测所使用的方法包括国家标准方法和国务院行业部门以文件、技术规范等形式发布的标准方法，特殊情况下也会用等效分析方法。为此，检测机构或者实验室往往需要根据方法的来源确定应实施方法证实还是方法确认，其中方法证实适用于国家标准方法和国务院行业部门以文件、技术规范等形式发布的方法，方法确认适用于等效分析方法。为实现正确使用监测方法，仅仅是检测机构实施了方法证实是不够的，还需要检测机构要求使用该监测方法的每个人员使用该方法获得的检出限、空白、回收率、精密度、准确度等各项指标均满足方法性能的要求，方可认为检测人员掌握了该方法，才算为正确使用监测方法奠定了基础。当然，并非每次检测工作均需对方法进行证实。一般认为，初次使用标准方法前，应证实能够正确运用标准方法；标准方法发生了变化，应重新予以证实。

通常而言，方法证实至少应包括以下 6 个方面的内容：

①人员：人员的技能是否得到更新；是否能够适应方法的工作要求；人员数量是否满足工作要求。

②设备：设备性能是否满足方法要求；是否需要添置前处理设备等辅助设备；设备数量是否满足要求。

③试剂耗材：方法对试剂种类、纯度等的要求；数量是否满足要求；是否建立了购买使用台账。

④环境设施条件：方法及其所用设备是否对温度湿度有控制要求；环境条件是否得到监控。

⑤方法技术指标：使用日常工作所用的标准和试剂做方法的技术指标，如校准曲线、检出限、空白、回收率、精密度、准确度等，是否均达到了方法要求。

⑥技术记录：日常检测工作须填写的原始记录格式是否包含了足够的关键信息。

11.3.4 试剂耗材

规范使用标准物质，包括以下注意事项：

①应优先考虑使用国家批准的有证标准样品，以保证量值的准确性、可比性

与溯源性。

②选用的标准样品与预期检测分析的样品，尽可能在基体、形态、浓度水平等性状方面接近。其中基体匹配是需要重点考虑的因素，因为只有使用与被测样品基体相匹配的标准样品，在解释实验结果时才很少或没有困难。

③应特别注意标准样品证书中所规定的取样量与取样方法。证书中规定的固体最小取样量、液体稀释办法等是测量结果准确性和可信度的重要影响因素，应严格遵守。

④应妥善贮存标准样品，并建立标准样品使用情况记录台账。有些标准样品有特殊的储存条件要求，应根据标准样品证书规定的储存条件保存标准样品，并在标准样品的有效期内使用，否则可能会影响标准样品量值的准确性。

严格按照方法要求购买和使用试剂/耗材。每个方法都规定了试剂的纯度，需要注意的是，市售的与方法要求的纯度一致的试剂，不一定能满足方法的使用要求，对数据结果有影响的试剂、新购品牌或者产品批次不一致时，在正式用于样品分析前应进行空白样品实验，以验证试剂质量是否满足工作需求。对于试剂纯度不满足方法需求的情形，应购买更高纯度的试剂或者由分析人员自行净化。比较典型的案例是分析水中苯系物的二硫化碳，市售分析纯二硫化碳往往需要实验室自行重蒸，或者购买优级纯的才能满足方法对空白样品的要求。与此类似的还有分析重金属的盐酸、硝酸等，采用分析纯的酸往往会导致较高的空白和背景值，建议筛选品质可靠的优级纯酸。

牢记试剂/耗材有使用寿命。对于试剂，尤其是已经配制好的试剂，应注意遵守检测方法中对试剂有效期的规定。若没有特殊规定，建议参考执行《化学试剂 标准滴定溶液的制备》（GB/T 601—2002）中关于标准滴定溶液有效期的规定，即常温（15～25℃）下保存时间不超过 2 个月。特别应注意表观不被磨损类耗材的质保期，如定电位电解法的传感器、pH 计的电极等。这些仪器的说明书中明确规定了传感器或者电极的使用次数或者最长使用寿命，应严格遵守，以保证量值的准确性。

11.3.5 数据处理

数据的计算和报出也可能会发生失误，应高度重视。以火电厂排放标准为例，排放标准根据热能转化设施类型的不同，规定了不同的基准氧含量，实测的火电厂烟尘、二氧化硫、氮氧化物和汞及其化合物排放浓度，须折算为基准氧含量下的排放浓度，若忽略了此要求，将现场测试所得结果直接报出，必然导致较大偏差。对于废水检测，须留意在发生样品稀释后检测时，稀释倍数是否纳入了计算。已经完成的测定结果，还应注意计量单位是否正确，最好有熟悉该项目的工作人员校核，各项目结果汇总后，由专人进行数据审核后发出。录入电脑或者信息平台时，注意检查是否有小数点输入的错误。

完备的质量控制体系运行离不开有效的质量监督。检测机构或者实验室应设置覆盖其检测能力范围的监督员，这些监督员可以是专职的，也可以是兼职的。但是无论是哪种情形，监督员应该熟悉检测程序、方法，并能够评价检测结果，发现可能的异常情况。为了使质量监督达到预期效果，最好在年初就制订监督计划，明确监督人、被监督对象、被监督的内容、被监督的频次等。通常情况下，新进上岗人员、使用新分析方法或者新设备，以及生产治理工艺发生变化的初期等实施的污染排放情况检测应受到有效监督。监督的情况应以记录的形式予以妥善保存。此外，检测机构或者实验室应定期总结监督情况，编写监督报告，以保证质量体系中的各标准、规范和质量措施等切实得到落实。

第 12 章　信息记录与报告

监测信息记录和报告是相关法律法规的要求，是排污许可制度实施的重要内容，也是排污单位必须开展的工作。信息记录和报告的目的是将排污单位与监测相关的内容记录下来，供管理部门和排污单位使用，同时定期按要求进行信息报告，以说明环境守法状况，同时也为社会公众监督提供依据。本章围绕钢铁工业及炼焦化学工业应开展的信息记录和报告的内容进行说明，为钢铁工业及炼焦化学工业排污单位提供参考。

12.1　信息记录的目的与意义

说清污染物排放状况，自证是否正常运行污染治理设施、是否依法排污是法律赋予排污单位的权利和义务。自证守法，要有可以作为证据的相关资料，信息记录就是要将所有可以作为证据的信息保留下来，在需要的时候有据可查。具体来说，信息记录的目的和意义体现在以下几个方面。

首先，便于监测结果溯源。监测的环节很多，任何一个环节出现了问题，都可能造成监测结果的错误。通过信息记录，将监测过程中的重要环节的原始信息记录下来，一旦发现监测结果存在可疑之处，就可以通过查阅相关记录，检查哪个环节出现了问题。对于不影响监测结果的问题，可以通过追溯监测过程进行校正，从而获得正确的结果。

其次，便于规范监测过程。认真记录各个监测环节的信息，便于规范监测活动，避免由于个别时候的疏忽而遗忘个别程序，从而影响监测结果。通过对记录信息的分析，也可以发现影响监测过程的一些关键因素，这也有利于监测过程的改进。

再次，实现信息间的相互校验。记录各种过程信息，可以更好地反映排污单位的生产、污染治理、排放状况，从而便于建立监测信息与生产、污染治理等相关信息的逻辑关系，从而为实现信息间的互相校验、加强数据间的质量控制提供基础。通过记录各类信息，可以形成排污单位生产、污染治理、排放等全链条的证据链，避免单方面的信息不足以说明排污状况。

最后，丰富基础信息，利于科学研究。排污单位生产、污染治理、排放过程中一系列过程信息，对研究排污单位污染治理和排放特征具有重要意义。监测信息记录极大地丰富了污染源排放和治理的基础信息，这为开展科学研究提供了大量基础信息。基于这些基础信息，利用大数据分析方法，可以更好地探索污染排放和治理的规律，为科学制定相关技术要求奠定良好基础。

12.2 信息记录要求和内容

12.2.1 信息记录要求

信息记录是一项具体而琐碎的工作，做好信息记录对于排污单位和管理部门都很重要。一般来说，信息记录应该符合以下要求。

首先，信息记录的目的在于真实反映排污单位生产、污染治理、排放、监测的实际情况，因此信息记录不需要专门针对需要记录的内容进行额外整理，只要保证所要求的记录内容便于查阅即可。为了便于查阅，排污单位应尽可能根据一般逻辑习惯整理成为台账保存。保存方式可以为电子台账，也可以为纸质台账，以便于查阅为原则。

其次，信息记录的内容不限于标准规范中要求的内容，其他排污单位认为有利于说清楚本单位排污状况的相关信息，也可以予以记录。考虑到排污单位污染排放的复杂性，影响排放的因素有很多，而排污单位最了解哪些因素会影响排污状况。因此，排污单位应根据本单位的实际情况，梳理本单位应记录的具体信息，丰富台账资料的内容，从而更好地建立生产、治理、排放的逻辑关系。

12.2.2 信息记录内容

12.2.2.1 手工监测的记录

采用手工监测的指标，至少应记录以下几方面的内容：

①采样相关记录，包括采样日期、采样时间、采样点位、混合取样的样品数量、采样器名称、采样人姓名等。

②样品保存和交接相关记录，包括样品保存方式、样品传输交接记录。

③样品分析相关记录，包括分析日期、样品处理方式、分析方法、质控措施、分析结果、分析人姓名等。

④质控相关记录，包括质控结果报告单等。

12.2.2.2 自动监测运维记录

自动监测的正确运行需要定期进行校准、校验和日常运行维护，校准、校验和日常运行维护开展情况直接决定了自动监测设备是否能够稳定正常运行，而通过检查运维公司对自动监测设备的运行维护记录，可以对自动监测设备日常运行状态进行初步判断。因此，排污单位或者负责运行维护的公司要如实记录对自动监测设备的运行维护情况，具体包括自动监测系统运行状况、系统辅助设备运行状况、系统校准、校验工作等，仪器说明书及相关标准规范中规定的其他检查项目，校准、维护保养、维修记录等。

12.2.2.3 生产和污染治理设施运行状况

首先，污染物排放状况与排污单位生产和污染治理设施运行状况密切相关，记录生产和污染治理设施运行状况，有利于更好地说清楚污染物排放状况。

其次，考虑到受监测能力的限制，无法做到全面连续监测，记录生产和污染治理设施运行状况可以辅助说明未监测时段的排放状况，同时也可以对监测数据是否具有代表性进行判断。

最后，由于监测结果可能受到仪器设备、监测方法等各种因素的影响，从而造成监测结果的不确定性，记录生产和污染治理设施运行状况，通过不同时段监测信息和其他信息的对比分析，可以对监测结果的准确性进行总体判断。

对于生产和污染治理设施运行状况，主要记录内容包括监测期间企业及各主要生产设施（至少涵盖废气主要污染源相关生产设施）运行状况（包括停机、启动情况）、产品产量、主要原辅料使用量、取水量、主要燃料消耗量、燃料主要成分、污染治理设施主要运行状态参数、污染治理主要药剂消耗情况等。日常生产中上述信息也需整理成台账保存备查。

12.2.2.4 工业固体废物产生与处理状况

工业固体废物作为重要的环境管理要素，排污单位应对一般工业固体废物和危险废物的产生、处理情况进行记录，同时一般工业固体废物和危险废物信息也可以作为废水、废气污染物产生排放的辅助信息。关于一般工业固体废物和危险废物的记录内容包括各类一般工业固体废物和危险废物的产生量、综合利用量、处置量、贮存量，危险废物还应详细记录其具体去向。

12.3 生产和污染治理设施运行状况

应详细记录企业以下生产及污染治理设施运行状况，日常生产中也应参照以下内容记录相关信息，并整理成台账保存备查。

12.3.1 生产运行状况记录

（1）生产运行状况记录

按班次记录正常工况各生产单元主要生产设施的累计生产时间、生产负荷、主要产品产量、原辅料及燃料使用情况（包括种类、名称、用量、有毒有害元素成分及占比）等数据。

（2）原辅料、燃料采购信息

填写原辅料、燃料采购情况及物质、元素占比情况信息。

（3）废气处理设施运行情况

应记录除尘、脱硝、脱硫等工艺的基本情况，按班次记录氨水和尿素等含氨物质的消耗情况、脱硫剂使用剂量、脱硫副产物产生量等，并记录除尘、脱硝、脱硫等设施运行、故障及维护情况。

（4）噪声防护设施运行情况

应记录降噪设施的完好性及建设维护情况和相关参数。

12.3.2 污水处理运行状况记录

废水治理设施运行管理信息应记录污染治理设施名称及工艺、污染治理设施编号、废水类别、治理设施规格参数，并按班次记录污染治理设施运行参数，运行参数包括累计运行时间、废水累计流量、污泥产生量、药剂投加种类及投加量。其中，全厂综合污水治理设施运行参数还应按班次记录实际进水水质与实际出水水质，其中实际进水水质按班次记录 pH、化学需氧量、氨氮，实际出水水质按小时记录流量、化学需氧量、氨氮。

12.4 固体废物产生和处理情况

记录一般工业固体废物和危险废物的产生量、综合利用量、处置量、贮存量，危险废物还应详细记录其具体去向，原料或辅助工序中产生的其他危险废物的情况也应进行记录。钢铁工业与炼焦化学行业一般固体废物主要有除尘器收集的除尘灰、脱硫石膏/灰渣、高炉冶炼产生的炉渣、粉煤灰、转炉煤气净化产生的瓦斯尘/泥、废耐火材料、钢渣、废钢铁料、氧化铁皮、磨辊间磨削渣、锌渣、废水（循环水）处理设施产生污泥、原料废料、产品粉尘、落地石灰、切割下料、废旧零部件、焊渣、包装材料、废砂轮、废旧橡胶等。自查的主要内容包括一般固体废物产生节点、产生量、综合利用量、处置量、贮存量、处置方式，委托处理处置相关协议，一般固体废物贮存或处置设施符合《一般工业固体废物贮存和填埋污染控制标准》（GB 18599—2020）相关要求的情况等。

根据各工序逐一记录各类固体废物每班、每日或每月的产生情况、所采取的处置方式，厂区内应建有规范的一般固体废物临时堆场和危废暂存设施，这些堆场和暂存设施必须采取防扬散、防流失、防渗漏措施，对一般固体废物应加强综合利用，对列入《国家危险废物名录》中或按照国家危险废物鉴别标准和鉴定方法认定为危险废物的要按照危险废物管理的程序要求委托有资质的单位进行处理，建立产生、处置台账，对焚烧处理设施进行监测监控，保证处理设施稳定正常运行。

危险废物应严格执行危险废物相关记录与报告要求。根据《生态环境部关于推进危险废物环境管理信息化有关工作的通知》（环办固体函〔2020〕733 号）和生态环境部办公厅《关于进一步推进危险废物环境管理信息化有关工作的通知》（环办固体函〔2022〕230 号）要求，排污单位应强化主体责任意识，对产生危险废物的单位应按照国家有关规定通过“全国固体废物管理信息系统”定期申报危险废物的种类、产生量、流向、贮存、处置等有关资料。转移危险废物的单位，应当通过国家固废信息系统填写、运行危险废物电子转移联单；危险废物经营许可证持有单位应按照国家有关规定通过国家固体废物信息系统如实报告危险废物利用处置情况。对于自行综合利用、自行处置一般工业固体废物和危险废物的，还应当对本单位所拥有的处置场、焚烧装置等综合利用和处置设施及运行情况进行记录。

12.5 信息报告及信息公开

12.5.1 信息报告要求

为了排污单位更好地掌握本单位实际排污状况，也便于更好地对公众说明本单位的排污状况和监测情况，排污单位应编写自行监测年度报告，年度报告至少应包含以下内容：

①监测方案的调整变化情况及变更原因。

②企业及各主要生产设施（至少涵盖废气主要污染源相关生产设施）全年运行天数，各监测点、各监测指标全年监测次数、超标情况、浓度分布情况。

③按要求开展的周边环境质量影响状况监测结果。

④自行监测开展的其他情况说明。

⑤排污单位实现达标排放所采取的主要措施。

自行监测年报不限于以上信息，任何有利于说明本单位自行监测情况和排放状况的信息，都可以写入自行监测年报中。另外，对于领取了排污许可证的排污单位，按照排污许可证管理要求，每年应提交年度执行报告，其中自行监测情况属于年度执行报告中的重要组成部分，排污单位可以将自行监测年报作为年度执行报告的一部分一并提交。

12.5.2 应急报告要求

由于排污单位的非正常排放会对环境或者污水处理设施产生影响，因此对于监测结果出现超标的，排污单位应加密监测，并检查超标原因。短期内无法实现稳定达标排放的，应向生态环境主管部门提交事故分析报告，说明事故发生的原因，采取减轻或防止污染的措施，以及今后的预防及改进措施等；若因发生事故或者其他突发事件，排放的污水可能危及城镇排水与污水处理设施安全运行的，应当立即采取措施消除危害，并及时向城镇排水主管部门和生态环境主管部门等有关部门报告。

12.5.3 信息公开要求

排污单位应根据排污许可证、《企业环境信息依法披露管理办法》（生态环境部令　第24号）、《企业事业单位环境信息公开办法》（环境保护部令　第31号）及《国家重点监控企业自行监测及信息公开办法（试行）》（环发〔2013〕81号）执行进行信息公开，但不限于此，排污单位还可以采取其他便于公众获取的方式进行信息公开。

信息公开应重点考虑两类群体的信息需求：一是排污单位周围居民的信息需求，周边居民是污染排放的直接影响对象，最关心污染物排放状况对自身及环境的影响，因此对污染物排放状况及周边环境质量状况有强烈的需求；二是排污单位同类行业或者其他相关者的信息需求，同一行业不同排污单位之间存在一定的竞争关系，当然都希望在污染治理上得到相对公平的待遇，因此会格外关心同行的排放状况，对同行业其他排污单位的排放状况信息有同行监督需求。

为了照顾这两类群体的信息需求，信息公开的方式应该便于这两类群体获取。排污单位可以通过在厂区外或当地媒体上发布监测信息，使周边居民及时了解排污单位的排放状况，这类信息公开相对灵活，便于周边居民获取信息。而为了实现同行和一些公益组织的监督，也为了便于政府监督，有组织的信息公开方式更有效率。目前，生态环境部通过“排污许可证信息管理平台”开展排污许可证申请、核发及排污许可证执行情况管理与信息公开，排污单位在平台上填报自行监测信息后可实现统一公开。

第 13 章　自行监测手工数据报送

为了方便排污单位信息报送和管理部门收集相关信息，受生态环境部生态环境监测司委托，中国环境监测总站组织开发了“全国污染源监测数据管理与共享系统”。为落实《排污许可管理条例》第二十三条信息公开有关规定，全国污染源监测数据管理与共享系统和全国排污许可证管理信息平台实现了互联互通，排污单位登录全国排污许可证管理信息平台，通过“监测记录”模块跳转至全国污染源监测数据管理与共享系统填报自行监测手工数据结果。自行监测手工数据填报完成后，在全国排污许可证管理信息平台查看自行监测手工数据信息公开内容。

13.1　自行监测手工数据报送系统总体架构设计

根据《关于印发 2015 年中央本级环境监测能力建设项目建设方案的通知》（环办函〔2015〕1596 号），中国环境监测总站负责建设“全国污染源监测数据管理与共享系统”，面向企业用户、环保用户、委托机构用户、系统管理用户 4 类用户，针对各自不同业务需求，系统提供数据采集、监测业务管理、数据查询处理与分析、决策支持、数据采集移动终端版、自行监测知识库、排放标准管理、个人工作台、统一应用支撑、数据交换等功能。

另外，面向其他污染源监测信息采集系统（包括部级建设的固定污染源系统、全国排污许可证管理信息平台、各省重点污染源监测系统）使用数据交换平台进行数据交换，减少企业重复填报。

系统总体架构采用 SOA 面向服务的五层三体系的标准成熟电子政务框架设计，以总线为基础，依托公共组件、通用业务组件和开发工具实现应用系统快速开发和系统集成。系统由基础层、数据层、支撑层、应用层、展现层、系统运行保障体系、安全保障体系及标准规范体系构成。

基础层：在利用监测总站现有的软硬件及网络环境的基础上配置相应的系统运行所需软硬件设备及安全保障设备。

数据层：建设项目的基础数据库、元数据库，并在此基础上建设主题数据库、空间数据库提供数据挖掘和决策支持。数据库依据原环境保护部相关标准及能力建设项目的数据中心相关标准建设。

支撑层：在应用支撑平台企业总线及相关公共组件的基础上，建设本系统的组件，为系统提供足够的灵活性和扩展性，为应用集成提供灵活的框架，也为将来业务变化引起的系统变化提供快速调整的支撑。

应用层：通过 ESB、数据交换实现与包括部级建设的固定污染源系统、全国排污许可证管理信息平台、各省（区、市）污染源监测系统在内的其他系统对接。

展现层：面向生态环境主管部门用户、企业用户及委托机构用户提供互联网访问服务。

标准规范体系：制定全国污染源监测数据管理与共享系统数据交换标准规范，确保各应用系统按照统一的数据标准进行数据交换。

为保持系统安全稳定运行，同步配套设计和建设了安全保障体系和系统运行保障体系。

系统总体架构见图 13-1。

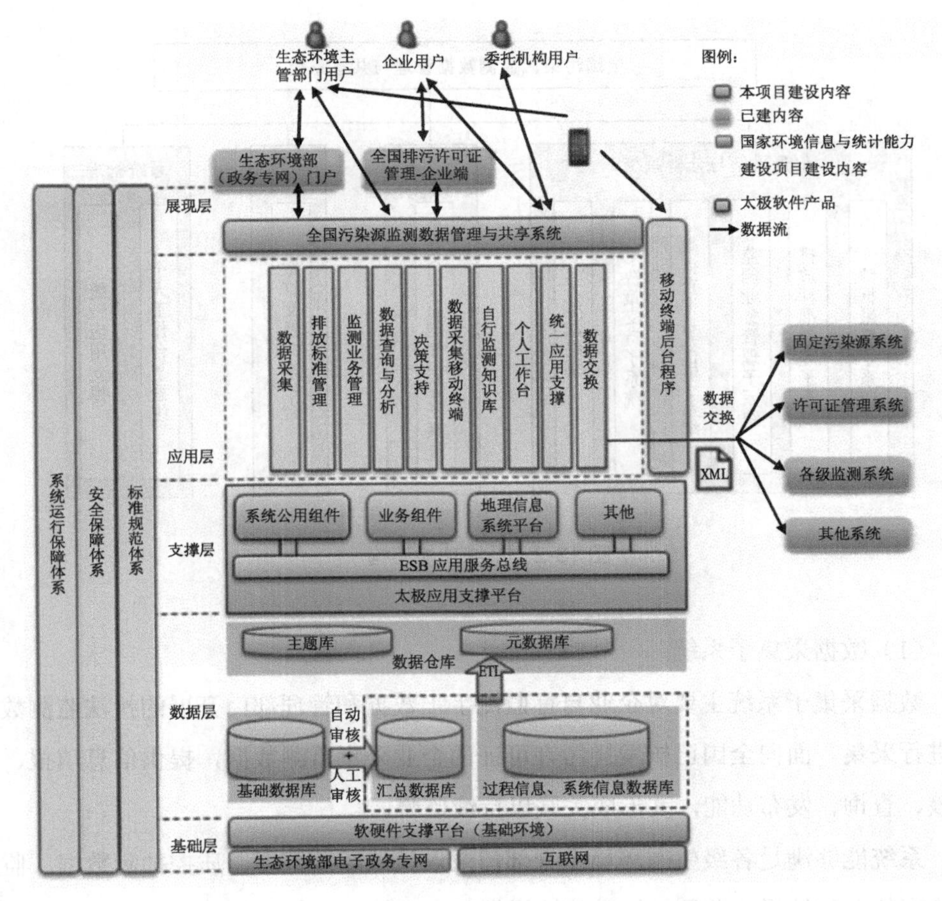

图 13-1　系统总体架构

13.2　自行监测手工数据报送系统应用层设计

全国污染源监测数据管理与共享系统提供的业务应用包括数据采集、监测业务管理、数据查询处理与分析、决策支持、数据采集移动终端版、自行监测知识库、排放标准管理、个人工作台、统一应用支撑及数据交换 10 个子系统。系统功能架构见图 13-2。

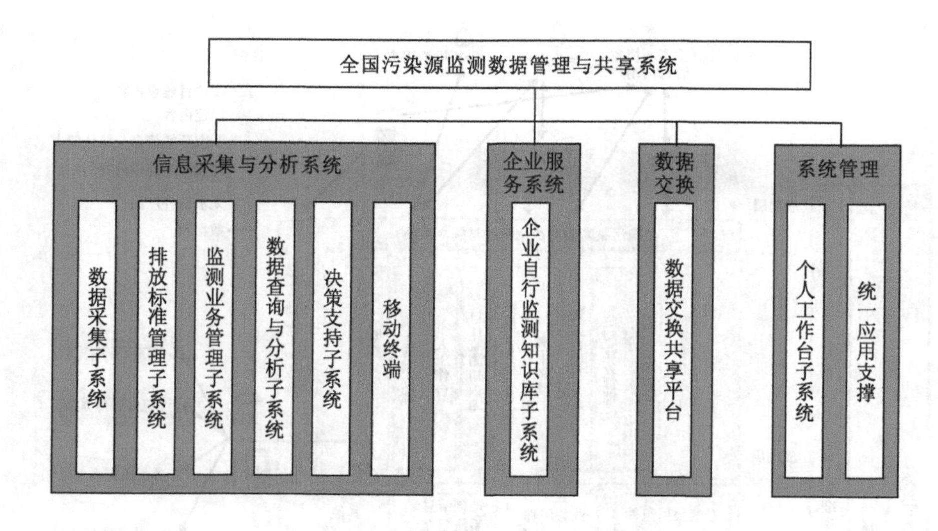

图 13-2 系统功能架构

（1）数据采集子系统

数据采集子系统主要对企业自行监测手工数据和管理部门开展的执法监测数据进行采集。面向全国已核发排污许可证的企业采集监测数据，提供信息填报、审核、查询、发布功能，并形成关联以持续监督。

系统能够满足各级生态环境主管部门录入执法监测数据、质控抽测数据、监督检查信息与结果、监测站标准化建设情况、环境执法与监管情况等。企业的基础信息由全国排污许可证管理信息平台直接获取，在系统中不可更改。企业自行监测方案由全国排污许可证管理信息平台直接获取，生态环境主管部门不再进行审核，企业自主确定自行监测方案执行时间。自行监测方案中除许可不包括要素外，其余要素在系统中不可更改。由于不同来源数据的采集频次和采集方式不同，系统能够提供不同的数据接入方式。

（2）监测业务管理子系统

监测业务管理子系统根据管理要求，汇总监测体系建设运行总体情况，生成表格。实现按时间、空间、行业、污染源类型等统计应开展监测的企业数量、不具备监测条件的企业数量及原因、实际开展监测的企业数量以及监测点位数量、监测指标数量等各指标的具体情况。

（3）数据查询处理与分析子系统

数据查询处理与分析子系统查询条件可以保存为查询方案，查询时可调用查询方案进行查询。

（4）决策支持子系统

决策支持子系统除采用基本的数据分析方法外，可支持 OLAP 等分析技术，对数据中心数据的快速分析访问，向用户显示重要的数据分类、数据集合、数据更新的通知以及用户自己的数据订阅等信息。

提供环保搜索功能，用户可按权限快速查询各类环境信息，也可以直接从系统进行汇总、平均或读取数据，实现多维数据结构的灵活表现。

（5）移动终端

数据采集移动端帮助环保用户随时随地了解企业情况并上报检查信息，提高污染源数据采集信息的及时性和准确性。

（6）企业自行监测知识库子系统

企业自行监测知识库系统对排污单位提供自行监测相关的法律法规、政策文件、排放标准、监测技术规范和方法、自行监测方案范例、相关处罚案例等查询服务，帮助和指导企业做好自行监测工作。

（7）排放标准管理子系统

排放标准管理子系统提供排放标准的维护管理和达标评价功能。管理用户可以对标准进行增、删、改、查操作，以保持标准为最新版本。提供接口，数据录入编辑和数据进行发布时均可调用该接口判定该数据是否超标，超标的给予提示并按超标比例的不同给出不同颜色提醒。

（8）个人工作台子系统

个人工作台子系统包括信息提醒（邮件和短信）、通知管理、数据报送情况查询、数据校验规则设置与管理等。为不同用户提供针对性强的用户体验，方便用户使用。

（9）统一应用支撑

统一应用支撑实现系统维护相关功能，系统维护人员和数据管理人员基于这些功能对数据采集和服务进行管理，综合信息管理主要包括系统管理、个人工作管理、数据管理等方面的功能。

（10）数据交换共享平台

数据交换共享平台，实现系统中各子系统间的内部数据交换，以及与外部系统的数据交换。

内部交换包括采集子系统与查询分析子系统，各子系统与信息发布子系统之间进行数据交换。外部交换主要是与其他信息系统的数据对接，将依据能力建设项目的相关标准制定监测数据标准、交换的工作流程标准、安全标准及交换运行保障标准等标准，制定统一的数据接口供各地现行污染源监测信息管理与数据共享。各相关系统按数据标准生成数据 XML 文件通过接口传递到本系统解析入库，以实现与本系统的互联互通，减少企业重复录入，提高数据质量。

13.3 自行监测手工数据报送方式和内容

13.3.1 报送方式

排污单位自行监测手工数据报送方式为登录全国排污许可证管理信息平台，通过“监测记录”模块跳转至全国污染源监测数据管理与共享系统填报自行监测手工数据结果。自行监测手工数据填报完成后，在全国排污许可证管理信息平台查看自行监测手工数据信息公开内容。自行监测手工数据报送流程见图 13-3。

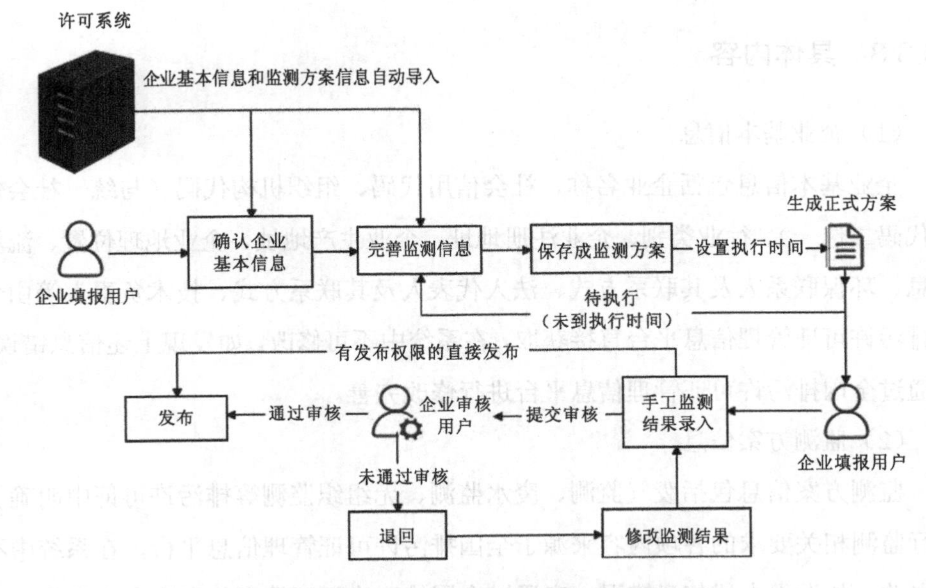

图 13-3　排污单位自行监测手工数据报送流程

13.3.2　具体流程

企业相关基础信息由全国排污许可证管理信息平台直接获取，在系统中不可更改。由全国排污许可证管理信息平台直接获取的企业自行监测方案相关要素（废气、废水、无组织）在系统中不可更改，企业可补充完善自信监测方案中的其他要素（周边环境、厂界噪声）。自行监测方案补充完善后，生态环境主管部门不再进行审核，企业自主确定自行监测方案执行时间。

自行监测数据的填报流程。自行监测方案到企业自主设定的执行时间后，企业按监测方案开展监测并按要求填报自行监测手工数据结果，手工监测数据需经过企业内部审核，审核通过的进行发布，不通过的退回企业填报用户修改。具有审核权限的填报用户也可以直接发布。

13.3.3 具体内容

（1）企业基本信息

企业基本信息包括企业名称、社会信用代码、组织机构代码（与统一社会信用代码二选一）、行业类别、企业注册地址、企业生产地址、企业地理位置、流域信息、环保联系人及其联系方式、法人代表人及其联系方式、技术负责人等由全国排污许可证管理信息平台直接获取，在系统中不可修改。如发现上述信息错误，应通过全国排污许可证管理信息平台进行修改完善。

（2）监测方案信息

监测方案信息包括废气监测、废水监测、无组织监测等排污许可证中明确了自行监测相关要求的各项内容来源于全国排污许可证管理信息平台，在系统中不可更改。如发现上述信息错误，应通过全国排污许可证管理信息平台进行修改完善。许可证中未载明的周边环境监测和厂界噪声监测相关内容可在系统中进行补充完善。

（3）监测数据

监测数据是指各监测点位开展监测的各项污染物的排放浓度、相关参数信息、未监测原因等。

13.4 自行监测信息完善

13.4.1 监测方案信息完善

排污单位自行监测方案信息（废气、废水、无组织）自动从全国排污许可证管理信息平台导入本系统中，排污许可证未载明的周边环境和厂界噪声自行监测要求企业可在本系统补充完善。

企业用户在系统主界面进入“数据采集”—“企业信息填报”—“监测方案

信息”。在【选择方案版本】中如果选择“版本号名称”即可查看相应版本号的监测信息。如果想修改监测信息，点击右侧【加载该版本】即可，然后在【选择方案版本】处选择【当前编辑】。修改的过程可参照下面介绍的录入过程：录入新的监测信息，应在【选择方案版本】处选择【当前编辑】，然后点击右侧的【编辑】按钮进行编辑。见图 13-4。

图 13-4　企业监测方案信息加载界面

在监测方案信息当前编辑中，会有从全国排污许可证管理信息平台同步过来的监测方案信息，包括相关排放设备、监测点、监测项目、排放标准、限值、监测频次等信息。见图 13-5。

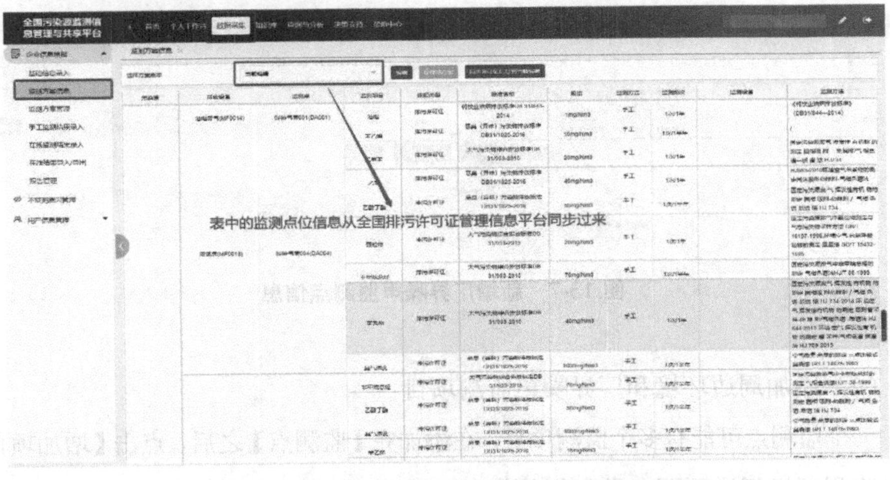

图 13-5　许可证系统导入企业的监测方案信息界面

13.4.1.1 周边环境和厂界噪声监测信息录入

（1）添加周边环境和厂界噪声监测点

在编辑页面下，点击周边环境和厂界噪声监测点右上方的【增加监测点】，弹出监测点新增页面，输入【排序序号】、【监测点名称】、【监测点编号】、选择【经度】、【纬度】、【开始时间】、【结束时间】，周边环境还需选择【监测类型】。点击【新增标准】弹出新增标准页面，新增标准成功后，点击【提交】按钮回到新增监测点页面，在此页面确定填写完全部信息后，点击【立即提交】按钮即可。这三类监测点的新增页面类似，见图 13-6、图 13-7。

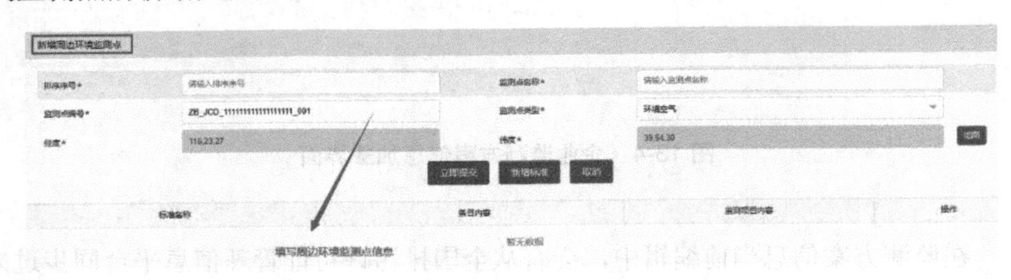

图 13-6 新增周边环境监测点信息

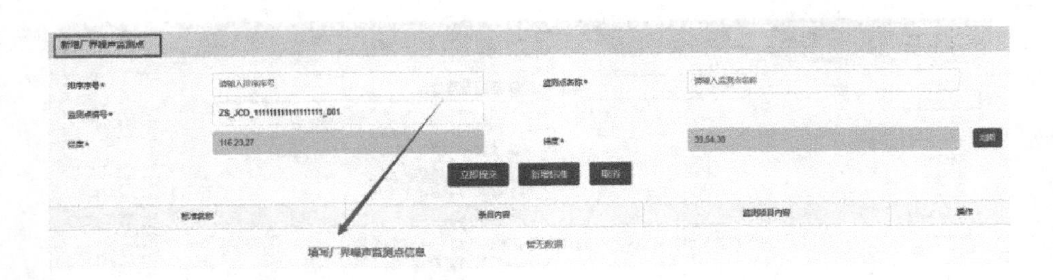

图 13-7 新增厂界噪声监测点信息

（2）添加周边环境和厂界噪声监测项目

一个监测点可能有多个监测项目，在添加完【监测点】之后，点击【增加项目】，弹出监测项目新增页面，录入相关信息。见图 13-8。

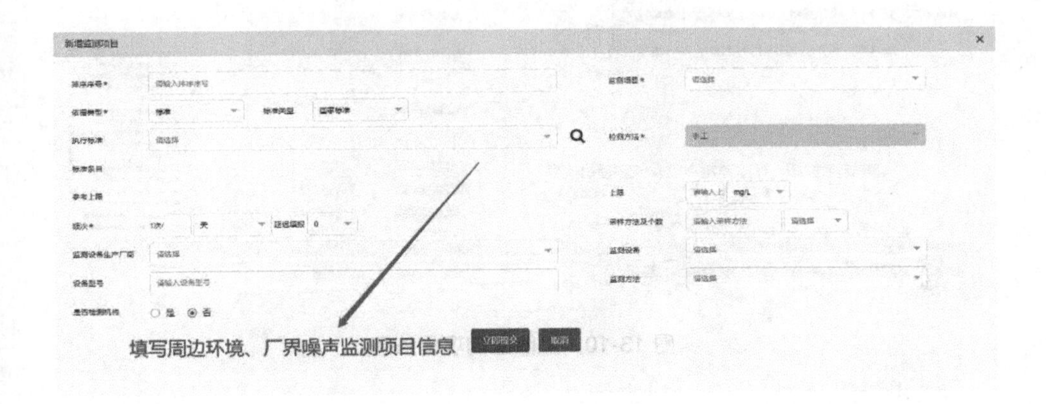

图 13-8　新增监测项目信息

（3）修改周边环境和厂界噪声监测信息项目

修改周边环境和厂界噪声监测点、监测项目时，点击相应的名称，即可进入修改页面，修改过程可参照本小节的第 1、第 2 部分的新增过程。见图 13-9。

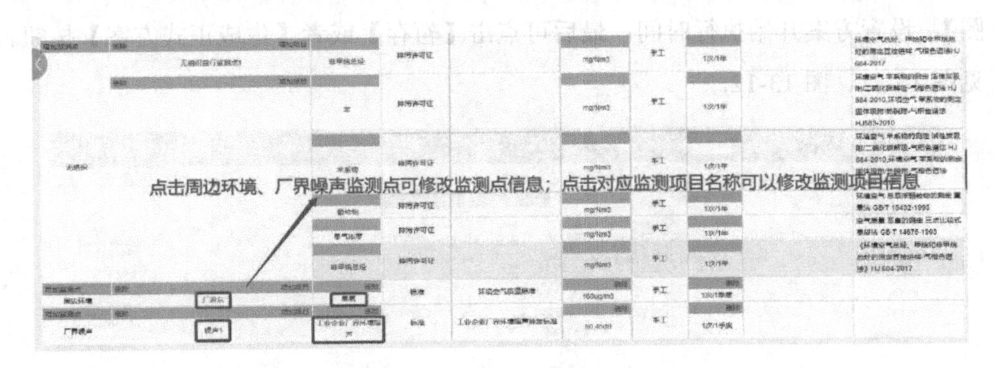

图 13-9　修改监测项目信息

（4）删除周边环境和厂界噪声监测信息项目

修改周边环境和厂界噪声监测点、监测项目时，点击相应名称右侧的【删除】按钮即可。见图 13-10。

图 13-10　删除监测项目信息

13.4.1.2　完成监测方案

周边环境和厂界噪声监测信息录入完成后，点击页面上的【保存成方案】按钮，会弹出新建监测方案页面，输入【方案名称】、【方案版本】等，选择【公开开始时间】、【公开结束时间】、【编制日期】，上传【单位平面图】、【监测点位示意图】，设置方案开始执行时间，最后可点击【暂存】或者【生成正式方案】按钮。见图 13-11、图 13-12。

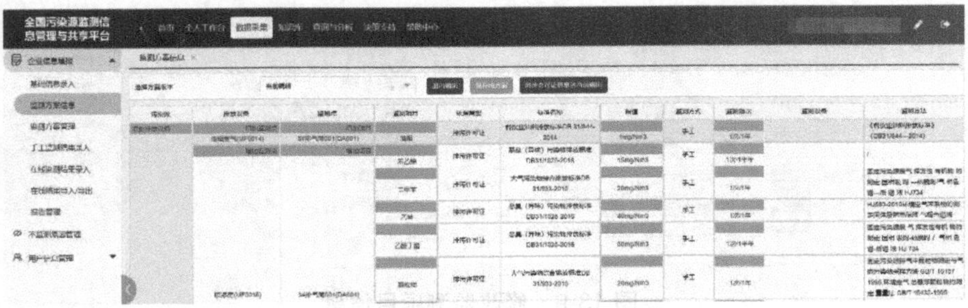

图 13-11　监测方案内容

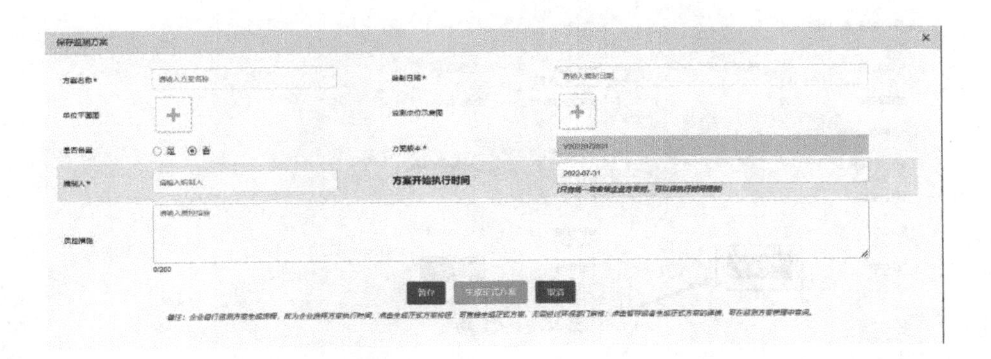

图 13-12　监测方案基本信息

13.4.1.3　监测方案管理

企业用户在系统主界面进入“数据采集”—“企业信息填报”—“监测方案管理”。

（1）查看

根据查询列表结果，点击每条数据右侧的 🔍 按钮查看，即可查看方案的部分信息。见图 13-13。

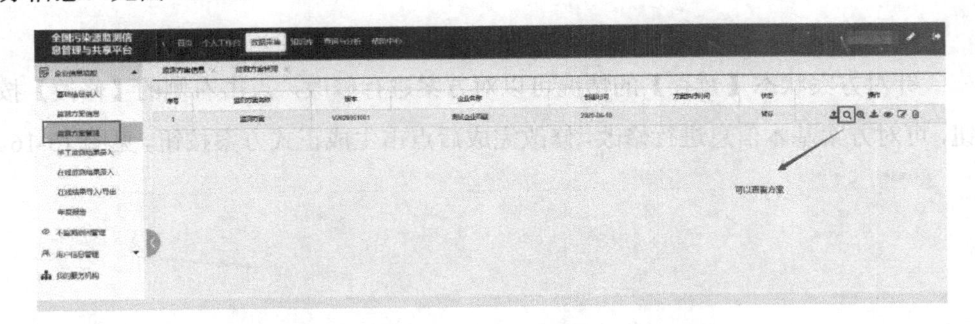

图 13-13　查看监测方案位置

进入监测方案查看信息页面后，点击右下方的【查看详情】按钮均可查看相应的详细信息，见图 13-14、图 13-15。

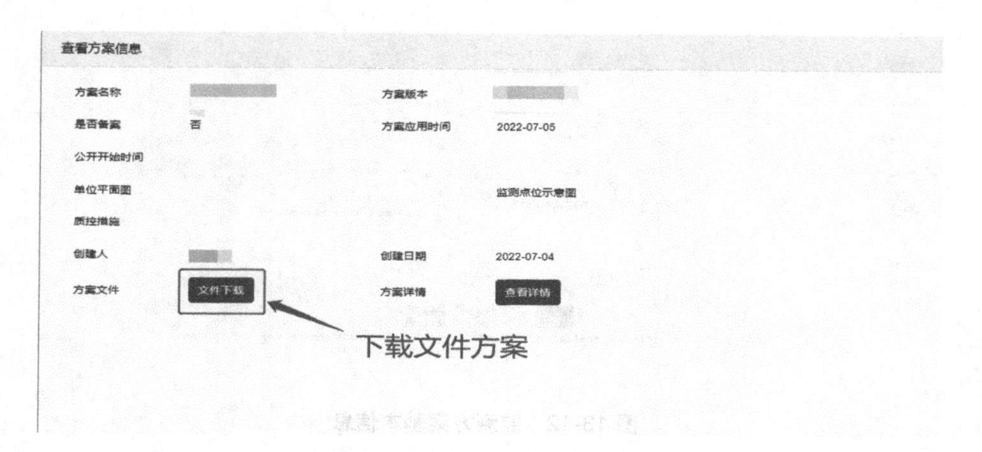

图 13-14　监测方案下载与查看

图 13-15　监测方案内容查看

（2）修改

针对方案状态【暂存】的情况可以对方案进行修改，点击右侧的【修改】按钮，可对方案基本信息进行修改，修改完成后点击生成正式方案按钮。见图 13-16。

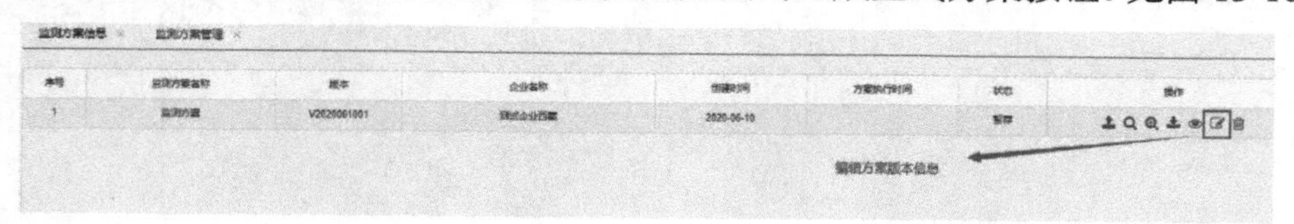

图 13-16　监测方案修改

（3）删除

针对方案状态【暂存】的情况可以对方案进行删除，点击右侧的【删除】按钮，即可对方案进行删除。见图 13-17。

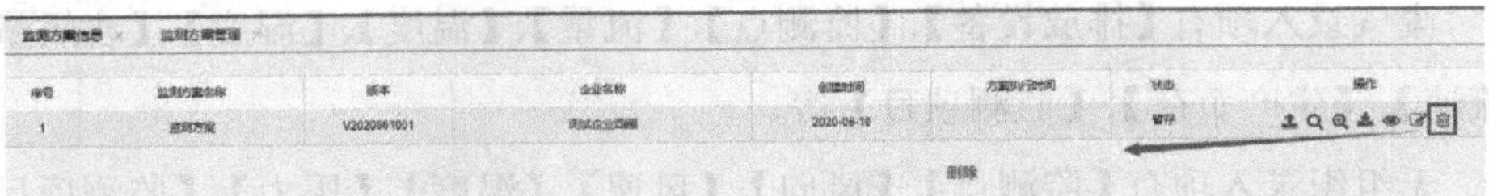

图 13-17　删除监测方案

13.4.2　监测数据录入

企业填报账户登录系统进入主界面“数据采集”—“企业信息填报”—“手工监测结果录入”。到达企业自主设定的方案开始执行时间后，方案正式生效，企业可针对监测项目，录入手工监测结果。

（1）录入手工监测结果

针对相应监测项目，选择需要录入手工监测结果的采样日期，“黄色”代表未填报完成，“绿色”代表填报完成，“橘色”代表未填报完成且超期，“红色矩形框”代表有超标数据。见图 13-18。

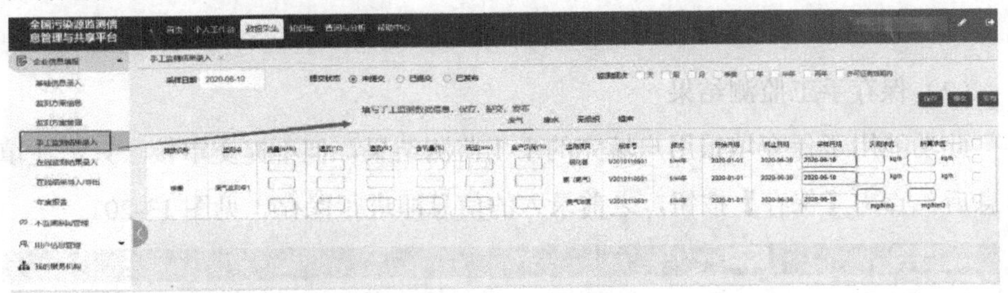

图 13-18　手工监测结果录入

企业选择完填报日期后，可选择不同的提交状态：【未提交】、【已提交】、【已发布】，下方会有【废水】、【废气】、【无组织】、【周边环境】、【噪声】中的一项或多项。

废水录入项有【监测点】、【流量】、【工作负荷】、【监测项目】、【频次单位】、

【频次】、【截止日期】、【监测结果】、【备注原因】。

废气录入项有【排放设备】、【监测点】、【流量】、【温度】、【湿度】、【含氧量】、【流速】、【生产负荷】、【监测项目】等。

无组织录入项有【监测点】、【风向】、【风速】、【温度】、【压力】、【监测项目】、【频次单位】、【频次】等。

周边环境录入项有【环境空气监测点】、【湿度】、【气温】、【气压】、【风速】、【风向】、【监测项目】、【频次单位】等。

若录入的监测结果浓度超过标准值，文本所在输入框会变成红色，标识结果超标。见图 13-19。

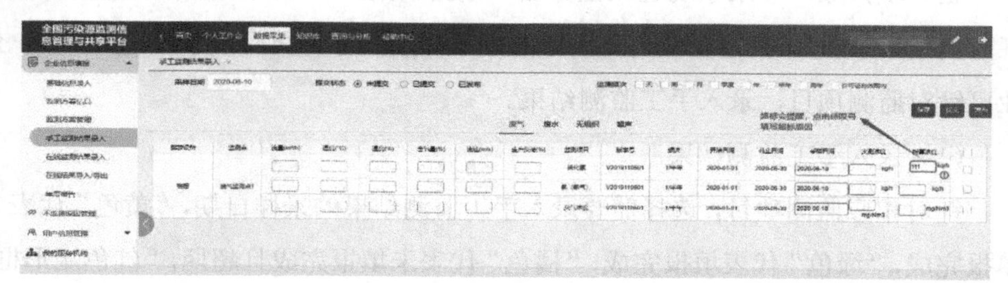

图 13-19　手工监测结果超标提醒

（2）保存手工监测结果

此功能用于保存填报用户填完的手工监测结果，但不提交审核。只需在填报信息后，点击【保存】按钮，之前录入的信息即进行保存。见图 13-20。

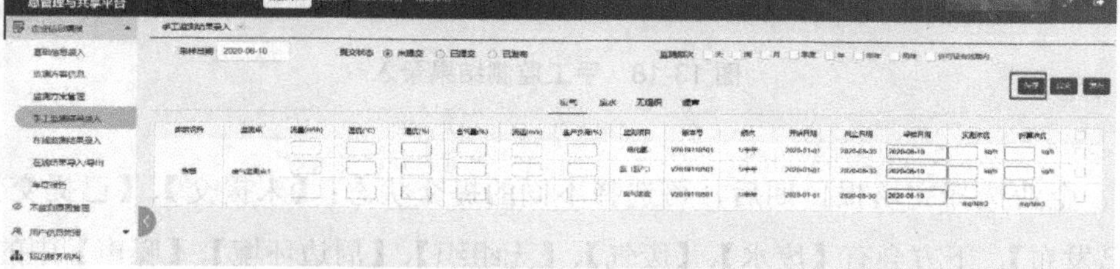

图 13-20　手工监测结果保存

（3）提交审核手工监测结果

此功能用于填报用户提交手工监测结果，针对需要提交的手工监测结果，在每条记录右侧或者全选旁的选择框 □ 下进行勾选，再点击上方的【提交】按钮即可。见图 13-21。

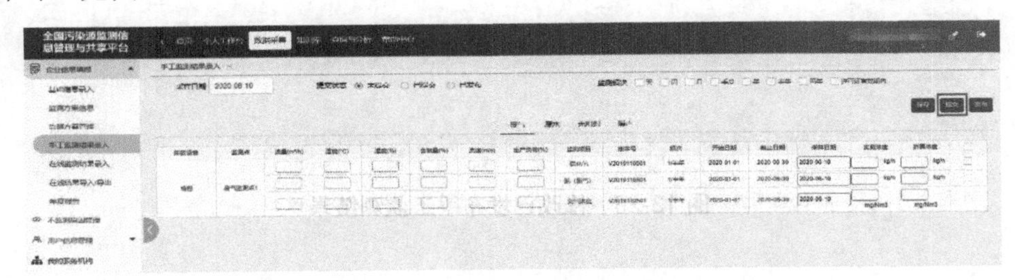

图 13-21　手工监测结果提交

（4）发布

此功能用于企业审核用户，对提交的手工监测结果进行发布处理。针对【提交状态】为【已提交】的手工监测结果，对需要发布的监测结果，在每条记录右侧或者全选旁的选择框 □ 下进行勾选，然后点击【发布】按钮对其进行发布。见图 13-22。

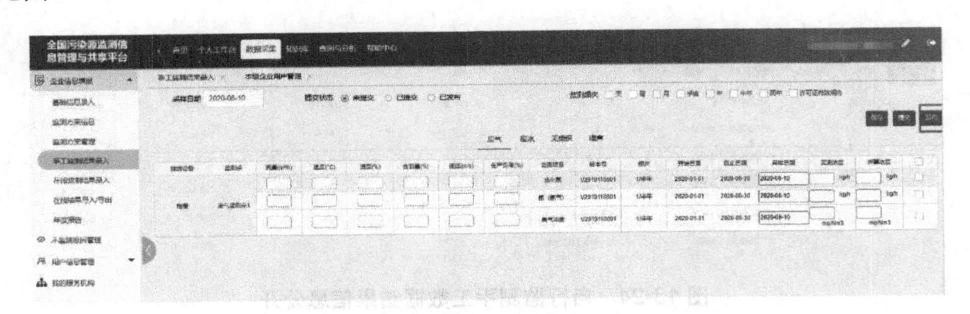

图 13-22　手工监测结果发布

（5）修改已发布数据

企业填报用户可以对已发布的手工数据进行修改，点击结果数据记录右侧的

【修改】按钮，修改数据信息，即可完成修改。见图 13-23。

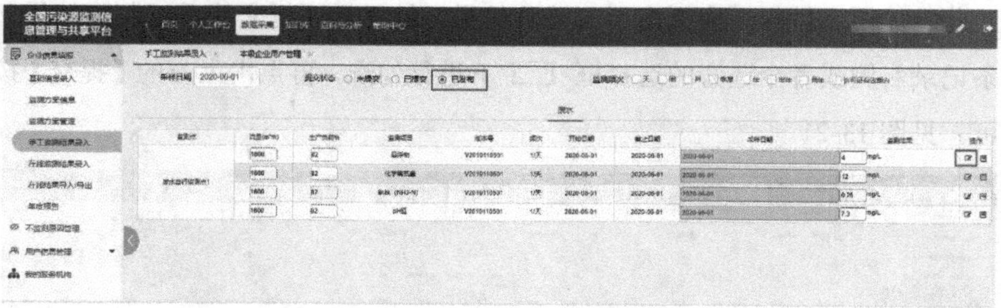

图 13-23 修改已发布手工监测结果

13.4.3 监测数据信息公开

企业审核用户对提交的手工监测结果进行发布处理后的次日，全国排污许可证管理信息平台公开企业自行监测手工数据。信息公开内容条目分为【废气】、【废水】、【无组织】、【周边环境】和【厂界噪声】，具体内容包括企业名称、监测点名称、监测项目名称、采样/监测时间、浓度等。见图 13-24。

自行监测信息

监测时间 2022

废气 废水 无组织 周边环境 噪声

企业名称	监测点名称	项目名称	实测浓度	折算浓度	采样时间	监测项目单位
	废气监测点1(DA006)	氯	4.19	4.08	2022-01-17	mg/Nm3
	废气监测点1(DA008)	氯化氢	9.29	9.04	2022-01-17	mg/Nm3
	废气监测点1(DA008)	氟化氢	0.66	0.64	2022-01-17	mg/Nm3
	废气监测点1(DA008)	汞及其化合物	0	0	2022-01-17	mg/Nm3
	废气监测点1(DA008)	铊、镉、铅、砷及其化合物	0	0	2022-01-17	mg/Nm3

图 13-24 自行监测手工数据结果信息公开

附　录

附录 1

排污单位自行监测技术指南　总则

（HJ 819—2017）

前言

为落实《中华人民共和国环境保护法》《中华人民共和国大气污染防治法》《中华人民共和国水污染防治法》，指导和规范排污单位自行监测工作，制定本标准。

本标准提出了排污单位自行监测的一般要求、监测方案制定、监测质量保证和质量控制、信息记录和报告的基本内容和要求。

本标准为首次发布。

本标准由环境保护部环境监测司、科技标准司提出并组织制订。

本标准主要起草单位：中国环境监测总站。

本标准环境保护部 2017 年 4 月 25 日批准。

本标准自 2017 年 6 月 1 日起实施。

本标准由环境保护部解释。

1 适用范围

本标准提出了排污单位自行监测的一般要求、监测方案制定、监测质量保证和质量控制、信息记录和报告的基本内容和要求。

排污单位可参照本标准在生产运行阶段对其排放的水、气污染物，噪声以及对其周边环境质量影响开展监测。

本标准适用于无行业自行监测技术指南的排污单位；行业自行监测技术指南中未规定的内容按本标准执行。

2 规范性引用文件

本标准引用了下列文件或其中的条款。凡是未注明日期的引用文件，其最新版本适用于本标准。

GB 12348 工业企业厂界环境噪声排放标准

GB/T 16157 固定污染源排气中颗粒物测定与气态污染物采样方法

HJ 2.1 环境影响评价技术导则 总纲

HJ 2.2 环境影响评价技术导则 大气环境

HJ/T 2.3 环境影响评价技术导则 地面水环境

HJ 2.4 环境影响评价技术导则 声环境

HJ/T 55 大气污染物无组织排放监测技术导则

HJ/T 75 固定污染源烟气排放连续监测技术规范（试行）

HJ/T 76 固定污染源烟气排放连续监测系统技术要求及检测方法（试行）

HJ/T 91 地表水和污水监测技术规范

HJ/T 92 水污染物排放总量监测技术规范

HJ/T 164 地下水环境监测技术规范

HJ/T 166 土壤环境监测技术规范

HJ/T 194 环境空气质量手工监测技术规范

HJ/T 353　水污染源在线监测系统安装技术规范（试行）

HJ/T 354　水污染源在线监测系统验收技术规范（试行）

HJ/T 355　水污染源在线监测系统运行与考核技术规范（试行）

HJ/T 356　水污染源在线监测系统数据有效性判别技术规范（试行）

HJ/T 397　固定源废气监测技术规范

HJ 442　近岸海域环境监测规范

HJ 493　水质　样品的保存和管理技术规定

HJ 494　水质　采样技术指导

HJ 495　水质　采样方案设计技术规定

HJ 610　环境影响评价技术导则　地下水环境

HJ 733　泄漏和敞开液面排放的挥发性有机物检测技术导则

《企业事业单位环境信息公开办法》（环境保护部令　第 31 号）

《国家重点监控企业自行监测及信息公开办法（试行）》（环发〔2013〕81 号）

3　术语和定义

下列术语和定义适用于本标准。

3.1　自行监测　self-monitoring

指排污单位为掌握本单位的污染物排放状况及其对周边环境质量的影响等情况，按照相关法律法规和技术规范，组织开展的环境监测活动。

3.2　重点排污单位　key pollutant discharging entity

指由设区的市级及以上地方人民政府环境保护主管部门商有关部门确定的本行政区域内的重点排污单位。

3.3　外排口监测点位　emission site

指用于监测排污单位通过排放口向环境排放废气、废水（包括向公共污水处理系统排放废水）污染物状况的监测点位。

3.4 内部监测点位 internal monitoring site

指用于监测污染治理设施进口、污水处理厂进水等污染物状况的监测点位，或监测工艺过程中影响特定污染物产生排放的特征工艺参数的监测点位。

4 自行监测的一般要求

4.1 制定监测方案

排污单位应查清所有污染源，确定主要污染源及主要监测指标，制定监测方案。监测方案内容包括：单位基本情况、监测点位及示意图、监测指标、执行标准及其限值、监测频次、采样和样品保存方法、监测分析方法和仪器、质量保证与质量控制等。

新建排污单位应当在投入生产或使用并产生实际排污行为之前完成自行监测方案的编制及相关准备工作。

4.2 设置和维护监测设施

排污单位应按照规定设置满足开展监测所需要的监测设施。废水排放口，废气（采样）监测平台、监测断面和监测孔的设置应符合监测规范要求。监测平台应便于开展监测活动，应能保证监测人员的安全。

废水排放量大于100 t/d的，应安装自动测流设施并开展流量自动监测。

4.3 开展自行监测

排污单位应按照最新的监测方案开展监测活动，可根据自身条件和能力，利用自有人员、场所和设备自行监测；也可委托其他有资质的检（监）测机构代其开展自行监测。

持有排污许可证的企业自行监测年度报告内容可以在排污许可证年度执行报告中体现。

4.4 做好监测质量保证与质量控制

排污单位应建立自行监测质量管理制度，按照相关技术规范要求做好监测质量保证与质量控制。

4.5 记录和保存监测数据

排污单位应做好与监测相关的数据记录，按照规定进行保存，并依据相关法规向社会公开监测结果。

5 监测方案制定

5.1 监测内容

5.1.1 污染物排放监测

包括废气污染物（以有组织或无组织形式排入环境）、废水污染物（直接排入环境或排入公共污水处理系统）及噪声污染等。

5.1.2 周边环境质量影响监测

污染物排放标准、环境影响评价文件及其批复或其他环境管理有明确要求的，排污单位应按照要求对其周边相应的空气、地表水、地下水、土壤等环境质量开展监测；其他排污单位根据实际情况确定是否开展周边环境质量影响监测。

5.1.3 关键工艺参数监测

在某些情况下，可以通过对与污染物产生和排放密切相关的关键工艺参数进行测试以补充污染物排放监测。

5.1.4 污染治理设施处理效果监测

若污染物排放标准等环境管理文件对污染治理设施有特别要求的，或排污单位认为有必要的，应对污染治理设施处理效果进行监测。

5.2 废气排放监测

5.2.1 有组织排放监测

5.2.1.1 确定主要污染源和主要排放口

符合以下条件的废气污染源为主要污染源：

a）单台出力 14 MW 或 20 t/h 及以上的各种燃料的锅炉和燃气轮机组；

b）重点行业的工业炉窑（水泥窑、炼焦炉、熔炼炉、焚烧炉、熔化炉、铁矿烧结炉、加热炉、热处理炉、石灰窑等）；

c）化工类生产工序的反应设备（化学反应器/塔、蒸馏/蒸发/萃取设备等）；

d）其他与上述所列相当的污染源。

符合以下条件的废气排放口为主要排放口：

a）主要污染源的废气排放口；

b）“排污许可证申请与核发技术规范”确定的主要排放口；

c）对于多个污染源共用一个排放口的，凡涉及主要污染源的排放口均为主要排放口。

5.2.1.2 监测点位

a）外排口监测点位：点位设置应满足 GB/T 16157、HJ 75 等技术规范的要求。净烟气与原烟气混合排放的，应在排气筒或烟气汇合后的混合烟道上设置监测点位；净烟气直接排放的，应在净烟气烟道上设置监测点位，有旁路的旁路烟道也应设置监测点位。

b）内部监测点位设置：当污染物排放标准中有污染物处理效果要求时，应在进入相应污染物处理设施单元的进出口设置监测点位。当环境管理文件有要求，或排污单位认为有必要的，可设置开展相应监测内容的内部监测点位。

5.2.1.3 监测指标

各外排口监测点位的监测指标应至少包括所执行的国家或地方污染物排放（控制）标准、环境影响评价文件及其批复、排污许可证等相关管理规定明确要求的污染物指标。排污单位还应根据生产过程的原辅用料、生产工艺、中间及最终产品，确定是否排放纳入相关有毒有害或优先控制污染物名录中的污染物指标，或其他有毒污染物指标，这些指标也应纳入监测指标。

对于主要排放口监测点位的监测指标，符合以下条件的为主要监测指标：

a）二氧化硫、氮氧化物、颗粒物（或烟尘/粉尘）、挥发性有机物中排放量较大的污染物指标；

b）能在环境或动植物体内积蓄对人类产生长远不良影响的有毒污染物指标（存在有毒有害或优先控制污染物相关名录的，以名录中的污染物指标为准）；

c）排污单位所在区域环境质量超标的污染物指标。

内部监测点位的监测指标根据点位设置的主要目的确定。

5.2.1.4 监测频次

a）确定监测频次的基本原则。

排污单位应在满足本标准要求的基础上，遵循以下原则确定各监测点位不同监测指标的监测频次：

1）不应低于国家或地方发布的标准、规范性文件、规划、环境影响评价文件及其批复等明确规定的监测频次；

2）主要排放口的监测频次高于非主要排放口；

3）主要监测指标的监测频次高于其他监测指标；

4）排向敏感地区的应适当增加监测频次；

5）排放状况波动大的，应适当增加监测频次；

6）历史稳定达标状况较差的需增加监测频次，达标状况良好的可以适当降低监测频次；

7）监测成本应与排污企业自身能力相一致，尽量避免重复监测。

b）原则上，外排口监测点位最低监测频次按照表 1 执行。废气烟气参数和污染物浓度应同步监测。

表1 废气监测指标的最低监测频次

排污单位级别	主要排放口		其他排放口的监测指标
	主要监测指标	其他监测指标	
重点排污单位	月—季度	半年—年	半年—年
非重点排污单位	半年—年	年	年

注：为最低监测频次的范围，分行业排污单位自行监测技术指南中依据此原则确定各监测指标的最低监测频次。

c）内部监测点位的监测频次根据该监测点位设置目的、结果评价的需要、补充监测结果的需要等进行确定。

5.2.1.5 监测技术

监测技术包括手工监测、自动监测两种，排污单位可根据监测成本、监测指标以及监测频次等内容，合理选择适当的监测技术。

对于相关管理规定要求采用自动监测的指标，应采用自动监测技术；对于监测频次高、自动监测技术成熟的监测指标，应优先选用自动监测技术；其他监测指标，可选用手工监测技术。

5.2.1.6 采样方法

废气手工采样方法的选择参照相关污染物排放标准及 GB/T 16157、HJ/T 397 等执行。废气自动监测参照 HJ/T 75、HJ/T 76 执行。

5.2.1.7 监测分析方法

监测分析方法的选用应充分考虑相关排放标准的规定、排污单位的排放特点、污染物排放浓度的高低、所采用监测分析方法的检出限和干扰等因素。

监测分析方法应优先选用所执行的排放标准中规定的方法。选用其他国家、行业标准方法的，方法的主要特性参数（包括检出下限、精密度、准确度、干扰消除等）需符合标准要求。尚无国家和行业标准分析方法的，或采用国家和行业标准方法不能得到合格测定数据的，可选用其他方法，但必须做方法验证和对比实验，证明该方法主要特性参数的可靠性。

5.2.2 无组织排放监测

5.2.2.1 监测点位

存在废气无组织排放源的，应设置无组织排放监测点位，具体要求按相关污染物排放标准及 HJ/T 55、HJ 733 等执行。

5.2.2.2 监测指标

按本标准 5.2.1.3 执行。

5.2.2.3 监测频次

钢铁、水泥、焦化、石油加工、有色金属冶炼、采矿业等无组织废气排放较重的污染源，无组织废气每季度至少开展一次监测；其他涉及无组织废气排放的污染源每年至少开展一次监测。

5.2.2.4 监测技术

按本标准 5.2.1.5 执行。

5.2.2.5 采样方法

参照相关污染物排放标准及 HJ/T 55、HJ 733 执行。

5.2.2.6 监测分析方法

按本标准 5.2.1.7 执行。

5.3 废水排放监测

5.3.1 监测点位

5.3.1.1 外排口监测点位

在污染物排放标准规定的监控位置设置监测点位。

5.3.1.2 内部监测点位

按本标准 5.2.1.2 b）执行。

5.3.2 监测指标

符合以下条件的为各废水外排口监测点位的主要监测指标：

a）化学需氧量、五日生化需氧量、氨氮、总磷、总氮、悬浮物、石油类中排放量较大的污染物指标；

b）污染物排放标准中规定的监控位置为车间或生产设施废水排放口的污染物指标，以及有毒有害或优先控制污染物相关名录中的污染物指标；

c）排污单位所在流域环境质量超标的污染物指标。

其他要求按本标准 5.2.1.3 执行。

5.3.3 监测频次

5.3.3.1 监测频次确定的基本原则

按本标准 5.2.1.4 a）执行。

5.3.3.2 原则上，外排口监测点位最低监测频次按照表 2 执行。各排放口废水流量和污染物浓度同步监测。

表 2 废水监测指标的最低监测频次

排污单位级别	主要监测指标	其他监测指标
重点排污单位	日—月	季度—半年
非重点排污单位	季度	年

注：为最低监测频次的范围，在行业排污单位自行监测技术指南中依据此原则确定各监测指标的最低监测频次。

5.3.3.3 内部监测点位监测频次

按本标准 5.2.1.4 c）执行。

5.3.4 监测技术

按本标准 5.2.1.5 执行。

5.3.5 采样方法

废水手工采样方法的选择参照相关污染物排放标准及 HJ/T 91、HJ/T 92、HJ 493、HJ 494、HJ 495 等执行，根据监测指标的特点确定采样方法为混合采样方法或瞬时采样的方法，单次监测采样频次按相关污染物排放标准和 HJ/T 91 执行。污水自动监测采样方法参照 HJ/T 353、HJ/T 354、HJ/T 355、HJ/T 356 执行。

5.3.6 监测分析方法

按本标准 5.2.1.7 执行。

5.4 厂界环境噪声监测

5.4.1 监测点位

5.4.1.1 厂界环境噪声的监测点位置具体要求按 GB 12348 执行。

5.4.1.2 噪声布点应遵循以下原则：

a）根据厂内主要噪声源距厂界位置布点；

b）根据厂界周围敏感目标布点；

c）“厂中厂”是否需要监测根据内部和外围排污单位协商确定；

d）面临海洋、大江、大河的厂界原则上不布点；

e）厂界紧邻交通干线不布点；

f）厂界紧邻另一排污单位的，在邻近另一排污单位侧是否布点由排污单位协商确定。

5.4.2 监测频次

厂界环境噪声每季度至少开展一次监测，夜间生产的要监测夜间噪声。

5.5 周边环境质量影响监测

5.5.1 监测点位

排污单位厂界周边的土壤、地表水、地下水、大气等环境质量影响监测点位参照排污单位环境影响评价文件及其批复及其他环境管理要求设置。

如环境影响评价文件及其批复及其他文件中均未作出要求，排污单位需要开展周边环境质量影响监测的，环境质量影响监测点位设置的原则和方法参照 HJ 2.1、HJ 2.2、HJ/T 2.3、HJ 2.4、HJ 610 等规定。各类环境影响监测点位设置按照 HJ/T 91、HJ/T 164、HJ 442、HJ/T 194、HJ/T 166 等执行。

5.5.2 监测指标

周边环境质量影响监测点位监测指标参照排污单位环境影响评价文件及其批复等管理文件的要求执行，或根据排放的污染物对环境的影响确定。

5.5.3 监测频次

若环境影响评价文件及其批复等管理文件有明确要求的，排污单位周边环境质量监测频次按照要求执行。

否则，涉水重点排污单位地表水每年丰、平、枯水期至少各监测一次，涉气重点排污单位空气质量每半年至少监测一次，涉重金属、难降解类有机污染物等重点排污单位土壤、地下水每年至少监测一次。发生突发环境事故对周边环境质量造成明显影响的，或周边环境质量相关污染物超标的，应适当增加监测频次。

5.5.4 监测技术

按本标准 5.2.1.5 执行。

5.5.5 采样方法

周边水环境质量监测点采样方法参照 HJ/T 91、HJ/T 164、HJ 442 等执行。

周边大气环境质量监测点采样方法参照 HJ/T 194 等执行。

周边土壤环境质量监测点采样方法参照 HJ/T 166 等执行。

5.5.6 监测分析方法

按本标准 5.2.1.7 执行。

5.6 监测方案的描述

5.6.1 监测点位的描述

所有监测点位均应在监测方案中通过语言描述、图形示意等形式明确体现。描述内容包括监测点位的平面位置及污染物的排放去向等。废水监测点需明确其所在废水排放口、对应的废水处理工艺，废气排放监测点位需明确其在排放烟道的位置分布、对应的污染源及处理设施。

5.6.2 监测指标的描述

所有监测指标采用表格、语言描述等形式明确体现。监测指标应与监测点位相对应，监测指标内容包括每个监测点位应监测的指标名称、排放限值、排放限值的来源（如标准名称、编号）等。

国家或地方污染物排放（控制）标准、环境影响评价文件及其批复、排污许可证中的污染物，如排污单位确认未排放，监测方案中应明确注明。

5.6.3 监测频次的描述

监测频次应与监测点位、监测指标相对应，每个监测点位的每项监测指标的监测频次都应详细注明。

5.6.4 采样方法的描述

对每项监测指标都应注明其选用的采样方法。废水采集混合样品的，应注明混合样采样个数。废气非连续采样的，应注明每次采集的样品个数。废气颗粒物采样，应注明每个监测点位设置的采样孔和采样点个数。

5.6.5 监测分析方法的描述

对每项监测指标都应注明其选用的监测分析方法名称、来源依据、检出限等内容。

5.7 监测方案的变更

当有以下情况发生时，应变更监测方案：

a）执行的排放标准发生变化；

b）排放口位置、监测点位、监测指标、监测频次、监测技术任一项内容发生变化；

c）污染源、生产工艺或处理设施发生变化。

6 监测质量保证与质量控制

排污单位应建立并实施质量保证与控制措施方案，以自证自行监测数据的质量。

6.1 建立质量体系

排污单位应根据本单位自行监测的工作需求，设置监测机构，梳理监测方案制定、样品采集、样品分析、监测结果报出、样品留存、相关记录的保存等监测的各个环节中，为保证监测工作质量应制定的工作流程、管理措施与监督措施，建立自行监测质量体系。

质量体系应包括对以下内容的具体描述：监测机构，人员，出具监测数据所需仪器设备，监测辅助设施和实验室环境，监测方法技术能力验证，监测活动质量控制与质量保证等。

委托其他有资质的检（监）测机构代其开展自行监测的，排污单位不用建立监测质量体系，但应对检（监）测机构的资质进行确认。

6.2 监测机构

监测机构应具有与监测任务相适应的技术人员、仪器设备和实验室环境，明确监测人员和管理人员的职责、权限和相互关系，有适当的措施和程序保证监测结果准确可靠。

6.3 监测人员

应配备数量充足、技术水平满足工作要求的技术人员，规范监测人员录用、培训教育和能力确认/考核等活动，建立人员档案，并对监测人员实施监督和管理，规避人员因素对监测数据正确性和可靠性的影响。

6.4 监测设施和环境

根据仪器使用说明书、监测方法和规范等的要求，配备必要的如除湿机、空调、干湿度温度计等辅助设施，以使监测工作场所条件得到有效控制。

6.5 监测仪器设备和实验试剂

应配备数量充足、技术指标符合相关监测方法要求的各类监测仪器设备、标准物质和实验试剂。

监测仪器性能应符合相应方法标准或技术规范要求，根据仪器性能实施自校准或者检定/校准、运行和维护、定期检查。

标准物质、试剂、耗材的购买和使用情况应建立台账予以记录。

6.6 监测方法技术能力验证

应组织监测人员按照其所承担监测指标的方法步骤开展实验活动，测试方法的检出浓度、校准（工作）曲线的相关性、精密度和准确度等指标，实验结果满足方法相应的规定以后，方可确认该人员实际操作技能满足工作需求，能够承担测试工作。

6.7 监测质量控制

编制监测工作质量控制计划，选择与监测活动类型和工作量相适应的质控方法，包括使用标准物质、采用空白实验、平行样测定、加标回收率测定等，定期进行质控数据分析。

6.8 监测质量保证

按照监测方法和技术规范的要求开展监测活动，若存在相关标准规定不明确但又影响监测数据质量的活动，可编写《作业指导书》予以明确。

编制工作流程等相关技术规定，规定任务下达和实施，分析用仪器设备购买、验收、维护和维修，监测结果的审核签发、监测结果录入发布等工作的责任人和完成时限，确保监测各环节无缝衔接。

设计记录表格，对监测过程的关键信息予以记录并存档。

定期对自行监测工作开展的时效性、自行监测数据的代表性和准确性、管理部门检查结论和公众对自行监测数据的反馈等情况进行评估，识别自行监测存在的问题，及时采取纠正措施。管理部门执法监测与排污单位自行监测数据不一致的，以管理部门执法监测结果为准，作为判断污染物排放是否达标、自动监测设施是否正常运行的依据。

7 信息记录和报告

7.1 信息记录

7.1.1 手工监测的记录

7.1.1.1 采样记录：采样日期、采样时间、采样点位、混合取样的样品数量、采样器名称、采样人姓名等。

7.1.1.2 样品保存和交接：样品保存方式、样品传输交接记录。

7.1.1.3 样品分析记录：分析日期、样品处理方式、分析方法、质控措施、分析结果、分析人姓名等。

7.1.1.4 质控记录：质控结果报告单。

7.1.2 自动监测运维记录

包括自动监测系统运行状况、系统辅助设备运行状况、系统校准、校验工作等；仪器说明书及相关标准规范中规定的其他检查项目；校准、维护保养、维修记录等。

7.1.3 生产和污染治理设施运行状况

记录监测期间企业及各主要生产设施（至少涵盖废气主要污染源相关生产设施）运行状况（包括停机、启动情况）、产品产量、主要原辅料使用量、取水量、主要燃料消耗量、燃料主要成分、污染治理设施主要运行状态参数、污染治理主要药剂消耗情况等。日常生产中上述信息也需整理成台账保存备查。

7.1.4 固体废物（危险废物）产生与处理状况

记录监测期间各类固体废物和危险废物的产生量、综合利用量、处置量、贮存量、倾倒丢弃量，危险废物还应详细记录其具体去向。

7.2 信息报告

排污单位应编写自行监测年度报告，年度报告至少应包含以下内容：

a）监测方案的调整变化情况及变更原因；

b）企业及各主要生产设施（至少涵盖废气主要污染源相关生产设施）全年运行天数，各监测点、各监测指标全年监测次数、超标情况、浓度分布情况；

c）按要求开展的周边环境质量影响状况监测结果；

d）自行监测开展的其他情况说明；

e）排污单位实现达标排放所采取的主要措施。

7.3 应急报告

监测结果出现超标的，排污单位应加密监测，并检查超标原因。短期内无法实现稳定达标排放的，应向环境保护主管部门提交事故分析报告，说明事故发生的原因，采取减轻或防止污染的措施，以及今后的预防及改进措施等；若因发生事故或者其他突发事件，排放的污水可能危及城镇排水与污水处理设施安全运行的，应当立即采取措施消除危害，并及时向城镇排水主管部门和环境保护主管部门等有关部门报告。

7.4 信息公开

排污单位自行监测信息公开内容及方式按照《企业事业单位环境信息公开办法》及《国家重点监控企业自行监测及信息公开办法（试行）》执行。非重点排污单位的信息公开要求由地方环境保护主管部门确定。

8 监测管理

排污单位对其自行监测结果及信息公开内容的真实性、准确性、完整性负责。排污单位应积极配合并接受环境保护行政主管部门的日常监督管理。

附录 2

排污单位自行监测技术指南　钢铁工业及炼焦化学工业

（HJ 878—2017）

1　适用范围

本标准提出了钢铁工业及炼焦化学工业排污单位自行监测的一般要求、监测方案制定、信息记录和报告的基本内容和要求。

本标准适用于钢铁工业及炼焦化学工业排污单位在生产运行阶段对其排放的水、气污染物，噪声以及对其周边环境质量影响开展监测。本标准不适用于钢铁生产企业中铁矿采选和铁合金生产工序的自行监测。

钢铁工业及炼焦化学工业排污单位自备火力发电机组（厂）、配套动力锅炉的自行监测要求按照 HJ 820 执行。

2　规范性引用文件

本标准内容引用了下列文件或其中的条款。凡是不注明日期的引用文件，其有效版本适用于本标准。

GB 13456　钢铁工业水污染物排放标准

GB 16171　炼焦化学工业污染物排放标准

GB 28662　钢铁烧结、球团工业大气污染物排放标准

GB 28663　炼铁工业大气污染物排放标准

GB 28664　炼钢工业大气污染物排放标准

GB 28665　轧钢工业大气污染物排放标准

HJ 2.2　环境影响评价技术导则　大气环境

HJ/T 2.3　环境影响评价技术导则　地面水环境
HJ/T 55　大气污染物无组织排放监测技术导则
HJ/T 91　地表水和污水监测技术规范
HJ/T 164　地下水环境监测技术规范
HJ/T 166　土壤环境监测技术规范
HJ/T 194　环境空气质量手工监测技术规范
HJ 442　近岸海域环境监测规范
HJ 610　环境影响评价技术导则　地下水环境
HJ 819　排污单位自行监测技术指南　总则
HJ 820　排污单位自行监测技术指南　火力发电及锅炉
《国家危险废物名录》（环境保护部、国家发展改革委、公安部令　第39号）

3　术语和定义

GB 13456、GB 16171、GB 28662、GB 28663、GB 28664、GB 28665、HJ 819界定的以及下列术语和定义适用于本标准。

3.1　钢铁工业排污单位　iron and steel industry pollutant emission unit

指含有烧结、球团、炼铁、炼钢及轧钢等工业生产工序的排污单位。

3.2　炼焦化学工业排污单位　coking chemical industry pollutant emission unit

指含有炼焦化学工业生产过程的排污单位，包括炼焦化学工业企业及钢铁等排污单位炼焦分厂。

4　自行监测的一般要求

排污单位应查清本单位的污染源，污染物指标及潜在的环境影响，制定监测方案，设置和维护监测设施，按照监测方案开展自行监测，做好质量保证和质量控制，记录和保存监测数据和信息，依法向社会公开监测结果。

5 监测方案制定

5.1 废气排放监测

5.1.1 有组织废气排放监测点位、指标与频次

5.1.1.1 监测点位

各工序废气通过排气筒等方式排放至外环境的，应在排气筒或排气筒前的废气排放通道设置监测点位。

5.1.1.2 监测指标与监测频次

各监测点位监测指标的最低监测频次按照表 1 执行。

表 1 有组织废气监测指标最低监测频次

生产工序	监测点位	监测指标	监测频次
原料系统	供卸料设施、转运站及其他设施排气筒	颗粒物	两年
烧结	配料设施、整粒筛分设施排气筒	颗粒物	季度
	烧结机机头排气筒	颗粒物、二氧化硫、氮氧化物	自动监测
		氟化物	季度
		二噁英类	年
	烧结机机尾排气筒	颗粒物	自动监测
	破碎设施、冷却设施及其他设施排气筒	颗粒物	年
球团	配料设施排气筒	颗粒物	季度
	焙烧设施排气筒	颗粒物、二氧化硫、氮氧化物	自动监测
		氟化物	季度
	破碎、筛分、干燥及其他设施排气筒	颗粒物	年
炼焦	精煤破碎、焦炭破碎、筛分、转运设施排气筒	颗粒物	年
	装煤地面站排气筒	颗粒物、二氧化硫	自动监测
		苯并[a]芘	半年
	推焦地面站排气筒	颗粒物、二氧化硫	自动监测
	焦炉烟囱（含焦炉烟气尾部脱硫、脱硝设施排气筒）	颗粒物、二氧化硫、氮氧化物	自动监测
	干法熄焦地面站排气筒	颗粒物、二氧化硫	自动监测
	粗苯管式炉、半焦烘干和氨分解炉等燃用焦炉煤气的设施排气筒	颗粒物、二氧化硫、氮氧化物	半年

生产工序	监测点位	监测指标	监测频次
炼焦	冷鼓、库区焦油各类贮槽排气筒	苯并[a]芘、氰化氢、酚类、非甲烷总烃、氨、硫化氢	半年
	苯贮槽排气筒	苯、非甲烷总烃	半年
	脱硫再生塔排气筒	氨、硫化氢	半年
	硫铵结晶干燥排气筒	颗粒物、氨	半年
炼铁	矿槽排气筒	颗粒物	自动监测
	出铁场排气筒	颗粒物、二氧化硫[a]	自动监测
	热风炉排气筒	颗粒物、二氧化硫、氮氧化物	季度
	原料系统、煤粉系统及其他设施排气筒	颗粒物	年
炼钢	转炉二次烟气排气筒	颗粒物	自动监测
	转炉三次烟气排气筒	颗粒物	季度
	电炉烟气排气筒	颗粒物	自动监测
		二噁英类	年
	石灰窑、白云石窑焙烧排气筒	颗粒物、二氧化硫[a]、氮氧化物[a]	季度
	铁水预处理（包括倒罐、扒渣等）、精炼炉、钢渣处理设施排气筒	颗粒物	年
	转炉一次烟气、连铸切割及火焰清理及其他设施排气筒	颗粒物	两年
	电渣冶金排气筒	氟化物	半年
轧钢	热处理炉排气筒	颗粒物、二氧化硫、氮氧化物	季度（自动监测[b]）
	热轧精轧机排气筒	颗粒物	年
	拉矫机、精整机、抛丸机、修磨机、焊接机及其他设施排气筒	颗粒物	两年
	轧制机组排气筒	油雾[c]	半年
	废酸再生排气筒	颗粒物、氯化氢、硝酸雾、氟化物	半年
	酸洗机组排气筒	氯化氢、硫酸雾、硝酸雾、氟化物	半年
	涂镀层机组排气筒	铬酸雾	半年
	脱脂排气筒	碱雾[c]	半年
	涂层机组排气筒	苯、甲苯、二甲苯、非甲烷总烃	半年

注 1：设区的市级及以上环保主管部门明确要求安装自动监测设备的污染物指标，须采取自动监测。

注 2：废气监测须按照相应标准分析方法、技术规范同步监测烟气参数。

注：[a] 为选测指标。

[b] 燃用发生炉煤气的热处理炉排气筒须采取自动监测。

[c] 待国家污染物监测方法标准发布后实施，未发布前可以选测。

5.1.2 无组织废气排放监测点位、指标和频次

5.1.2.1 生产车间无组织废气排放监测点位、指标和频次

排污单位应按照 GB 16171、GB 28662、GB 28663、GB 28664、GB 28665、HJ/T 55 规定设置生产车间无组织排放监测点位，有地方排放标准要求的，按地方排放标准执行。监测指标及最低监测频次按表 2 执行。

表 2 生产车间无组织废气监测指标最低监测频次

生产工序	无组织排放源	监测指标	监测频次
烧结、球团、炼铁、炼钢	生产车间	颗粒物	年（季度[a]）
炼焦	焦炉	颗粒物、苯并[a]芘、硫化氢、氨、苯可溶物	季度
轧钢	板坯加热、磨辊作业、钢卷精整、酸再生下料车间	颗粒物	年
	酸洗机组及废酸再生车间	硫酸雾、氯化氢、硝酸雾	年
	涂层机组车间	苯、甲苯、二甲苯、非甲烷总烃	年

注：[a] 适用于无完整厂房车间的情况。

5.1.2.2 厂界无组织废气排放监测点位、指标和频次

厂界无组织排放监测指标及最低监测频次按表 3 执行。

表 3 厂界无组织废气监测指标最低监测频次

排污单位类型	监测点位	监测指标	监测频次
有炼焦化学生产过程的	厂界	颗粒物、二氧化硫、苯并[a]芘、氰化氢、苯、酚类、硫化氢、氨、氮氧化物	季度
无炼焦化学生产过程的		颗粒物	季度

5.2 废水排放监测

废水排放监测点位、监测指标及最低监测频次按表 4 执行。不同工序废水混合排放的，应覆盖表 4 中相应工序的监测因子，监测频次从严。

表4　废水监测指标最低监测频次

监测点位	监测指标	监测频次					
		钢铁联合企业（不包括炼焦分厂）	钢铁非联合企业				炼焦
			烧结（球团）	炼铁	炼钢	轧钢	
废水总排放口	流量	自动监测	自动监测	自动监测	自动监测	自动监测	自动监测
	pH	自动监测	月	月	月	日	自动监测
	悬浮物	周	月	月	月	周	月
	化学需氧量	自动监测	月	月	月	日	自动监测
	氨氮	自动监测	—	月	月	日	自动监测
	总氮	周（日[a]）	—	月	月	周（日[a]）	周（日[a]）
	总磷	周（日[a]）	—	—	—	周（日[a]）	周（日[a]）
	石油类	周	月	月	月	周	月
	五日生化需氧量	—	—	—	—	—	月
	挥发酚	季度	—	季度	—	—	月
	氰化物	季度	—	季度	—	季度	月
	氟化物	季度	—	—	季度	季度	—
	总铁	季度	—	—	—	季度	—
	总锌	季度	—	季度	—	季度	—
	总铜	季度	—	—	—	季度	—
	苯	—	—	—	—	—	月
	硫化物	—	—	—	—	—	月
车间或生产设施废水排放口	流量	参照钢铁非联合企业车间或生产设施废水排放口监测要求执行	月	月	—	周（月[b]）	月
	总砷		月	—	—	周（月[b]）	—
	六价铬		—	—	—	周（月[b]）	—
	总铬		—	—	—	周（月[b]）	—
	总铅		月	月	—	—	—
	总镍		—	—	—	周（月[b]）	—
	总镉		—	—	—	周（月[b]）	—
	总汞		—	—	—	周（月[b]）	—
	苯并[a]芘	—	—	—	—	—	月[c]
	多环芳烃	—	—	—	—	—	月[c]

注1：设区的市级及以上环保主管部门明确要求安装自动监测设备的污染物指标，须采取自动监测。
注2：炼焦洗煤、熄焦和高炉冲渣回用水池内和补水口每周至少开展一次监测，补水口监测指标包括pH、悬浮物、化学需氧量、氨氮、挥发酚、氰化物，回用水池内监测指标为挥发酚。
注3：雨水排放口排放期间每日至少开展一次监测，监测指标包括悬浮物、化学需氧量、氨氮、石油类，确保有流量的情况下，雨后15分钟内进行监测。
注4：单独排入外环境的生活污水排放口每月至少开展一次监测，监测指标包括流量、pH、悬浮物、化学需氧量、氨氮、总氮、总磷、五日生化需氧量、动植物油。

注：[a] 总氮/总磷实施总量控制的区域，总氮/总磷最低监测频次按日执行。
[b] 适用于不含冷轧的轧钢车间或生产设施废水排放口。
[c] 若酚氰污水处理站仅处理生产工艺废水，则在酚氰污水处理厂排放口监测；若有其他废水进入酚氰污水处理站混合处理，则在其他废水混入前对生产工艺废水采样监测。

5.3 厂界环境噪声监测

厂界环境噪声监测点位设置应遵循 HJ 819 中的原则，主要考虑破碎设备、筛分设备、风机、空压机、水泵等噪声源在厂区内的分布情况。

厂界噪声每季度至少开展一次昼夜监测，监测指标为等效 A 声级。周边有敏感点的，应增加敏感点位噪声监测。

5.4 周边环境质量影响监测

5.4.1 其他环境管理政策，或环境影响评价文件及其批复［仅限 2015 年 1 月 1 日（含）后取得环境影响评价批复的排污单位］有明确要求的，按要求执行。

5.4.2 无明确要求的，若排污单位认为有必要的，可对周边水、土壤、空气环境质量开展监测。可参照 HJ/T 164、HJ/T 166、HJ 610 中相关规定设置周边地下水、土壤环境影响监测点位，对于废水直接排入地表水或海水的排污单位，可参照 HJ/T 2.3、HJ/T 91、HJ 442 中相关规定设置周边地表水、海水环境影响监测点位，监测指标及频次按表 5 执行。周边空气质量影响监测点位、监测指标、监测频次可参照 HJ 2.2、HJ/T 194、HJ 819 中相关规定执行。

表 5　周边环境质量影响监测指标最低监测频次

目标环境	监测指标	监测频次
地表水	pH、溶解氧、高锰酸盐指数、五日生化需氧量、氨氮、总磷、总氮、铜、锌、氟化物、砷、汞、镉、六价铬、铅、氰化物、挥发酚、石油类、硫化物、铁、苯、总铬、镍、多环芳烃等	季度
海水	pH、溶解氧、化学需氧量、五日生化需氧量、无机氮、非离子氮、活性磷酸盐、汞、镉、铅、六价铬、总铬、砷、铜、锌、镍、氰化物、硫化物、挥发酚、石油类、氟化物、铁、苯、多环芳烃等	半年
地下水	pH、总硬度、溶解性总固体、硫酸盐、氯化物、铁、铜、锌、挥发酚、高锰酸盐指数、硝酸盐、亚硝酸盐、氨氮、氟化物、氰化物、汞、砷、镉、六价铬、铅、镍、硫化物、总铬、多环芳烃、苯、甲苯、二甲苯等	年
土壤	pH、阳离子交换量、镉、汞、砷、铜、铅、铬、锌、镍、多环芳烃、苯、甲苯、二甲苯等	年

5.5 其他要求

5.5.1 除表 1～表 5 中的污染物指标外，5.5.1.1 和 5.5.1.2 中的污染物指标也应纳入监测指标范围，并参照表 1～表 5 和 HJ 819 确定监测频次。

5.5.1.1 排污许可证、所执行的污染物排放（控制）标准、环境影响评价文件及其批复［仅限 2015 年 1 月 1 日（含）后取得环境影响评价批复的排污单位］、相关环境管理规定明确要求的污染物指标。

5.5.1.2 排污单位根据生产过程的原辅用料、生产工艺、中间及最终产品类型、监测结果确定实际排放的，在有毒有害或优先控制污染物相关名录中的污染物指标，或其他有毒污染物指标。

5.5.2 各指标的监测频次在满足本标准的基础上，可根据 HJ 819 中监测频次的确定原则提高监测频次。

5.5.3 采样方法、监测分析方法、监测质量保证与质量控制等按照 HJ 819 执行。

5.5.4 监测方案的描述、变更按照 HJ 819 执行。

6 信息记录和报告

6.1 信息记录

6.1.1 监测信息记录

手工监测的记录和自动监测运维记录按 HJ 819 执行。

6.1.2 生产和污染治理设施运行状况信息记录

6.1.2.1 生产运行状况记录

按班次记录正常工况各生产单元主要生产设施的累计生产时间、生产负荷、主要产品产量、原辅料及燃料使用情况（包括种类、名称、用量、有毒有害元素成分及占比）等数据。

6.1.2.2 原辅料、燃料采购信息

填写原辅料、燃料采购情况及物质、元素占比情况信息。

6.1.2.3 废气处理设施运行情况

应记录除尘、脱硝、脱硫等工艺的基本情况，按班次记录氨水和尿素等含氨物质的消耗情况、脱硫剂使用剂量、脱硫副产物产生量等，并记录除尘、脱硝、脱硫等设施运行、故障及维护情况。

6.1.2.4 废水处理设施运行情况

应记录废水处理工艺的基本情况，按班次记录废水累计流量、药剂投加种类及投加量、污泥产生量等，并记录废水处理设施运行、故障及维护情况。

6.1.2.5 噪声防护设施运行情况

应记录降噪设施的完好性及建设维护情况，记录相关参数。

6.1.3 一般工业固体废物和危险废物记录要求

记录表6中一般工业固体废物和危险废物的产生量、综合利用量、处置量、贮存量，危险废物还应详细记录其具体去向。原料或辅助工序中产生的其他危险废物的情况也应记录。

表6 一般工业固体废物及危险固体废物来源

一般工业固体废物产生工序	一般工业固体废物名称	危险废物产生工序	危险废物名称
原料系统	除尘灰等	炼焦	精（蒸）馏等产生的残渣、焦粉、焦油渣、脱硫废液、筛焦过程产生的粉尘等
烧结、球团	除尘灰、脱硫石膏等	炼钢	电炉炼钢过程中集（除）尘装置收集的粉尘和废水处理污泥等
炼焦	煤粉等		
炼铁	除尘灰、瓦斯灰泥、高炉渣等	轧钢	废酸、废矿物油等
炼钢	钢渣、废钢铁料、氧化铁皮等	其他可能产生的危险废物按照《国家危险废物名录》或国家规定的危险废物鉴别标准和鉴别方法认定。	
轧钢	除尘灰、氧化铁皮等		

6.2 信息报告、应急报告、信息公开

按照 HJ 819 执行。

7 其他

排污单位应如实记录手工监测期间的工况（包括生产负荷、污染治理设施运行情况等），确保监测数据具有代表性。

本标准规定的内容外，按照 HJ 819 执行。

附录 3

自行监测质量控制相关模板和样表

附录 3-1　检测工作程序（样式）

1　目的

对监测任务的下达、监测方案的制定、采样器皿和试剂的准备，样品采集和现场监测，实验室内样品分析，以及测试原始积累的填写等各个环节实施有效的质量控制，保证监测结果的代表性、准确性。

2　适用范围

适用于本单位实施的监测工作。

3　职责

3.1　×××负责下达监测任务。

3.2　×××负责根据监测目的、排放标准、相关技术规范和管理要求制定监测方案（某些企业的监测方案是环境部门发放许可证时已经完成技术审查的，在一定时间段内执行即可，不必在每一次监测任务均制定监测方案）。

3.3　×××负责实施需现场监测的项目，×××采集样品并记录采集样品的时间、地点、状态等参数，并做好样品的标识，×××负责样品流转过程中的质量控制，负责将样品移交给样品接收人员。

3.4　×××负责接收送检样品，在接收送检样品时，对样品的完整性和对应检测要求的适宜性进行验收，并将样品分发到相应分析任务承担人员（如果没有集中接样后，再由接样人员分发样品到分析人员的制度设计，这一步骤可以省略）。

3.5 ×××负责本人承担项目样品的接收、保管和分析。

4 工作程序

4.1 方案制定

×××负责根据监测目的、排放标准、相关技术规范和环境管理要求，制定监测方案，明确监测内容、频次，各任务执行人，使用的监测方法、采用的监测仪器，以及采取的质控措施。经×××审核、×××批准后实施该监测方案。

4.2 现场监测和样品采集

×××采样人员根据监测方案要求，按国家有关的标准、规范到现场进行现场监测和样品采集，记录现场监测结果相关的信息，以及生产工况。样品采集后，按规定建立样品的唯一标识，填写采样过程质保单和采样记录。必要时，受检部门有关人员应在采样原始记录上签字认可。

4.3 样品的流转

采样人员送检样品时，由接样人员认真检查样品表观、编号、采样量等信息是否与采样记录相符合，确认样品量是否能满足检测项目要求，采样人员和接样人员双方签字认可（如果没有集中接样后再由接样人员分发样品到分析人员的制度设计，这一步骤可以省略）。

分析人员在接收样品时，应认真查看和验收样品表观、编号、采样量等信息是否与采样记录相符合，并核实样品交接记录，分析人员确认无误后在样品交接单签字。

4.4 样品的管理

样品应妥善存放在专用且适宜的样品保存场所，分析人员应准确标识样品所处的实验状态，用“待测”“在测”和“测毕”标签加以区别。

分析人员在分析前如发现样品异常或对样品有任何疑问时，应立即查找原因，待符合分析要求后，再进行分析。

对要求在特定环境下保存的样品，分析人员应严格控制环境条件，按要求保存，保证样品在存放过程中不变质、不损坏。若发现样品在保存过程中出现异常情况，应及时向质量负责人汇报，查明原因及时采取措施。

4.5 样品的分析

分析人员按监测任务分工安排，严格按照方案中规定的方法标准/规范分析样品，及时填写分析原始记录、测试环境监控记录、仪器使用记录等相关记录并签字。

4.6 样品的处置

除特殊情况需留存的样品外，检测后的余样应送污水处理站进行处理。

5 相关程序文件

《异常情况处理程序》

6 相关记录表格

《废水采样原始记录表》

《废气监测原始记录表》

《内部样品交接单》

《样品留存记录表》

《pH 分析原始记录表》

《颗粒物监测原始记录》

《烟气黑度测试记录表》

《现场监测质控审核记录》

《废水流量监测记录（流速仪法）》

附录 3-2 ××××（单位名称）废（污）水采样原始记录表

（检）字【　　　】第　　　　号　　　　　　　　　　　　　第　　页，共　　页

采样时间	排污口编号	样品编号	水温/℃	pH	流量 (m^3/h)	流量 (m^3/d)	监测项目	废（污）水表观描述	废（污）水主要来源	排放规律（以流速变化判断）
时　分										1. 连续稳定；2. 连续不稳定；3. 间断稳定；4. 间断不稳定
时　分										
时　分										
时　分										
时　分										
时　分										
时　分										
时　分										
时　分										

治理设施运行情况	治理设施类型及名称							新鲜用水量/(m^3/d)	
	处理量/(m^3/d)	设计		建设日期		化学需氧量设计去除率		回用水量/(m^3/d)	
		实际		处理规律		氨氮设计去除率		生产负荷	
	主要原料			主要产品					
备注	表观描述应包括颜色、气味、悬浮物含量情况等信息。回用水量不含设施循环水部分								

检测人员：　　　　　　校对：　　　　　　审核：　　　　　　检测日期：　　年　　月　　日

附录 3-3 ××××（单位名称）内部样品交接单

（检）字【　　　　】第　　　号　　　　　　　　　　　　　　　　　　　第　　页，共　　页

送样人		采样时间		接样人		接样时间	

样品名称及编号	样品类型	样品表观	样品数量	监测项目	质保措施	分析人员签字
备注	平行样品分析项目及编号： 加标样品分析项目及编号：					

填写人员：　　　　　　校对：　　　　　　审核：　　　　　　日期：　　年　　月　　日

附录 3-4 重量法分析原始记录表

×环（检）【　　】第　　号　　　　第　页，共　页

<table>
<tr><td rowspan="2">分析项目</td><td rowspan="2"></td><td>仪器名称型号</td><td></td><td>方法名称</td><td></td><td>送样日期</td><td></td><td rowspan="2">环境条件</td><td>室温/℃</td><td></td></tr>
<tr><td>仪器编号</td><td></td><td>方法依据</td><td></td><td>分析日期</td><td></td><td>湿度/%</td><td></td></tr>
<tr><td>烘干/灼烧温度/℃</td><td colspan="2"></td><td>烘干/灼烧时间/h</td><td></td><td>恒重温度/℃</td><td></td><td>恒重时间/h</td><td colspan="3"></td></tr>
</table>

<table>
<tr><td rowspan="2">样品名称及编号</td><td rowspan="2">器皿编号</td><td rowspan="2">取样量（ ）</td><td colspan="3">初重/g</td><td colspan="3">终重/g</td><td>样重/g</td><td rowspan="2">计算结果（ ）</td><td rowspan="2">报出结果（ ）</td><td rowspan="2">备 注</td></tr>
<tr><td>W_1</td><td>W_2</td><td>$W_均$</td><td>W_1</td><td>W_2</td><td>$W_均$</td><td>ΔW</td></tr>
<tr><td></td><td></td><td></td><td></td><td></td><td></td><td></td><td></td><td></td><td></td><td></td><td></td><td rowspan="8"></td></tr>
<tr><td></td><td></td><td></td><td></td><td></td><td></td><td></td><td></td><td></td><td></td><td></td><td></td></tr>
<tr><td></td><td></td><td></td><td></td><td></td><td></td><td></td><td></td><td></td><td></td><td></td><td></td></tr>
<tr><td></td><td></td><td></td><td></td><td></td><td></td><td></td><td></td><td></td><td></td><td></td><td></td></tr>
<tr><td></td><td></td><td></td><td></td><td></td><td></td><td></td><td></td><td></td><td></td><td></td><td></td></tr>
<tr><td></td><td></td><td></td><td></td><td></td><td></td><td></td><td></td><td></td><td></td><td></td><td></td></tr>
<tr><td></td><td></td><td></td><td></td><td></td><td></td><td></td><td></td><td></td><td></td><td></td><td></td></tr>
<tr><td></td><td></td><td></td><td></td><td></td><td></td><td></td><td></td><td></td><td></td><td></td><td></td></tr>
</table>

分析：　　　　　　校对：　　　　　　审核：　　　　　　报告日期：　　年　　月　　日

附录 3-5 原子吸收分光光度法原始记录表

×环（检）字【 】第 号 第 页，共 页

<table>
<tr><td>测定项目</td><td colspan="2"></td><td>方法名称</td><td colspan="2"></td><td>送样日期</td><td></td><td rowspan="2">环境条件</td><td>温度/℃</td><td></td></tr>
<tr><td>仪器名称、型号</td><td colspan="2"></td><td>方法依据</td><td colspan="2"></td><td>分析日期</td><td></td><td>湿度/%</td><td></td></tr>
<tr><td>仪器编号</td><td colspan="2"></td><td>波长/nm</td><td></td><td>狭缝/nm</td><td></td><td>灯电流/mA</td><td></td><td>火焰条件</td><td></td></tr>
<tr><td rowspan="4">标准曲线</td><td>浓度系列/（mg/L）</td><td></td><td></td><td></td><td></td><td></td><td></td><td></td><td></td><td></td></tr>
<tr><td>吸光度（A_i）</td><td></td><td></td><td></td><td></td><td></td><td></td><td></td><td></td><td></td></tr>
<tr><td>$A_i-A_{0\,均值}$</td><td colspan="2">$A_{0\,均值}=$</td><td></td><td></td><td></td><td></td><td></td><td></td><td></td></tr>
<tr><td>回归方程</td><td colspan="2">$r=$</td><td colspan="2">$a=$</td><td colspan="3">$b=$</td><td colspan="2">$y=bx+a$</td></tr>
<tr><td>样品前处理</td><td colspan="10"></td></tr>
<tr><td>样品名称及编号</td><td>稀释方法</td><td>取样体积/mL</td><td>查曲线值/（mg/L）</td><td>计算结果/（mg/L）</td><td>报出结果/（mg/L）</td><td colspan="5">备注</td></tr>
<tr><td></td><td></td><td></td><td></td><td></td><td></td><td colspan="5" rowspan="4"></td></tr>
<tr><td></td><td></td><td></td><td></td><td></td><td></td></tr>
<tr><td></td><td></td><td></td><td></td><td></td><td></td></tr>
<tr><td></td><td></td><td></td><td></td><td></td><td></td></tr>
</table>

分析： 校对： 审核： 报告日期： 年 月 日

附录 3-6 容量法原始记录表

（检）字【　　　】第　　　　号　　　　　　　　　　　　　　第　　页，共　　页

分析项目		接样时间		分析时间	
分析方法			方法依据		
标液名称		标液浓度		滴定管规格及编号	
样品前处理情况：					

样品名称及编号	稀释方法	取样量/mL	消耗标准溶液体积/mL	计算结果/（mg/L）	报出结果/（mg/L）	备注

分析：　　　　　　　校对：　　　　　　　审核：　　　　　　　报告日期：　　年　　月　　日

附录 3-7 pH 分析原始记录表

（检）字【　】第　　号　　　　　　　　　　　　　　　　第　页，共　页

采样日期				分析日期			
分析方法				仪器名称型号			
方法依据				仪器编号			
标准缓冲溶液温度/℃		标准缓冲溶液定位值Ⅰ		标准缓冲溶液定位值Ⅱ		标准缓冲溶液定位值Ⅲ	

样品名称及编号	水温/℃	pH	备注

分析：　　　　　　校对：　　　　　　审核：　　　　　　报告日期：　　年　　月　　日

附录 3-8 标准溶液配制及标定记录表

环（检）字【　　　】第　　　号　　　　　　第　　页，共　　页

基准试剂恒重	基准试剂		恒重日期	年　月　日			
	烘箱名称型号		烘箱编号				
	天平名称型号		天平编号				
	干燥次数	第一次	第二次	第三次	第四次		
	干燥温度/℃						
	干燥时间/h						
	总量/g						
基准溶液配制	基准试剂		配制日期	年　月　日			
	样品编号	1#	2#	3#	4#		
	$W_{始}$/g						
	$W_{末}$/g						
	$W_{净}$/g						
	定容体积 $V_{定}$/mL						
	配制浓度 $C_{基}$/（mol/L）						
标准溶液标定	待标溶液		滴定管规格及编号		标定日期		
	标定编号	空白 1	空白 2	1#	2#	3#	4#
	基准溶液体积 $V_{基}$/mL						
	标准溶液消耗体积 $V_{标}$/mL						
	计算浓度 $C_{标}$/（mol/L）						
	平均浓度 $C_{标}$/（mol/L）						
	相对偏差/%						

基准溶液浓度计算：

$$C_{基}\text{(mol/L)} = 1\,000 \times W_{净}/M/V_{定}$$

注：M——基准试剂摩尔质量

标准溶液浓度计算：

$$C_{标}\text{(mol/L)} = C_{基} \times V_{基}/V_{标}$$

或　$$C_{标}\text{(mol/L)} = 1\,000 \times W_{净}/M/V_{定}$$

备注：

分析：　　　　校对：　　　　审核：　　　　报告日期：　　年　　月　　日

附录 3-9 作业指导书样例
（氮氧化物化学发光测试仪作业指导书）

1 概述

1.1 适用范围

本作业指导书适用于化学发光法测试仪测定固定源排气中氮氧化物。

1.2 方法依据

本方法依据《固定污染源排气中颗粒物测定与气态污染物采样方法》（GB/T 16157—1996）、《固定源废气监测技术规范》（HJ/T 397—2007）以及 USEPA Method 7E。

1.3 方法原理及操作概要

试样气体中的一氧化氮（NO）与臭氧（O_3）反应，变成二氧化氮（NO_2）。NO_2 变为激发态（NO_2^*）后在进入基态时会放射光，这一现象就是化学发光。

$$NO+O_3 \longrightarrow NO_2^*+O_2$$

$$NO_2^* \longrightarrow NO_2+h\nu$$

这一反应非常快且只有 NO 参与，几乎不受其他共存气体的影响。NO 为低浓度时，发光光量与浓度成正比。

2 测试仪器

便携式氮氧化物化学发光法测试仪

3 测试步骤

3.1 接通电源开关，让测试仪预热。

3.2 设置当次测试的日期及时间。

3.3 预热结束后，将量程设置为实际使用的量程，并进行校正。

从菜单中选择“校正”。进入校正画面后，自动切换成NO管路（不通过NO_x转换器的管路）。

3.3.1 量程气体浓度设置

1）按下后，设置量程气体浓度。

2）根据所使用的量程气体，变更浓度设置。

3）设置量程气体钢瓶的浓度，按下“enter”。

4）按下“back”键，决定变更内容后，返回到校正画面。

3.3.2 零点校正（校正时请先执行零点校正）

1）选择校正管路。进行零点校正的组分在校正类别中选择“zero”。

2）流入N_2气体后，等待稳定。

3）指示值稳定后按下。

4）按下“是”进行校正。完成零点校正。

3.3.3 量程校正

1）为了进行NO的量程校正，NO以外选择“—”，只有NO选择“span”。

2）校正类别中选择“span”的组分会显示窗口，用于确认校正量程和量程气体浓度。确认内容后，按下“OK”返回到校正画面。

3）流入CO气体后，等待稳定。

4）指示值稳定后按下。

5）按下“是”进行校正。

3.4 完成所有的校正后，按下返回到菜单画面、测量画面。

3.5 从测量画面按下每个组分的量程按钮，按组分设置测量浓度的量程。每个组分的测量值/换算值/滑动平均值/累计值量程及校正量程是通用的。变更任何一个值的量程，其他值的量程也会跟着变更。模拟输出的满刻度值也会同时变更。

3.5.1 选择想要变更的组分的量程。

3.5.2 选择想要变更的量程，按下“OK”决定。

3.6 测试过程数据记录保存

3.6.1 将有足够剩余空间且未 LOCK 的 SD 卡插入分析仪正面的 SD 卡插槽中。

3.6.2 从菜单 2/5 中选择“数据记录”。

3.6.3 选择“记录间隔”。

3.6.4 按下前进、后退键选择记录间隔，再按下“OK”决定。

3.6.5 选择保存文件夹。

3.6.6 选择保存文件夹后，按下  。

3.6.7 确认开始记录时，按下“是”开始。

如果开始记录，记录状态就会从记录停止中变为记录中，同时 MEM LED 会亮黄灯。

3.6.8 停止记录时，请再次按下。确认停止记录时，按下“是”停止记录。

3.6.9 记录状态会再次从记录中变为记录停止中，同时 MEM LED 会熄灭。

4 测试结束

4.1 通过采样探头等吸入大气至读数降回到零点附近。

4.2 从菜单中选择测量结束。

4.3 按下“是”结束处理。

4.4 完成测量结束处理，显示关闭电源的信息后，请关闭电源开关。

附录 4

自行监测相关标准规范

附录 4-1 污染物排放标准及环境质量标准

序号	标准名称及标准号
1	《钢铁工业水污染物排放标准》（GB 13456—2012）
2	《污水综合排放标准》（GB 8978—1996）
3	《锅炉大气污染物排放标准》（GB 13271—2014）
4	《火电厂大气污染物排放标准》（GB 13223—2011）
5	《大气污染物综合排放标准》（GB 16297—1996）
6	《恶臭污染物排放标准》（GB 14554—93）
7	《危险废物焚烧污染控制标准》（GB 18484—2020）
8	《工业企业厂界环境噪声排放标准》（GB 12348—2008）
9	《地表水环境质量标准》（GB 3838—2002）
10	《海水水质标准》（GB 3097—1997）
11	《地下水质量标准》（GB/T 14848—2017）
12	《声环境质量标准》（GB 3096—2008）
13	《环境空气质量标准》（GB 3095—2012）
14	《土壤环境质量 农用地土壤污染风险管控标准（试行）》（GB 15618—2018）
15	《土壤环境质量 建设用地土壤污染风险管控标准（试行）》（GB 36600—2018）

注：标准统计截至 2020 年 12 月。

附录 4-2　相关监测技术规范

标准分类	标准号	标准名称
废气监测技术规范类	HJ 75—2017	《固定污染源烟气（SO_2、NO_x、颗粒物）排放连续监测技术规范》
	HJ 76—2017	《固定污染源烟气（SO_2、NO_x、颗粒物）排放连续监测系统技术要求及检测方法》
	HJ/T 397—2007	《固定源废气监测技术规范》
	HJ/T 55—2000	《大气污染物无组织排放监测技术导则》
	GB/T 16157—1996	《固定污染源排气中颗粒物测定与气态污染物采样方法》
	HJ 905—2017	《恶臭污染环境监测技术规范》
废水监测技术规范类	HJ 91.1—2019	《污水监测技术规范》
	HJ 91.2—2022	《地表水环境质量监测技术规范》
	HJ/T 92—2002	《水污染物排放总量监测技术规范》
	HJ 353—2019	《水污染源在线监测系统（COD_{Cr}、NH_3-N 等）安装技术规范》
	HJ 354—2019	《水污染源在线监测系统（COD_{Cr}、NH_3-N 等）验收技术规范》
	HJ 355—2019	《水污染源在线监测系统（COD_{Cr}、NH_3-N 等）运行技术规范》
	HJ 356—2019	《水污染源在线监测系统（COD_{Cr}、NH_3-N 等）数据有效性判别技术规范》
	HJ 493—2009	《水质　样品的保存和管理技术规定》
	HJ 494—2009	《水质　采样技术指导》
	HJ 495—2009	《水质　采样方案设计技术规定》
	HJ 377—2019	《化学需氧量（COD_{Cr}）水质在线自动监测仪技术要求及检测方法》
	HJ 101—2019	《氨氮水质在线自动监测仪技术要求及检测方法》
	HJ 609—2019	《六价铬水质自动在线监测仪技术要求及检测方法》
	HJ/T 102—2003	《总氮水质自动分析仪技术要求》
	HJ/T 103—2003	《总磷水质自动分析仪技术要求》
	HJ 798—2016	《总铬水质自动在线监测仪技术要求及检测方法》
	HJ 212—2017	《污染物在线监控（监测）系统数据传输标准》
	HJ 477—2009	《污染源在线自动监控（监测）数据采集传输仪技术要求》
	HJ 15—2019	《超声波明渠污水流量计技术要求及检测方法》

标准分类	标准号	标准名称
噪声监测技术规范类	HJ 706—2014	《环境噪声监测技术规范　噪声测量值修正》
	HJ 707—2014	《环境噪声监测技术规范　结构传播固定设备噪声》
其他技术规范类	HJ/T 166—2004	《土壤环境监测技术规范》
	HJ 91.2—2022	《地表水环境质量监测技术规范》
	HJ/T 164—2020	《地下水环境监测技术规范》
	HJ 194—2017	《环境空气质量手工监测技术规范》
	HJ 442.8—2020	《近岸海域环境监测技术规范　第八部分　直排海污染源及对近岸海域水环境影响监测》
	HJ 2.1—2016	《环境影响评价技术导则　总纲》
	HJ 2.3—2018	《环境影响评价技术导则　地表水环境》
	HJ 610—2016	《环境影响评价技术导则　地下水环境》
	HJ 819—2017	《排污单位自行监测技术指南　总则》
	HJ 820—2017	《排污单位自行监测技术指南　火力发电及锅炉》
	HJ 854—2017	《排污许可证申请与核发技术规范　炼焦化学工业》
	HJ 878—2017	《排污单位自行监测技术指南　钢铁工业及炼焦化学工业》
	HJ/T 373—2007	《固定污染源监测质量保证与质量控制技术规范（试行）》

注：标准统计截至 2020 年 12 月。

附录 4-3　废水污染物相关监测方法标准

序号	监测项目	分析方法
1	pH	《水质　pH 的测定　电极法》（HJ 1147—2020）
2		《水和废水监测分析方法》（第四版）国家环保总局（2002）3.1.6.2
3	水温	《水质　水温的测定　温度计或颠倒温度计测定法》（GB 13195—1991）
4	色度	《水质　色度的测定》（GB 11903—1989） 《水质　色度的测定　稀释倍数法》（HJ 1182—2021）
5	悬浮物	《水质　悬浮物的测定　重量法》（GB 11901—1989）
6	硫化物	《水质　硫化物的测定　流动注射-亚甲基蓝分光光度法》（HJ 824—2017）
7	硫化物	《水质　硫化物的测定　气相分子吸收光谱法》（HJ/T 200—2005）
8	硫化物	《水质　硫化物的测定　碘量法》（HJ/T 60—2000）

序号	监测项目	分析方法
9	硫化物	水质　硫化物的测定　亚甲基蓝分光光度法（HJ 1226—2021）
10	化学需氧量	《水质　化学需氧量的测定　重铬酸盐法》（HJ 828—2017）
11	化学需氧量	《水质　化学需氧量的测定　快速消解分光光度法》（HJ/T 399—2007）
12	化学需氧量	《高氯废水 化学需氧量的测定　碘化钾碱性高锰酸钾法》（HJ/T 132—2003）
13	化学需氧量	《高氯废水 化学需氧量的测定　氯气校正法》（HJ/T 70—2001）
14	五日生化需氧量	《水质　五日生化需氧量（BOD_5）的测定　稀释与接种法》（HJ 505—2009）
15	氨氮	《水质　氨氮的测定　连续流动-水杨酸分光光度法》（HJ 665—2013）
16	氨氮	《水质　氨氮的测定　流动注射-水杨酸分光光度法》（HJ 666—2013）
17	氨氮	《水质　氨氮的测定　蒸馏-中和滴定法》（HJ 537—2009）
18	氨氮	《水质　氨氮的测定　纳氏试剂分光光度法》（HJ 535—2009）
19	氨氮	《水质　氨氮的测定　水杨酸分光光度法》（HJ 536—2009）
20	氨氮	《水质　氨氮的测定　气相分子吸收光谱法》（HJ/T 195—2005）
21	总氮	《水质　总氮的测定　连续流动-盐酸萘乙二胺分光光度法》（HJ 667—2013）
22	总氮	《水质　总氮的测定　流动注射-盐酸萘乙二胺分光光度法》（HJ 668—2013）
23	总氮	《水质　总氮的测定　碱性过硫酸钾消解紫外分光光度法》（HJ 636—2012）
24	总氮	《水质　总氮的测定　气相分子吸收光谱法》（HJ/T 199—2005）
25	总磷	《水质　磷酸盐和总磷的测定　连续流动-钼酸铵分光光度法》（HJ 670—2013）
26	总磷	《水质　总磷的测定　流动注射-钼酸铵分光光度法》（HJ 671—2013）
27	总磷	《水质　总磷的测定　钼酸铵分光光度法》（GB 11893—1989）
28	氯离子	《水质　无机阴离子（F^-、Cl^-、NO_2^-、Br^-、NO_3^-、PO_4^{3-}、SO_3^{2-}、SO_4^{2-}）的测定　离子色谱法》（HJ 84—2016）
29	动植物油类	《水质　石油类和动植物油类的测定　红外分光光度法》（HJ 637—2018）
30	总铬	《水质　铬的测定　火焰原子吸收分光光度法》（HJ 757—2015）
31	总铬	《水质　总铬的测定》（GB/T 7466—1987）
32	六价铬	《水质　六价铬的测定　流动注射-二苯碳酰二肼光度法》（HJ 908—2017）
33	六价铬	《水质　六价铬的测定　二苯碳酰二肼分光光度法》（GB/T 7467—1987）

注：标准统计截至 2020 年 12 月。

附录 4-4 废气污染物相关监测方法标准

序号	监测项目	分析方法名称及编号
1	二氧化硫	《固定污染源废气 二氧化硫的测定 便携式紫外吸收法》（HJ 1131—2020）
2	二氧化硫	《环境空气 二氧化硫的自动测定 紫外荧光法》（HJ 1044—2019）
3	二氧化硫	《固定污染源废气 二氧化硫的测定 定电位电解法》（HJ 57—2017）
4	二氧化硫	《固定污染源废气 二氧化硫的测定 非分散红外吸收法》（HJ 629—2011）
5	二氧化硫	《环境空气 二氧化硫的测定 甲醛吸收-副玫瑰苯胺分光光度法》（HJ 482—2009）
6	二氧化硫	《环境空气 二氧化硫的测定 四氯汞盐吸收-副玫瑰苯胺分光光度法》（HJ 483—2009）
7	二氧化硫	《固定污染源排气中二氧化硫的测定 碘量法》（HJ/T 56—2000）
8	氮氧化物	《固定污染源废气 氮氧化物的测定 便携式紫外吸收法》（HJ 1132—2020）
9	氮氧化物	《环境空气 氮氧化物的自动测定 化学发光法》（HJ 1043—2019）
10	氮氧化物	《固定污染源废气 氮氧化物的测定 非分散红外吸收法》（HJ 692—2014）
11	氮氧化物	《固定污染源废气 氮氧化物的测定 定电位电解法》（HJ 693—2014）
12	氮氧化物	《固定源排气 氮氧化物的测定 酸碱滴定法》（HJ 675—2013）
13	氮氧化物	《环境空气 氮氧化物（一氧化氮和二氧化氮）的测定 盐酸萘乙二胺分光光度法》（HJ 479—2009）
14	氮氧化物	《固定污染源排气中氮氧化物的测定 紫外分光光度法》（HJ/T 42—1999）
15	氮氧化物	《固定污染源排气中氮氧化物的测定 盐酸萘乙二胺分光光度法》（HJ/T 43—1999）
16	颗粒物	《固定污染源废气 低浓度颗粒物的测定 重量法》（HJ 836—2017）
17	颗粒物	《固定污染源排气中颗粒物测定与气态污染物采样方法》（GB/T 16157—1996）
18	颗粒物	《环境空气 总悬浮颗粒物的测定 重量法》（HJ 1263—2022）
19	颗粒物	《锅炉烟尘测试方法》（GB 5468—1991）
20	苯	《固定污染源废气 挥发性有机物的测定 固相吸附-热脱附 气相色谱-质谱法》（HJ 734—2014）
21	苯	《环境空气 挥发性有机物的测定 吸附管采样-热脱附/气相色谱-质谱法》（HJ 644—2013）
22	苯	《环境空气 苯系物的测定 固体吸附/热脱附-气相色谱法》（HJ 583—2010）

序号	监测项目	分析方法名称及编号
23	苯	《环境空气 苯系物的测定 活性炭吸附/二硫化碳解吸-气相色谱法》（HJ 584—2010）
24	苯	《工作场所空气有毒物质测定 芳香烃类化合物》（GBZ/T 160.42—2007）
25	甲苯	《挥发性有机物的测定 固相吸附-热脱附 气相色谱-质谱法》（HJ 734—2014）
26	甲苯	《环境空气 挥发性有机物的测定 吸附管采样-热脱附/气相色谱-质谱法》（HJ 644—2013）
27	甲苯	《环境空气 苯系物的测定 固体吸附/热脱附-气相色谱法》（HJ 583—2010）
28	甲苯	《环境空气 苯系物的测定 活性炭吸附/二硫化碳解吸-气相色谱法》（HJ 584—2010）
29	甲苯	《工作场所空气有毒物质测定 芳香烃类化合物》（GBZ/T 160.42—2007）
30	二甲苯	《固定污染源废气 挥发性有机物的测定 固相吸附-热脱附 气相色谱-质谱法》（HJ 734—2014）
31	二甲苯	《环境空气 挥发性有机物的测定 吸附管采样-热脱附/气相色谱-质谱法》（HJ 644—2013）
32	二甲苯	《环境空气 苯系物的测定 固体吸附/热脱附-气相色谱法》（HJ 583—2010）
33	二甲苯	《环境空气 苯系物的测定 活性炭吸附/二硫化碳解吸-气相色谱法》（HJ 584—2010）
34	二甲苯	《工作场所空气有毒物质测定 芳香烃类化合物》（GBZ/T 160.42—2007）
35	非甲烷总烃	《固定污染源废气 总烃、甲烷和非甲烷总烃的测定 气相色谱法》（HJ 38—2017）
36	非甲烷总烃	《环境空气 总烃、甲烷和非甲烷总烃的测定 直接进样-气相色谱法》（HJ 604—2017）
37	氨	《空气 氨、甲胺、二甲胺和三甲胺的测定 离子色谱法》（HJ 1076—2019）
38	氨	《环境空气 氨的测定 次氯酸钠-水杨酸分光光度法》（HJ 534—2009）
39	氨	《环境空气和废气 氨的测定 纳氏试剂分光光度法》（HJ 533—2009）
40	氨	《空气质量 氨的测定 离子选择电极法》（GB/T 14669—1993）
41	硫化氢	《固定污染源排气中颗粒物测定与气态污染物采样方法》（GB/T 16157—1996）
42	硫化氢	《空气质量 硫化氢、甲硫醇、甲硫醚和二甲二硫的测定 气相色谱法》（GB/T 14678—1993）
43	臭气浓度	《空气质量 恶臭的测定 三点比较式臭袋法》（GB/T 14675—1993）
44	其他	《大气污染物综合排放标准》（GB 16297—1996）

注：标准统计截至 2020 年 12 月。

附录 4-5　危险废物相关监测方法标准

序号	分析方法名称及编号
1	《固体废物鉴别标准　通则》（GB 34330—2017）
2	《危险废物鉴别技术规范》（HJ/T 298—2019）
3	《危险废物鉴别标准　腐蚀性鉴别》（GB 5085.1—2007）
4	《危险废物鉴别标准　急性毒性初筛》（GB 5085.2—2007）
5	《危险废物鉴别标准　浸出毒性鉴别》（GB 5085.3—2007）
6	《危险废物鉴别标准　易燃性鉴别》（GB 5085.4—2007）
7	《危险废物鉴别标准　反应性鉴别》（GB 5085.5—2007）
8	《危险废物鉴别标准　毒性物质含量鉴别》（GB 5085.6—2007）

注：标准统计截至 2020 年 12 月。

附录 4-6　固体废物相关监测方法标准

序号	分析方法名称及编号
1	《固体废物　有机物的提取　加压流体萃取法》（HJ 782—2016）
2	《固体废物　挥发性有机物的测定　顶空-气相色谱法》（HJ 760—2015）
3	《固体废物　总铬的测定　石墨炉原子吸收分光光度法》（HJ 750—2015）
4	《固体废物　总铬的测定　火焰原子吸收分光光度法》（HJ 749—2015）
5	《固体废物　六价铬的测定　碱消解/火焰原子吸收分光光度法》（HJ 687—2014）
6	《固体废物　挥发性有机物的测定　顶空/气相色谱-质谱法》（HJ 643—2013）
7	《固体废物　总铬的测定　硫酸亚铁铵滴定法》（GB/T 15555.8—1995）
8	《固体废物　六价铬的测定　硫酸亚铁铵滴定法》（GB/T 15555.7—1995）
9	《固体废物　总铬的测定　直接吸入火焰原子吸收分光光度法》（GB/T 15555.6—1995）
10	《固体废物　六价铬的测定　二苯碳酰二肼分光光度法》（GB/T 15555.4—1995）
11	《固体废物　总铬的测定　二苯碳酰二肼分光光度法》（GB/T 15555.5—1995）

注：标准统计截至 2020 年 12 月。

附录 5

自行监测方案参考模板

××有限公司
自行监测方案

企业名称：××有限公司

编制时间：××年××月

一、企业概况

（一）基本情况

主要介绍排污单位的地理位置、生产规模、产品生产情况、人员等基本信息。如××有限公司位于××市××路××号，成立于××年××月，××年××月，××集团整体上市后，成立新的××股份公司，××有限公司成为××股份公司的子公司。公司用地面积为××m^2，现有员工××余名。××有限公司目前主要产品有××、××、××、××……，年产量分别为××、××、××、××……

根据《排污单位自行监测技术指南　总则》（HJ 819—2017）及《排污单位自行监测指南　钢铁工业及炼焦化学工业》（HJ 878—2017）要求，××有限公司根据实际生产情况，查清本单位的污染源、污染物指标及潜在的环境影响，制定了本公司环境自行监测方案。

（二）排污及治理情况

主要介绍排污单位生产的工业流程，并分析产排污节点及污染治理的情况。如××厂区主要生产工序有炼焦、烧结、球团、炼铁、炼钢、轧钢等。

1．废水污染物产生的主要环节包括炼焦、烧结、球团、炼铁、炼钢、轧钢等。这些环节产生的废水经过管道集中送入污水处理站集中处理，处理达到《钢铁工业水污染物排放标准》（GB 13456—2012）排放标准后，排入××河。在污水治理方面，我公司投资近××亿元，采用“絮凝沉淀+水解酸化+全混氧化+MBR+芬顿氧化”工艺。

2．废气污染物产生的主要环节包括焦炉烟囱、烧结机头、球团焙烧、污水处理等过程。主要污染物有颗粒物、氮氧化物、二氧化硫、苯并[a]芘、氟化物、二噁英类、非甲烷总烃、氰化氢、氨、硫化氢、酚类、氯化氢、硫酸雾、硝酸雾、铬酸雾、碱雾、苯、甲苯、二甲苯。在废气治理方面，我公司采用袋式除尘器、

SDS 脱硫、SCR 脱硝等工艺，建成配套完善的废气治理设施。

3．噪声主要由破碎设备、筛分设备、风机、空压机、水泵等高噪声机械产生。我公司尽量选择性能优良的设备，通过加强设备维修、合理布局、弹性减振等措施降低噪声影响。

4．固体废物主要包括除尘灰、烧结球团脱硫石膏、炼焦煤粉、炼钢钢渣等。这些固体废物根据《国家危险废物名录》或国家规定的危险废物鉴别标准和鉴别方法进行分类管理，属于危险废物的委托有资质的××公司进行处理，按照危险废物管理程序进行申报、记录、处理。

二、企业自行监测开展情况说明

主要介绍排污单位废水、废气、噪声、周边环境质量影响等开展的监测项目、采取的监测方式等的总体概况。如公司自行监测手段采用手动监测和自动监测相结合的方式，监测分析采取自主监测和委托第三方检测机构相结合的方式。

通过梳理公司相关项目的环评及批复、排污许可证及废水、废气、噪声执行的相关标准，对照单位生产及产排污情况，确定自行监测应开展的监测点位、监测指标、采用的监测分析方法及监测过程中应采取的质量控制和保证措施。

三、监测方案

本部分是排污单位自行监测方案的核心部分，是自行监测内容的具体化、细化。按照废水、废气、噪声、周边环境等不同污染类型以不同监测点位分别列出各监测指标的监测频次、监测方法、执行标准等监测要求。

（一）有组织废气监测方案

1．有组织废气监测项目、监测点位及监测频次等见表 1。

表 1　有组织废气监测内容

类型	排放源	监测项目	监测点位	监测频次	监测方式	自动监测是否联网
废气有组织排放	烧结机头	颗粒物	排气筒	自动监测	自动监测	是
		氮氧化物	排气筒	自动监测	自动监测	是
		二氧化硫	排气筒	自动监测	自动监测	是
		氟化物	排气筒	季度	手工监测	—
		二噁英类	排气筒	年	手工监测	—
	燃气锅炉	二氧化硫	排气筒	自动监测	自动监测	是
		氮氧化物	排气筒	自动监测	自动监测	是
		颗粒物（烟尘）	排气筒	自动监测	自动监测	是
		林格曼黑度	排气筒	季	手工监测	—
……	……	……	……	……	……	……

注：同步监测烟气参数（动压、静压、烟温、氧含量及湿度）

2．有组织废气排放监测方法及依据等见表 2。

表 2　有组织废气排放监测方法及依据

序号	监测项目	监测方法及依据	分析仪器
1	颗粒物	《固定污染源排气中颗粒物测定与气态污染物采样方法》（GB/T 16157—1996）、《固定污染源废气中低浓度颗粒物的测定　重量法》（HJ 836—2017）	智能烟尘平行采样仪电子分析天平
2	二氧化硫	《固定污染源废气　二氧化硫的测定　定电位电解法》（HJ 57—2017）、《固定污染源废气　二氧化硫的测定　非分散红外吸收法》（HJ 629-2011）、《固定污染源废气　二氧化硫的测定　便携式紫外吸收法》（HJ 1131—2020）	综合烟气分析仪、便携式红外线烟气分析仪、便携式紫外线烟气分析仪
3	氮氧化物	《固定污染源废气　氮氧化物的测定　定电位电解法》（HJ 693—2014）、《固定污染源废气　氮氧化物的测定　非分散红外吸收法》（HJ 692—2014）、《固定污染源废气　氮氧化物的测定　便携式紫外吸收法》（HJ 1132—2020）	综合烟气分析仪、便携式红外线烟气分析仪、便携式紫外线烟气分析仪

序号	监测项目	监测方法及依据	分析仪器
4	氨	《环境空气和废气　氨的测定　纳氏试剂分光光度法》（HJ 533—2009）	分光光度计
5	硫化氢	《固定污染源排气中颗粒物测定与气态污染物采样方法》（GB/T 16157—1996）、《空气质量　硫化氢、甲硫醇、甲硫醚和二甲二硫的测定　气相色谱法》（GB/T 14678—1993）	气相色谱仪
6	苯	《固定污染源废气　挥发性有机物的测定　固相吸附-热脱附　气相色谱-质谱法》（HJ 734—2014）	气相色谱仪
7	甲苯		
8	二甲苯		
……	……	……	……

3．有组织废气排放监测结果执行标准见表 3。

表 3　有组织废气排放监测结果执行标准　　单位：mg/m^3

序号	监测点位	监测项目	执行标准限值	执行标准
1	焦炉烟囱	颗粒物	30	《炼焦化学工业污染物排放标准》（GB 16171—2012）
2		二氧化硫	50	
3		氮氧化物	500	
4	烧结机头	颗粒物	20	《钢铁烧结、球团工业大气污染物排放标准》（GB 28662—2012）及其修改单
5		二氧化硫	50	
6		氮氧化物	100	
7		氟化物	6	
8		二噁英	1.0（$ngTEQ/m^3$）	
……	……	……	……	……

（二）无组织废气排放监测方案

1．无组织废气监测点位、监测项目及监测频次等见表 4、表 5，监测项目是在梳理有组织废气排放污染物的基础上确定的。

表 4 车间无组织废气污染源监测内容

类型	监测点位	监测项目	监测频次	监测方式	自主/委托
无组织废气排放	烧结生产车间	颗粒物	1 次/年	手工	自主
	炼焦焦炉	颗粒物	1 次/季度	手工	自主
		苯并[a]芘		手工	自主
		硫化氢		手工	自主
		氨		手工	自主
		苯可溶物		手工	自主
	……	……	……	……	……

表 5 厂界无组织废气污染源监测内容

类型	监测点位	监测项目	监测频次	监测方式	自主/委托
无组织废气排放	焦化厂界	总悬浮颗粒物	1 次/季度	手工	自主
		酚类		手工	自主
		苯		手工	自主
		氮氧化物		手工	自主
		硫化氢		手工	自主
		二氧化硫		手工	自主
		氰化氢		手工	自主
		苯并[a]芘		手工	自主
		氨（氨气）		手工	自主
	……	……	……	……	……

2. 无组织废气排放监测方法及依据见表 6。

表 6 无组织废气排放监测方法及依据

序号	监测项目	监测方法及依据	分析仪器
1	臭气浓度	《空气质量 恶臭的测定 三点比较式臭袋法》（GB/T 14675—1993）	真空瓶或气袋
2	氨	《环境空气和废气 氨的测定 纳氏试剂分光光度法》（HJ 533—2009）	分光光度计
3	硫化氢	《空气质量 硫化氢、甲硫醇、甲硫醚和二甲二硫的测定 气相色谱法》（GB/T 14678—1993）	气相色谱仪

序号	监测项目	监测方法及依据	分析仪器
4	非甲烷总烃	《环境空气 总烃、甲烷和非甲烷总烃的测定 直接进样-气相色谱法》（HJ 604—2017）	气相色谱仪
5	颗粒物	《环境空气 总悬浮颗粒物的测定 重量法》（HJ 1263—2022）	智能烟尘平行采样仪电子分析天平
6	苯	《环境空气 挥发性有机物 罐采样 气相色谱-质谱法》（HJ 759—2015）	气相色谱仪
7	甲苯		
8	二甲苯		
9	……	……	……

3．无组织废气排放监测结果执行标准见表7。

表7 无组织废气排放监测结果执行标准 单位：mg/m³ 臭气浓度：量纲一

序号	监测项目	执行标准名称	标准限值
1	臭气浓度	《恶臭污染物排放标准》（GB 14554—1993）	20
2	氨	《恶臭污染物排放标准》（GB 14554—1993）	1.5
3	硫化氢	《恶臭污染物排放标准》（GB 14554—1993）	0.06
4	非甲烷总烃	《挥发性有机物排放控制标准》（DB ×××××××××）	4
5	苯	《工业企业挥发性有机物排放控制标准》（DB ×××××××××）	0.1
6	甲苯		0.6
7	二甲苯		0.2
8	……	……	……

（三）废水监测方案

1．废水监测点位、监测项目及监测频次见表8。

表 8　废水污染源监测内容

序号	监测点位	监测项目	监测频次	监测方式	自主/委托
1	废水总排放口	流量、pH、化学需氧量、氨氮	连续	自动	委托
2		总氮、总磷、石油类	1 次/周	手工	自主
3	车间或生产设施废水排放口	流量、总砷、总铅	1 次/月	手工	自主
5	雨水排放口	化学需氧量、悬浮物、氨氮、石油类	1 次/日（排放期间）	手工	自主
6	……	……	……	……	……
备注	化学需氧量和氨氮为自动监测，每 2 小时测量 1 次，当自动监测设备发生故障时改为手工监测，监测频率为每天不少于 4 次，间隔不超过 6 小时				

2．废水污染物监测方法及依据情况见表 9。

表 9　废水污染物监测方法及依据

序号	监测项目	监测方法及依据	分析仪器
1	pH	《水质　pH 的测定　玻璃电极法》（GB/T 6920—1986）	pH 计
……	……	……	……

3．废水污染物监测结果评价标准见表 10。

表 10　废水污染物监测结果评价标准　　单位：mg/L（pH、色度除外）

序号	监测点位	污染物种类	执行标准	标准限值
1	废水总排放口	pH	钢铁工业水污染物排放标准（GB 13456—2012）及其修改单	6～9
2		化学需氧量		300

序号	监测点位	污染物种类	执行标准	标准限值
	废水总排放口		钢铁工业水污染物排放标准（GB 13456—2012）及其修改单	
3	雨水排放口	化学需氧量	参照《污水综合排放标准》（GB 8978—1996）表4 一级	100
4		悬浮物		70
……	……	……	……	……

（四）厂界环境噪声监测方案

1．厂界环境噪声监测内容见表11。

表11 厂界环境噪声监测内容（L_{eq}） 单位：dB（A）

监测点位	主要噪声源	监测频次	执行标准	标准限值
东侧厂界（Z1）	破碎设备	1次/季	《工业企业厂界环境噪声排放标准》（GB 12348—2008）3类	昼间：65，夜间：55
南侧厂界（Z2）	空压机	1次/季		
西侧厂界（Z3）	筛分设备	1次/季		
北侧厂界（Z4）	风机	1次/季		
……	……	……	……	……

2．厂界环境噪声监测方法见表 12。

表 12 厂界环境噪声监测方法

监测项目	监测方法	分析仪器	备注
厂界环境噪声（*Leq*）	《工业企业厂界环境噪声排放标准》（GB 12348—2008）	AWA6270+噪声统计分析仪	昼间：6：00—22：00；夜间：22：00—6：00，昼夜各测一次

（五）周边环境质量影响监测方案

1．周边环境质量影响监测内容见表 13。

表 13 周边环境质量影响监测内容

监测项目	监测点位	污染物种类	监测频次	监测方式
地表水	1#地表水监测点位	pH、溶解氧、高锰酸盐指数、五日生化需氧量、氨氮、总磷	1 次/季度	手工
土壤	1#土壤监测点位	pH、阳离子交换量、镉、汞、砷、铜、铅、铬、锌、镍、多环芳烃、苯、甲苯、二甲苯	1 次/年	手工
……	……	……	……	……

2．周边环境质量影响监测方法及依据情况见表 14。

表 14 周边环境质量影响监测方法及依据

监测项目	污染物种类	监测方法及依据	分析仪器
地表水	pH	《水质 pH 的测定 玻璃电极法》（GB/T 6920—1986）	pH 计
	氨氮	《水质 氨氮的测定 纳氏试剂分光光度法》（HJ 535—2009）、《水质 氨氮的测定 水杨酸分光光度法》（HJ 536—2009）	分光光度计
	总磷（以 P 计）	《水质 总磷的测定 钼酸铵分光光度法》（GB 11893—1989）	分光光度计
	……	……	……

监测项目	污染物种类	监测方法及依据	分析仪器
土壤	砷	原子荧光法（GB/T 22105.2—2008）	原子荧光光度计
	镉	石墨炉原子吸收分光光度（GB/T 17141—1997）	分光光度计
	铜	火焰原子吸收分光光度法（GB/T 17138—1997）	分光光度计
	……	……	……

3．周边环境质量影响监测结果评价标准见表 15。

表 15　周边环境质量影响监测污染物排放执行标准

监测项目	监测点位	污染物种类	执行标准
地表水	1#地表水监测点位	pH	地表水环境质量标准（GB 3838—2002）
		溶解氧	
		氨氮	
		高锰酸盐指数	
		总磷	
		五日生化需氧量	
	……	……	……
土壤	1#土壤监测点位	pH	……
		砷	
		镉	
		铜	
	……	……	……

四、监测点位示意图

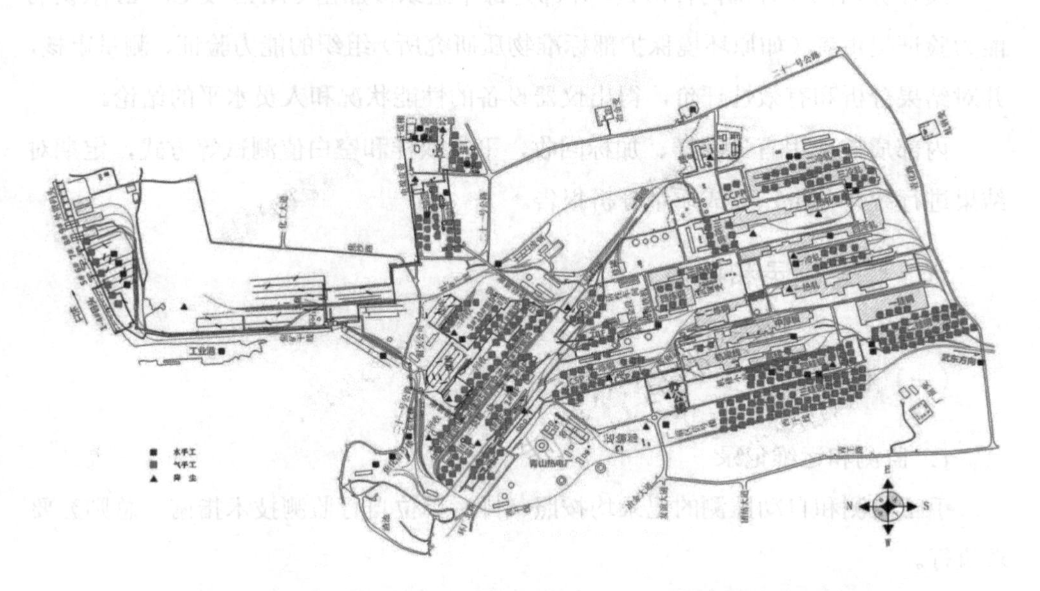

图 1　××有限公司××生产区废水、废气、噪声监测点位示意图

五、质量控制措施

主要从内部、外部对监测人员、实验室能力、监测技术规范、仪器设备、记录等质控管理提出适合本单位的质控管理措施。

例如，××有限公司自配有环境监测中心，中心实验室依据 CNAS-CL01：2006《检测和校准实验室能力认可准则》及化学检测领域应用说明建立质量管理体系，与所从事的环境监测活动类型、范围和工作量相适应，规范环境监测人、机、物、料、环、法的管理，满足认可体系共计 25 类质量和技术要素，实现了监测数据的“五性”目标。

监测中心制定《质量手册》《质量保证工作制度》《质量监督（员）管理制度》《监测结果质量控制程序》《监测数据控制与管理程序》《监测报告管理程序》，并依据管理制度每年制定“年度实验室质量控制计划”，得到有效实施。

质控分内部和外部两种形式，外部是每年组织参加由 CNAS 及 CNAS 承认的能力验证提供者（如原环境保护部标准物质研究所）组织的能力验证、测量审核，并对结果分析和有效性评价，得出仪器设备的性能状况和人员水平的结论。

内部质控使用有证标样、加标回收、平行双样和空白值测试等方式，定期对结果进行统计分析，形成质量分析报告。

六、信息记录和报告

（一）信息记录

1．监测和运维记录

手工监测和自动监测的记录均按照《排污单位自行监测技术指南　总则》要求执行。

2．生产运行状况记录

应记录除尘、脱硝、脱硫等工艺的基本情况，按班次记录氨水和尿素等含氨物质的消耗 情况、脱硫剂使用剂量、脱硫副产物产生量等，并记录除尘、脱硝、脱硫等设施运行、故障及维护情况。

（1）废水处理设施运行情况

应记录废水处理工艺的基本情况，按班次记录废水累计流量、药剂投加种类及投加量、污泥产生量等，并记录废水处理设施运行、故障及维护情况。

（2）噪声防护设施运行情况

应记录降噪设施的完好性及建设维护情况，记录相关参数。

3．一般工业固体废物和危险废物记录要求

记录表 16 中一般工业固体废物和危险废物的产生量、综合利用量、处置量、贮存量，危险废物还应详细记录其具体去向。原料或辅助工序中产生的其他危险废物的情况也应记录。

表 16　一般工业固体废物及危险固体废物来源

一般工业固体废物产生工序	一般工业固体废物名称	危险废物产生工序	危险废物名称
原料系统	除尘灰等	炼焦	精（蒸）馏等产生的残渣、焦粉、焦油渣、脱硫废液、筛焦过程产生的粉尘等
烧结、球团	除尘灰、脱硫石膏等	炼钢	电炉炼钢过程中集（除）尘装置收集的粉尘和废水处理污泥等
炼焦	煤粉等		
炼铁	除尘灰、瓦斯灰泥、高炉渣等	轧钢	废酸、废矿物油等
炼钢	钢渣、废钢铁料、氧化铁皮等	其他可能产生的危险废物按照《国家危险废物名录》或国家规定的危险废物鉴别标准和鉴别方法认定	
轧钢	除尘灰、氧化铁皮等		

（二）信息报告

排污单位应编写自行监测年度报告，年度报告至少应包含以下内容：

1．监测方案的调整变化情况及变更原因。

2．企业及各主要生产设施（至少涵盖废气主要污染源相关生产设施）全年运行天数，各监测点、各监测指标全年监测次数、超标情况、浓度分布情况。

3．自行监测开展的其他情况说明。

4．实现达标排放所采取的主要措施。

5．按要求开展的周边环境质量影响状况监测结果。

（三）应急报告

监测结果出现超标的，排污单位应加密监测，并检查超标原因。短期内无法实现稳定达标排放的企业，应向生态环境主管部门提交事故分析报告，说明事故发生的原因，采取减轻或防止污染的措施，以及今后的预防及改进措施等。若因发生事故或者其他突发事件，排放的污水可能危及城镇排水与污水处理设施安全运行的，应当立即采取措施消除危害，并及时向城镇排水主管部门和生态环境主管部门等有关部门报告。

七、自行监测信息公布

（一）公布方式

手工监测数据通过"全国污染源监测信息管理与共享平台"、××等平台公开，自动监测数据通过××等平台进行公开。

（二）公布内容

1．基础信息，包括单位名称、组织机构代码、法定代表人、生产地址、联系方式，以及生产经营和管理服务的主要内容、产品及规模。

2．排污信息，包括主要污染物及特征污染物的名称、排放方式、排放口数量和分布情况、排放浓度和总量、超标情况，以及执行的污染物排放标准、核定的排放总量。

3．防治污染设施的建设和运行情况。

4．自行监测年度报告。

5．自行监测方案。

6．未开展自行监测的原因。

（三）公布时限

1．手动监测数据于监测完成后 5 个工作日内公布，自动监测数据实时公布。

2．每年 1 月底前公布上一年度自行监测年度报告。

3．企业基础信息随监测数据一并公布。

参考文献

[1] EPA Office of Wastewater Management-Water Permitting. Water permitting 101[EB/OL]. [2015-06-10]. http：//www. epa. gov/npdes/pubs/101pape. pdf.

[2] Office of Enforcement and Compliance Assurance. NPDES compliance inspection manual[R]. Washington D. C.：U. S. Environmental Protection Agency，2004.

[3] U. S. EPA. Interim guidance for performance-based reductions of NPDES permit monitoring frequencies[EB/OL]. [2015-07-05]. http：//www. epa. gov/npdes/pubs/perf-red. pdf.

[4] U. S. EPA. U. S. EPA NPDES permit writers' manual[S]. Washington D. C.：U. S. EPA，2010.

[5] UK. EPA. Monitoring discharges to water and sewer：M18 guidance note[EB/OL]. [2017-06-05]. https：//www.gov.uk/government/publications/m18-monitoring-of-discharges-to-water-and-sewer.

[6] 常杪，冯雁，郭培坤，等. 环境大数据概念、特征及在环境管理中的应用[J]. 中国环境管理，2015，7（6）：26-30.

[7] 冯晓飞，卢瑛莹，陈佳. 政府的污染源环境监督制度设计[J]. 环境与可持续发展，2017，42（4）：33-35.

[8] 环境保护部大气污染防治欧洲考察团，刘炳江，吴险峰，王淑兰，等. 借鉴欧洲经验加快我国大气污染防治工作步伐——环境保护部大气污染防治欧洲考察报告之一[J]. 环境与可持续发展，2013（5）：5-7.

[9] 姜文锦，秦昌波，王倩，等. 精细化管理为什么要总量质量联动？——环境质量管理的国际经验借鉴[J]. 环境经济，2015（3）：16-17.

[10] 罗毅. 环境监测能力建设与仪器支撑[J]. 中国环境监测，2012，28（2）：1-4.

[11] 罗毅. 推进企业自行监测 加强监测信息公开[J]. 环境保护，2013，41（17）：13-15.

[12] 钱文涛. 中国大气固定源排污许可证制度设计研究[D]. 北京：中国人民大学，2014.

[13] 曲格平. 中国环境保护四十年回顾及思考（回顾篇）[J]. 环境保护，2013（10）：10-17.

[14] 宋国君，赵英煚. 美国空气固定源排污许可证中关于监测的规定及启示[J]. 中国环境监测，2015，31（6）：15-21.

[15] 孙强，王越，于爱敏，等. 国控企业开展环境自行监测存在的问题与建议[J]. 环境与发展，2016，28（5）：68-71.

[16] 谭斌，王丛霞. 多元共治的环境治理体系探析[J]. 宁夏社会科学，2017（6）：101-103.

[17] 唐桂刚，景立新，万婷婷，等. 堰槽式明渠废水流量监测数据有效性判别技术研究[J]. 中国环境监测，2013，29（6）：175-178.

[18] 王军霞，陈敏敏，穆合塔尔·古丽娜孜，等. 美国废水污染源自行监测制度及对我国的借鉴[J]. 环境监测管理与技术，2016，28（2）：1-5.

[19] 王军霞，陈敏敏，唐桂刚，等. 我国污染源监测制度改革探讨[J]. 环境保护，2014，42（21）：24-27.

[20] 王军霞，陈敏敏，唐桂刚，等. 污染源，监测与监管如何衔接？——国际排污许可证制度及污染源监测管理八大经验[J]. 环境经济，2015（Z7）：24.

[21] 王军霞，唐桂刚，景立新，等. 水污染源五级监测管理体制机制研究[J]. 生态经济，2014，30（1）：162-164，167.

[22] 王军霞，唐桂刚. 解决自行监测“测”“查”“用”三大核心问题[J]. 环境经济，2017（8）：32-33.

[23] 薛澜，张慧勇. 第四次工业革命对环境治理体系建设的影响与挑战[J]. 中国人口•资源与环境，2017，27（9）：1-5.

[24] 张紧跟，庄文嘉. 从行政性治理到多元共治：当代中国环境治理的转型思考[J]. 中共宁波市委党校学报，2008，30（6）：93-99.

[25] 张静，王华. 火电厂自行监测现状及建议[J]. 环境监控与预警，2017，9（4）：59-61.

[26] 张伟，袁张燊，赵东宇. 石家庄市企业自行监测能力现状调查及对策建议[J]. 价值工程，2017，36（28）：36-37.

[27] 张秀荣. 企业的环境责任研究[D]. 北京：中国地质大学，2006.

[28] 赵吉睿，刘佳泓，张莹，等. 污染源 COD 水质自动监测仪干扰因素研究[J]. 环境科学与技术，2016，39（S1）：299-301，314.

[29] 左航，杨勇，贺鹏，等. 颗粒物对污染源 COD 水质在线监测仪比对监测的影响[J]. 中国环境监测，2014，30（5）：141-144.

[30] 王军霞，唐桂刚，赵春丽. 企业污染物排放自行监测方案设计研究——以造纸行业为例[J]. 环境保护，2016，44（23）：45-48.

[31] 张静，王华. 火电厂自行监测关键问题研究[J]. 环境监测管理与技术，2017，29（3）：5-7.

[32] 王娟，余勇，张洋，等. 精细化工固定源废气采样时机的选择探讨[J]. 环境监测管理与技术，2017，29（6）：58-60.

[33] 尹卫萍. 浅谈加强环境现场监测规范化建设[J]. 环境监测管理与技术，2013，25（2）：1-3.

[34] 成钢. 重点工业行业建设项目环境监理技术指南[M]. 北京：化学工业出版社，2016：442-443.

[35] 杨驰宇，滕洪辉，于凯，等. 浅论企业自行监测方案中执行排放标准的审核[J]. 环境监测管理与技术，2017，29（4）：5-8.

[36] 王亘，耿静，冯本利，等. 天津市恶臭投诉现状与对策建议[J]. 环境科学与管理，2008，33（9）：49-52.

[37] 邬坚平，钱华. 上海市恶臭污染投诉的调查分析[J]. 海市环境科学，2003（增刊）：85-189.

[38] 张旭东. 工业有机废气污染治理技术及其进展探讨[J]. 环境研究与监测，2005，18（1）：24-26.

[39] 王宝庆，马广大，陈剑宁. 挥发性有机废气净化技术研究进展[J]. 环境污染治理技术与设备，2003，4（5）：47-51.

[40] 陈平，陈俊. 挥发性有机化合物的污染控制[J]. 石油化工环境保护，2006，29（3）：20-23.

[41] 吕唤春，潘洪明，陈英旭. 低浓度挥发性有机废气的处理进展[J]. 化工环保，2001，21（6）：324-327.

[42] 杨啸，王军霞. 排污许可制度实施情况监督评估体系研究[J]. 环境保护科学，2021，47（1）：10-14.

[43] 王军霞，刘通浩，敬红，等. 支撑排污许可制度的固定源监测技术体系完善研究[J]. 中国环境监测，2021，37（2）：76-82.

[44] 环境保护部科技标准司. 排污许可证申请与核发技术规范 钢铁工业：HJ 846—2017[S].北京：环境保护部，2017.

[45] 国家统计局.中国环境统计年鉴 2019[M]. 北京：中国统计出版社，2019.

[46] 李晋，谢璨阳，蔡闻佳，等. 碳中和背景下中国钢铁行业低碳发展路径[J]. 中国环境管理，2022（014-001）.

[47] 张涵. 钢铁行业绿色低碳转型赋能高质量发展[J]. 中国国情国力，2022（5）：1.

[48] 李玉林，胡瑞生，白雅琴. 煤化工基础[M]. 北京：化学工业出版社，2006.

[49] 胡艳平. 从 2022 年两会看钢铁行业发展[J]. 冶金管理，2022（6）：6.

[50] 崔志峰，徐安军，上官方钦. 国内外钢铁行业低碳发展策略分析[J]. 北京科技大学学报，2022（9）：44.